Schnelleinstieg in SAP Business One® – Finanzwesen

Carmen Serpe

Willkommen bei Espresso Tutorials!

Unser Ziel ist es, SAP-Wissen wie einen Espresso zu servieren: Auf das Wesentliche verdichtete Informationen anstelle langatmiger Kompendien – für ein effektives Lernen an konkreten Fallbeispielen. Viele unserer Bücher enthalten zusätzlich Videos, mit denen Sie Schritt für Schritt die vermittelten Inhalte nachvollziehen können. Besuchen Sie unseren YouTube-Kanal mit einer umfangreichen Auswahl frei zugänglicher Videos: *https://www.youtube.com/user/EspressoTutorials*.

Kennen Sie schon unser Forum? Hier erhalten Sie stets aktuelle Informationen zu Entwicklungen der SAP-Software, Hilfe zu Ihren Fragen und die Gelegenheit, mit anderen Anwendern zu diskutieren: *http://www.fico-forum.de*.

Bibliografische Information der Deutschen Nationalbibliothek
Die Deutsche Nationalbibliothek verzeichnet diese Publikation in der Deutschen Nationalbibliografie; detaillierte bibliografische Daten sind im Internet über https://portal.dnb.de abrufbar.

Carmen Serpe
Schnelleinstieg in SAP Business One® – Finanzwesen

ISBN: 978-3-960127-36-9

Lektorat: Anja Achilles

Korrektorat: Marina Pittsik

Coverdesign: Philip Esch

Coverfoto: © by-studio, ID 242856801 – stock.adobe.com

Satz & Layout: Johann-Christian Hanke

1. Auflage 2021

URL: *www.espresso-tutorials.de*

Feedback:
Wir freuen uns über Fragen und Anmerkungen jeglicher Art. Bitte senden Sie diese an: *info@espresso-tutorials.com*.

Inhaltsverzeichnis

Vorwort 9

1 Einleitung 11

2 Einstieg ins SAP Business One 15

2.1 Navigation 15

2.2 Grundlegende Funktionen 22

3 Stammdaten im Finanzwesen von SAP Business One 37

3.1 Firmendetails 37

3.2 Geschäftspartner-Stammdaten 43

3.3 Artikel 50

3.4 Kontenplan 52

3.5 Buchungsperioden 64

3.6 Sachkontenfindung 69

3.7 Zahlungsbedingungen 78

3.8 Mahnbedingungen 81

3.9 Währungen und Wechselkurse 86

3.10 Steuerkennzeichen 90

3.11 Zahlungssperren 93

3.12 Zahlwege 94

3.13 Banken 95

3.14 Hausbanken 96

4 Funktionen der Finanzbuchhaltung 99

4.1 Journalbuchungen 99

4.2 Vorerfasste Belege 103

4.3 Kontierungmuster 107

4.4 Dauerbuchungen 109

4.5 Mit Fremdwährungen arbeiten 113

4.6 Export von Daten nach Excel oder Word 118
4.7 Datenaustausch zwischen Excel und SAP Business One 122
4.8 Abstimmungen 128
4.9 Finanzberichte 141
4.10 Geschäftspartnerberichte 155

5 Kostenrechnung 159
5.1 Dimensionen 159
5.2 Kostenstellen 160
5.3 Aufteilungsregeln 162
5.4 Kostenrechnungsanpassungen 163
5.5 Berichte 170

6 Bankenabwicklung 171
6.1 Stammdaten 171
6.2 Manuelle Eingangs- und Ausgangszahlung 171
6.3 Kontoauszugsverarbeitung 181
6.4 Banknebenkosten buchen 189
6.5 Zahlungsassistent 191
6.6 Berichte 210

7 Add-ons für SAP Business One (deutsche Lokalisation) 211
7.1 DATEV® 211
7.2 ELSTER 225

8 Anlagenbuchhaltung 233
8.1 Anlagenstammsatz 233
8.2 Kontenfindung 241
8.3 Abschreibungsarten 243
8.4 Bewertungsbereiche 245
8.5 Anlagenklassen 248
8.6 Aktivierung einer Anlage 249
8.7 Aktivierungsgutschrift und Skonto 254

8.8 Abgang einer Anlage 256
8.9 Umbuchung einer Anlage 260
8.10 Anlagenneubewertung 262
8.11 Abschreibung 264
8.12 Anlagenberichte 267
8.13 Geschäftsjahreswechsel 268

9 Tastaturkürzel 269
9.1 Kürzel 269
9.2 Benutzertastaturkürzel (F-Tasten-Belegung) 270

10 Ausblick 272

A Die Autorin 274

B Index 275

C Disclaimer 278

Vorwort

In diesem Buch werden Ihnen alle Funktionen für die tägliche Arbeit mit SAP Business One in der Finanzbuchhaltung praktisch und verständlich erläutert. Nach einem kurzen Einstieg in die Navigation und die wichtigsten Funktionen in Kapitel 2 folgt in Kapitel 3 die Stammdatenpflege am Beispiel des Finanzwesens.

Grundlegende Funktionen der Finanzbuchhaltung sind Thema von Kapitel 4, während sich Kapitel 5 mit der Kostenrechnungsfunktion von SAP Business One befasst.

In den weiteren Kapiteln 6 bis 8 befasse ich mich mit der Bankenabwicklung, der Kontoauszugsverarbeitung und Anlagenbuchhaltung sowie mit den Schnittstellen zu DATEV und Elster als wichtigen Addons.

Grundlage für das vorliegende Werk ist SAP Business One Version 10 (HANA).

In den Text sind Kästen eingefügt, um wichtige Informationen besonders hervorzuheben. Jeder Kasten ist zusätzlich mit einem Piktogramm versehen, das diesen genauer klassifiziert:

Hinweis

Hinweise bieten praktische Tipps zum Umgang mit dem jeweiligen Thema.

Beispiel

Beispiele dienen dazu, ein Thema besser zu illustrieren.

Achtung

Warnungen weisen auf mögliche Fehlerquellen oder Stolpersteine im Zusammenhang mit einem Thema hin.

Die Form der Anrede

Um den Lesefluss nicht zu beeinträchtigen, verwenden wir im vorliegenden Buch bei personenbezogenen Substantiven und Pronomen zwar nur die gewohnte männliche Sprachform, meinen aber gleichermaßen Personen weiblichen und diversen Geschlechts.

Hinweis zum Urheberrecht

Zum Abschluss des Vorwortes noch ein Hinweis zum Urheberrecht: Sämtliche in diesem Buch abgedruckten Screenshots unterliegen dem Copyright der SAP SE. Alle Rechte an den Screenshots hält die SAP SE. Der Einfachheit halber haben wir im Rest des Buches darauf verzichtet, dies unter jedem Screenshot gesondert auszuweisen.

1 Einleitung

In diesem Kapitel erhalten Sie einen ersten Überblick über die ERP-Software SAP Business One.

SAP Business One ist eine integrierte betriebswirtschaftliche Anwendung, die für den Einsatz in kleinen und mittleren Unternehmen sowie für Niederlassungen großer Unternehmen entwickelt wurde. Sie wird heute von mehr als 65.000 Kunden in 170 Ländern eingesetzt. Um den unterschiedlichen landesspezifischen Anforderungen im Bereich Steuer-, Handel- und Finanzwesen gerecht zu werden, sind 50 Lokalisationen in 28 Sprachen verfügbar.

Seit wann gibt es SAP Business One?

Im Jahre 2003 ergänzte die SAP das bestehende Software-Portfolio um Business One. Das Unternehmen wollte damit den Markt der kleinen und mittelständischen Unternehmen erschließen, die bis dato aus Kostengründen auf einen Einsatz von R/3 verzichtet hatten. Anders als bei R/3 ist bei Business One die Software unveränderbar und somit releasefähig. Zusätzlich benötigte Funktionen können mittels sogenannter *Add-Ons* über Standardschnittstellen an SAP Business One angebunden werden.

Was heißt »HANA«?

Mit Entwicklung der Integrationsplattform HANA (**H**igh Performance **An**alytic **A**ppliance) im Jahre 2010 eröffnete die SAP neue Wege in der Verarbeitung von Daten. Durch Verwendung der In-Memory-Technologie werden die zu verarbeitenden Daten nicht von der Festplatte in den Arbeitsspeicher kopiert, sondern komplett im Arbeitsspeicher gehalten. Diese Technik ermöglicht die Verarbeitung und Analyse großer Datenmengen nahezu in Echtzeit.

Welche Lösungen gibt es für dieses Produkt?

Durch die gewachsene Produktpalette sieht die aktuelle Marktsegmentierung für SAP Business One wie in Abbildung 1.1 aus.

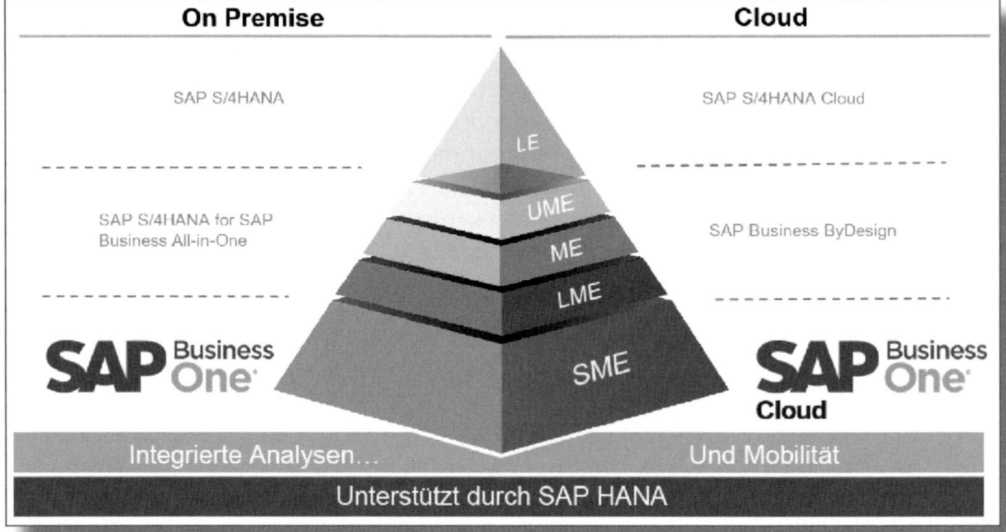

Abbildung 1.1: Positionierung SAP-BO-Produktpalette (Quelle: SAP SE)

Alle SAP-Produkte werden mittlerweile in zwei unterschiedlichen Lizenzierungsmodellen angeboten, so auch Business One:

- *On-Premises* (vor Ort oder lokal) – Bei diesem Lizenzmodell erfolgt eine serverbasierte Nutzung der Software, die Verantwortung für die erforderliche Hardware liegt beim Endkunden.
- *Cloud* – Dieses Modell liefert neben der Software auch den Speicherplatz und die Rechenleistung, ohne dass diese auf den lokalen Rechnern installiert werden. Die Nutzung dieses Dienstes erfolgt in der Regel über einen Webbrowser.

Weitere Informationen

Auf eine nähere Beschreibung der Softwarelösungen SAP S/4HANA, SAP S/4HANA Cloud, SAP S/4HANA for SAP Business All-in-One sowie SAP Business ByDesign wird in diesem Buch verzichtet. Informationen zu diesen Produkten finden Sie unter *http://www.SAP.com*.

SAP Business One bietet eine Reihe von Kernfunktionen (siehe Abbildung 1.2), darunter Finanzwesen, Customer-Relationship-Management, Bestandsmanagement, Vertrieb, Einkauf, Logistik, welche die betriebswirtschaftlichen Anforderungen Ihres gesamten Unternehmens erfüllen.

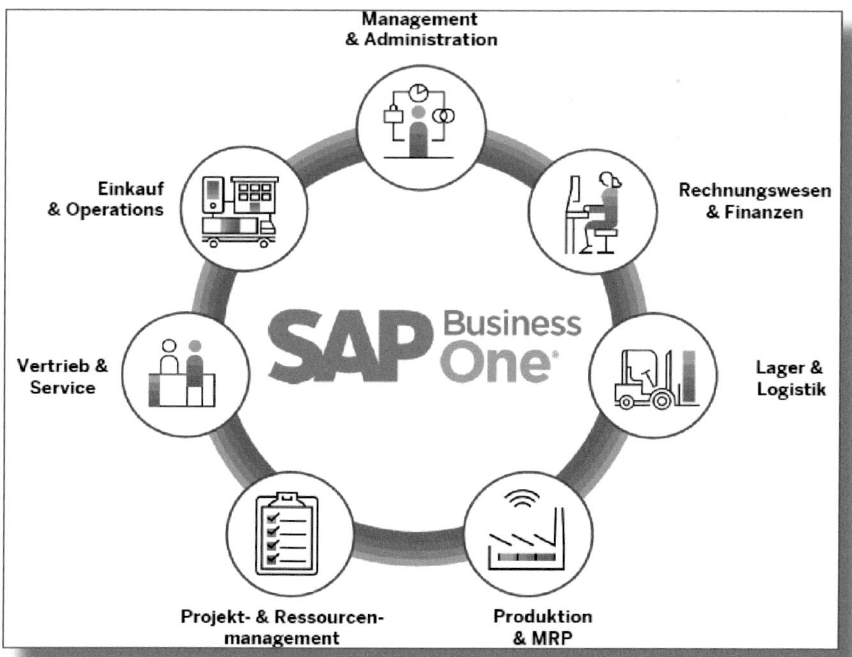

Abbildung 1.2: SAP Business One – Funktionsübersicht (Quelle: SAP SE)

Diese Warenwirtschaftslösung hilft Ihnen, Geschäftsverläufe transparent und in Echtzeit abzubilden: von der Angebotserstellung über die Logistik bis hin zur Rechnungsstellung sowie den entsprechenden Zahlungen. So werden durch einen Mangel an zeitnah verarbeiteten Geschäftsinformationen hervorgerufene Informationslücken vermieden, und die Finanzdaten Ihres Unternehmens sind immer auf dem neuesten Stand verfügbar.

On-Demand-Analysen, personalisierte Arbeitsoberflächen sowie Alarm- und Genehmigungsverfahren vermitteln Ihnen stets einen aktuellen Überblick über Ihr Unternehmen.

Aufgrund des flexiblen Bereitstellungsmodells von SAP Business One können Sie wählen, ob Sie mit Ihrem PC im Büro oder von unterwegs mit Ihrem mobilen Gerät über einen Browser auf den vollen Funktionsumfang zugreifen.

2 Einstieg ins SAP Business One

In diesem Kapitel werden die grundlegenden Funktionen zur Navigation innerhalb des Systems sowie deren Handhabung beschrieben.

2.1 Navigation

Die Navigation in SAP Business One ist aufgrund der Anlehnung an die Menüführung in MS-Office-Produkten leicht und intuitiv nachvollziehbar, wodurch die Handhabung der Software schnell erlernbar ist. Folgende Navigationsoptionen stehen nach der Anmeldung an SAP Business One zur Auswahl:

❶ Menüleiste	❸ Hauptmenü	❺ Cockpit
❷ Symbolleiste	❹ Enterprise Search	

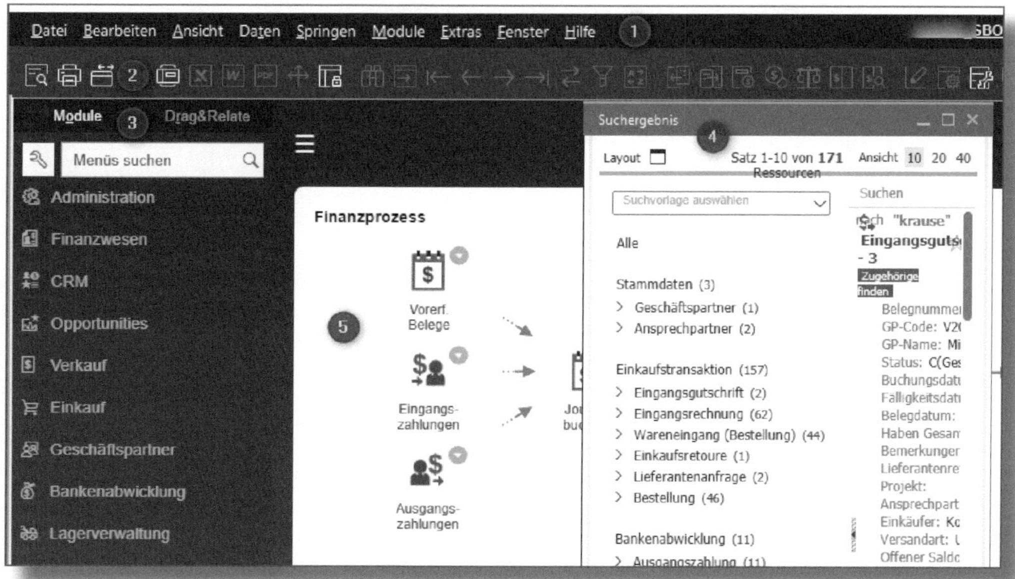

Abbildung 2.1: Navigationsoptionen

2.1.1 Menüleiste

Die Menüleiste von SAP Business One wird im Hauptfenster ganz oben angezeigt. Mit Klick auf die einzelnen Menüpunkte öffnet sich ein Pull-down-Menü (siehe Abbildung 2.2), das zu weiteren Auswahlmöglichkeiten führt.

In Abhängigkeit von der gewählten Transaktion werden die Menüpunkte zur Auswahl aktiv (schwarzes Schriftbild) oder inaktiv (graues Schriftbild) angezeigt.

Zu vielen Menüfunktionen existieren Tastenkombinationen, die einen Absprung in die Menüleiste überflüssig machen. So liefert beispielsweise die Überschrift »Module« den gleichen Inhalt und Umfang wie das Hauptmenü. Hierzu erfahren Sie mehr in Kapitel 9.

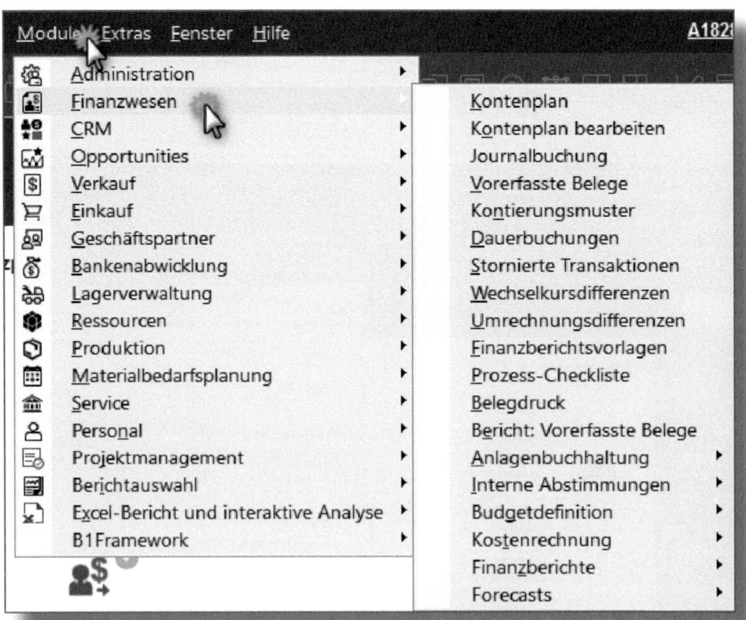

Abbildung 2.2: Menüleiste, Pull-down-Menü

2.1.2 Symbolleiste

Die *Symbolleiste* ist direkt unterhalb der Menüleiste angeordnet. Über diese Symbole bzw. Icons bietet SAP Business One den direkten Zugriff auf Funktionen der Menüleiste, die im Tagesgeschäft am häufigsten Verwendung finden. Auch hier hängt es von der gewählten Transaktion ab, welche Symbole aktiv (weißes Schriftbild) oder inaktiv (graues Schriftbild) angezeigt werden. Indem Sie den Mauszeiger auf einem Symbol platzieren, wird Ihnen über eine Direkthilfe die dem Symbol zugeordnete Funktion beschrieben (siehe Abbildung 2.3).

Abbildung 2.3: Symbolleiste

2.1.3 Hauptmenü

Das *Hauptmenü* ist am linken Bildrand platziert und verfügt über zwei Registerkarten (Abbildung 2.4):

- Die Registerkarte MODULE bildet die oberste Ebene der SAP-Business-One-Hierarchie ab. Hier werden alle Module in SAP Business One aufgelistet. In jedem Modul befindet sich eine Liste von Funktionen. Klicken Sie auf eine Funktion, um sie zu starten oder zu erweitern und mehr zu sehen.
- Die Registerkarte DRAG&RELATE liefert ein interaktives Werkzeug, mit dem Sie eine Vielzahl von Echtzeitinformationen über Ihr Unternehmen schnell und einfach anzeigen können. DRAG&RELATE erzeugt Ad-hoc-Sichten von Daten durch Verknüpfung von Artikel- oder Geschäftspartnerstammdaten mit Belegtransaktionen oder Konten.

Das Hauptmenü kann bei Bedarf über das Symbol oben rechts ein- bzw. ausgeblendet werden.

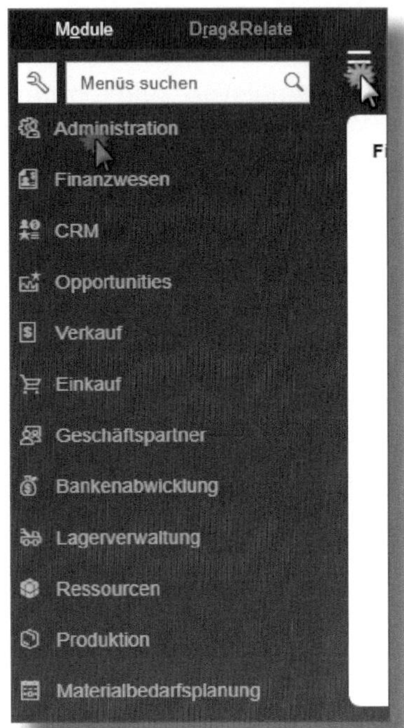

Abbildung 2.4: Hauptmenü

2.1.4 Enterprise Search

Die *Enterprise Search* ist eine Suchmaschine in SAP Business One. Der Suchbegriff ist frei wählbar und kann z. B. eine Beleg-/Telefonnummer, ein Wort oder Wortfragment sein.

Das Suchergebnis wird nach Stammdatensatz, Belegart oder finanzbuchhalterischer Zuordnung gruppiert ausgegeben (Abbildung 2.5). Per Doppelklick auf ein Suchergebnis erfolgt der Absprung in den dahinterliegenden Datensatz.

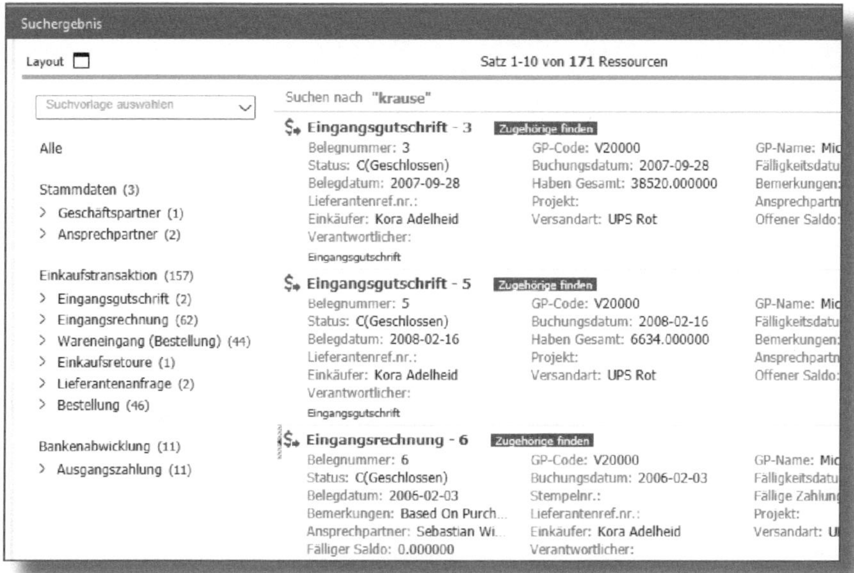

Abbildung 2.5: Ergebnisanzeige Enterprise Search

2.1.5 Cockpit

Die Oberfläche des *Cockpits* ist so konzipiert, dass sich jeder Benutzer seine eigene Übersicht aus knapp 90 Widgets (Prozessübersichten, Dashboards, KPIs und Auswertungen) zusammenstellen kann. Darauf basierend stehen dem Mitarbeiter mit dem Start von SAP Business One automatisch sowohl die wichtigsten Kennzahlen als auch die am häufigsten verwendeten Transaktionen zur Verfügung, ohne dass er in ein Menü verzweigen muss (Abbildung 2.6).

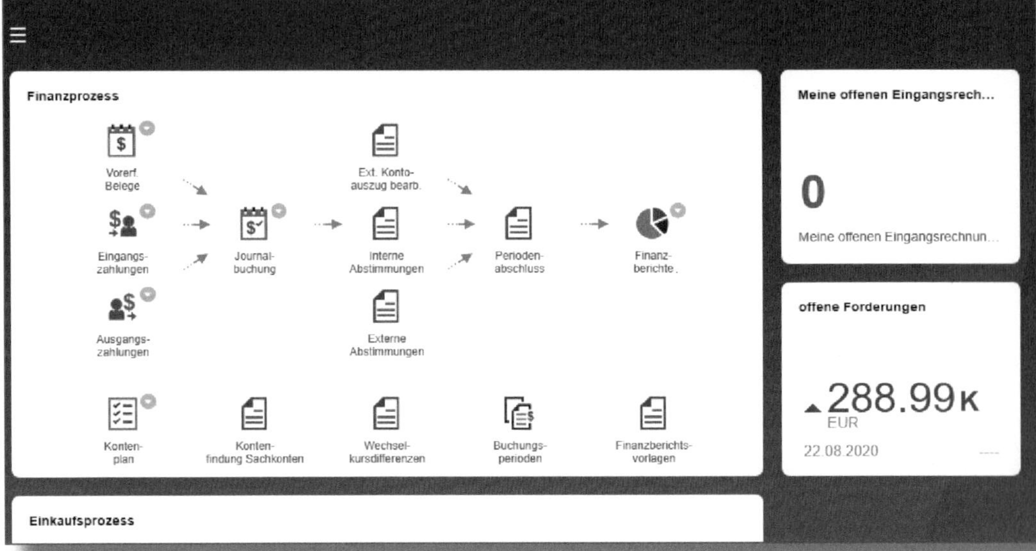

Abbildung 2.6: Cockpit

Neben den bereits vordefinierten Widgets können Sie auch eigene Widgets auf Ihre Bedürfnisse zugeschnitten erstellen.

Innerhalb der Prozessübersichten befinden sich zu einzelnen Funktionen ggf. erweiterte Funktionen (siehe Abbildung 2.7).

Sie können zudem ein vordefiniertes Cockpit wählen, welches von der SAP ausgeliefert zur Verfügung steht, oder das ein anderer User erstellt und als Vorlage gesichert hat (siehe Abbildung 2.8).

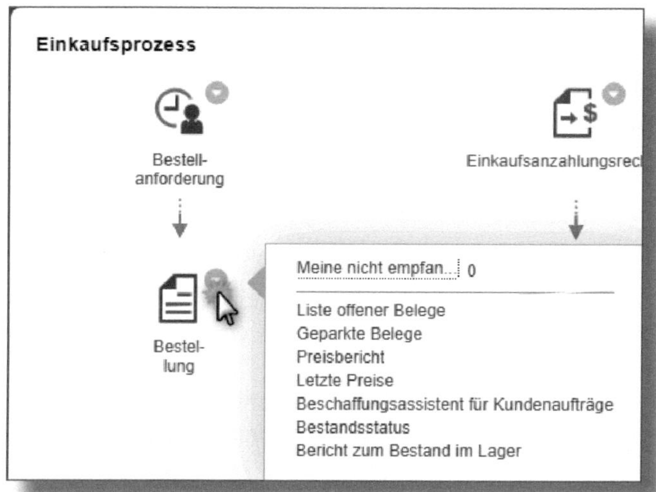

Abbildung 2.7: Cockpit-Kontextmenü

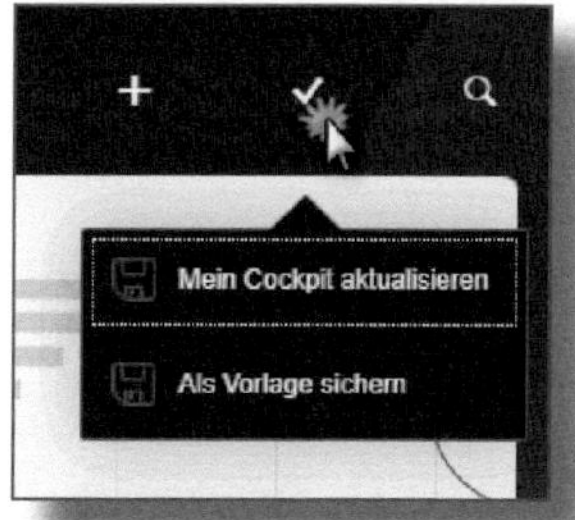

Abbildung 2.8: Speichern eines erstellten Cockpits

2.2 Grundlegende Funktionen

In diesem Abschnitt werde ich einige der grundlegenden Funktionen innerhalb der Anwendungen beschreiben.

2.2.1 Belegkette

In SAP Business One spiegelt die *Belegkette* die für eine ERP-Software typische Integration der einzelnen Module wider. Deren großer Vorteil ist, dass die einmal im System angelegten Daten in Folgebelege übernommen werden können. Wenn die Belegkette anhand der Basisbelege fortgeführt wird, entsteht im System ein lückenloser Belegfluss, der im *Verknüpfungsplan* grafisch dargestellt wird (siehe Ende dieses Abschnitts).

Die Belegkette liefert Ihnen eine Übersicht aller zu einem Geschäftsvorfall gehörenden Belege und kann an einer beliebigen Stelle im Verknüpfungsplan begonnen werden. Dies bietet eine große Flexibilität, sie den bestehenden Geschäftsprozessen gemäß einzusetzen.

Abbildung 2.9 zeigt eine typische Belegkette im Rahmen des Einkaufsprozesses.

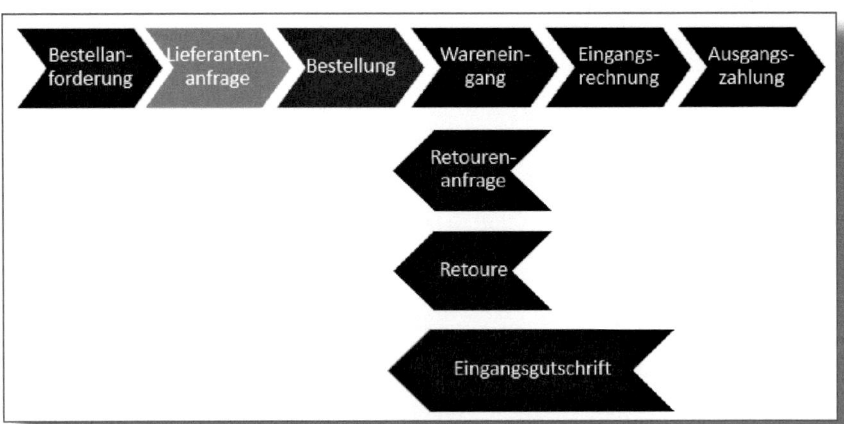

Abbildung 2.9: Belegkette im Einkaufsprozess

Es gibt zwei Möglichkeiten, Daten vom Basisbeleg in die Belegkette zu übernehmen:

1. Funktion KOPIEREN VON = Daten werden vom vorangegangenen Beleg, auch *Basisbeleg* genannt, übernommen. Dies kann z. B. ein WARENEINGANG (BESTELLUNG), eine BESTELLUNG oder eine LIEFERANTENANFRAGE wie in Abbildung 2.10 sein.

Abbildung 2.10: Eingangsrechnung – Kopieren von

In Abbildung 2.11 sehen Sie das Auswahlfenster der offenen Wareneingänge für die Kopierfunktion in die Eingangsrechnung.

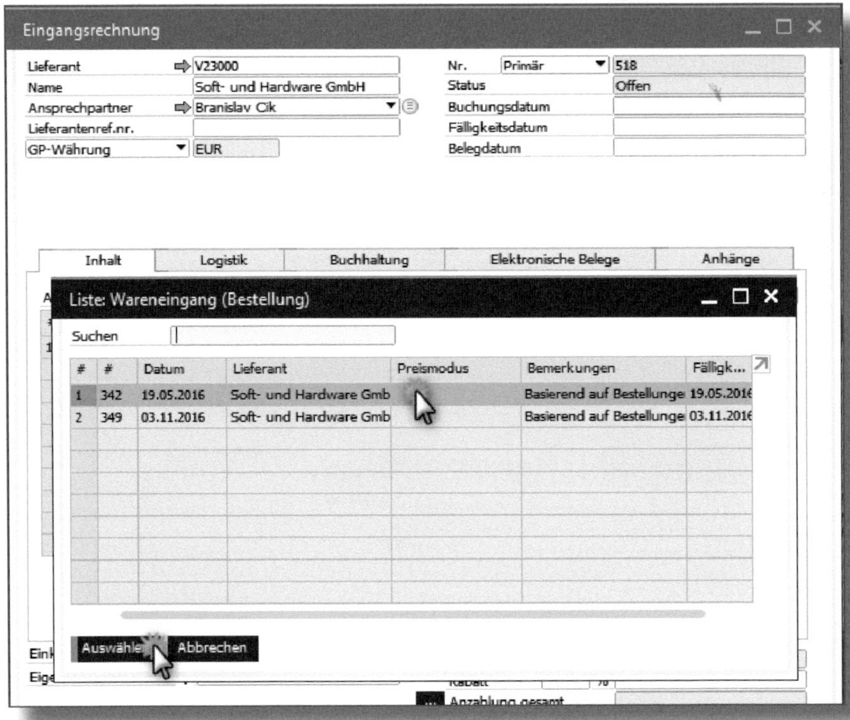

Abbildung 2.11: Eingangsrechnung/Wareneingang

2. Funktion KOPIEREN NACH = Daten werden vom vorangegangenen Beleg in einen Folgebeleg übernommen (siehe Abbildung 2.12).

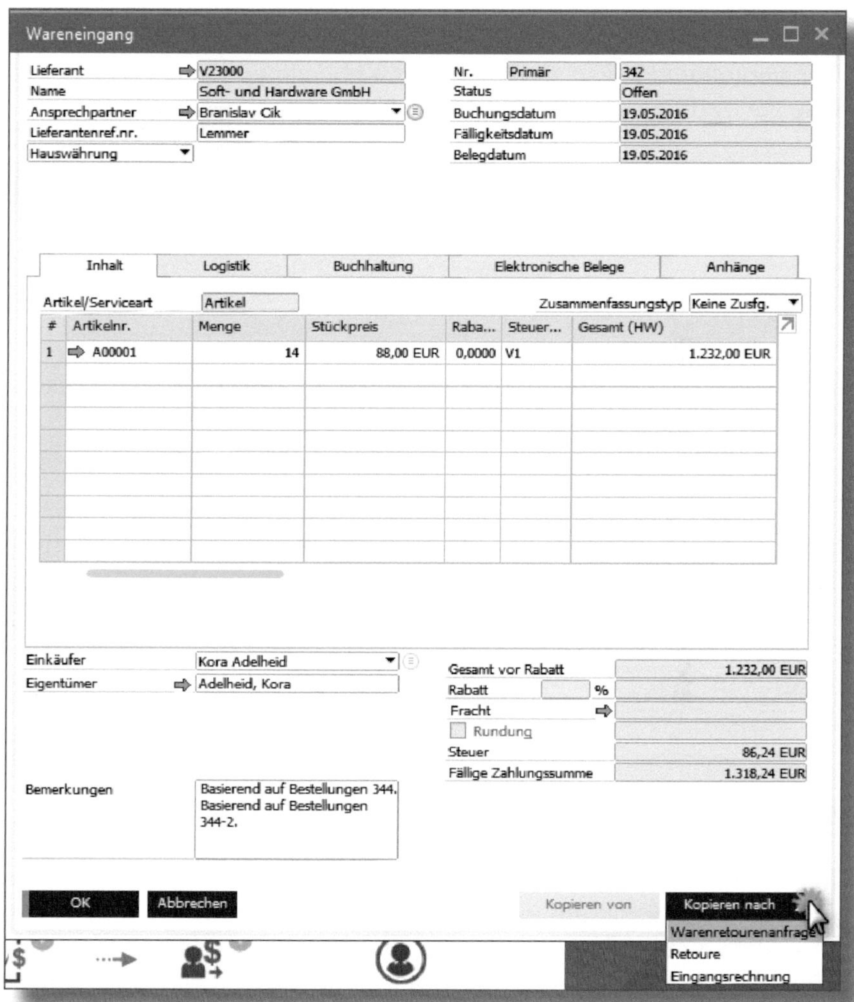

Abbildung 2.12: Wareneingang – Kopieren nach

Verknüpfungsplan

Der *Verknüpfungsplan* steht über das Kontextmenü innerhalb der Belege zur Verfügung (siehe Abbildung 2.13).

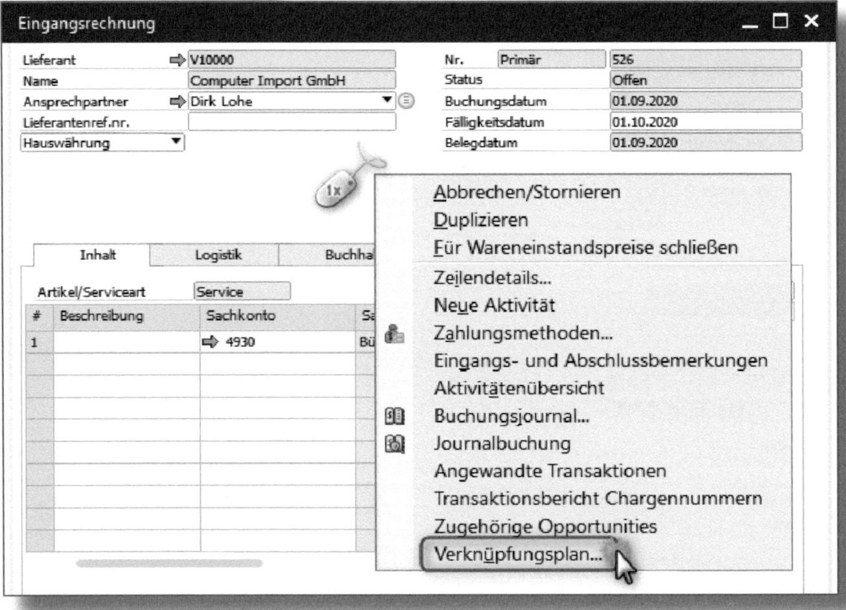

Abbildung 2.13: Aufruf Kontextmenü »Verknüpfungsplan«

In dieser Darstellung einer Belegkette (siehe Abbildung 2.14) können Sie per Doppelklick auf ein beliebiges Feld den jeweils zugehörigen Ursprungsbeleg öffnen. Ein gelb umrandetes Feld (hier EINGANGSRECHNUNG) zeigt an, dass Sie von diesem Beleg aus in den Verknüpfungsplan verzweigt haben.

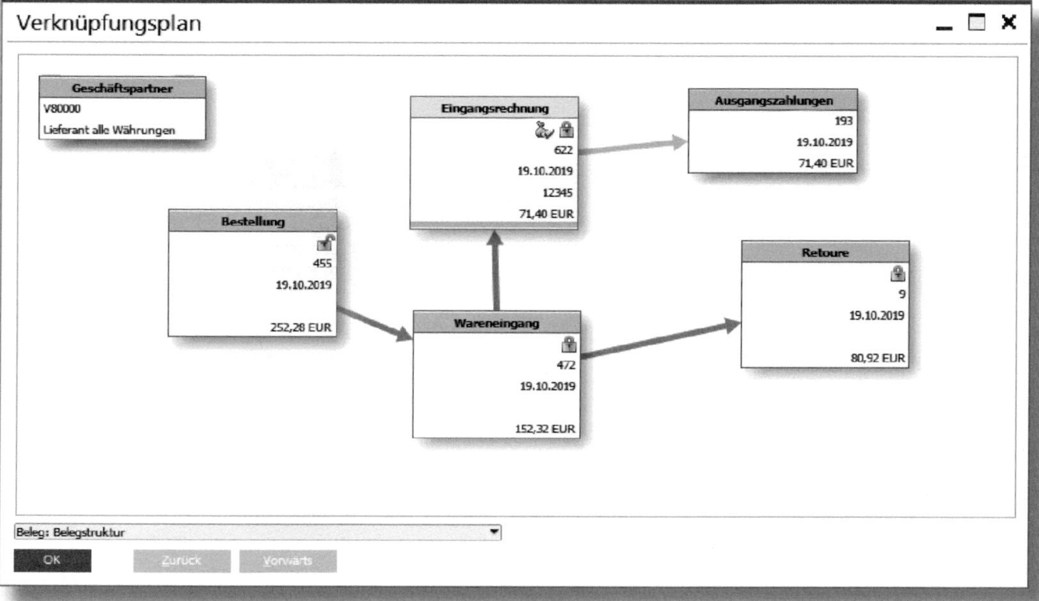

Abbildung 2.14: Verknüpfungsplan

Die verschiedenen Symbole im Verknüpfungsplan bedeuten:

= Beleg offen

= Beleg geschlossen

= Beleg bezahlt

= Beleg storniert

2.2.2 Such- und Hinzufügemodus

Außer über die in Abschnitt 2.1.4 angesprochene Funktion »Enterprise Search« kann in SAP Business One in allen Belegen und Stammdaten gesucht werden.

Wenn Sie einen Beleg öffnen, so befinden Sie sich automatisch im *Hinzufügemodus* (siehe Abbildung 2.15), während Stammsätze im *Suchmodus* geöffnet werden. Dorthin wechseln Sie mit Klick auf den Button in der Symbolleiste.

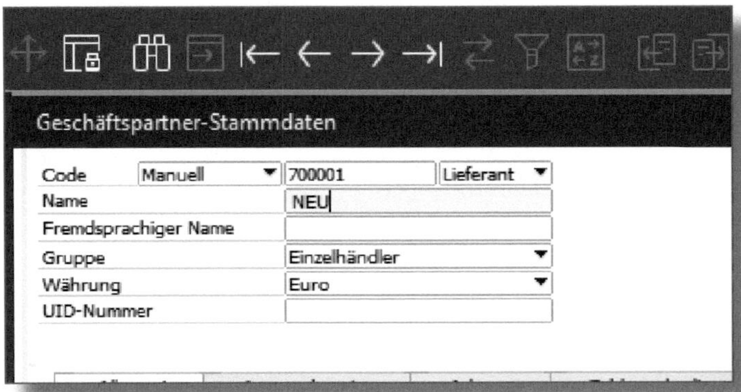

Abbildung 2.15: Geschäftspartnerstammsatz – Hinzufügemodus

In Abbildung 2.16 suchen wir beispielhaft im Geschäftspartner-Stammsatz nach einem Lieferanten mit dem Namen »Krause«. Um nicht alle Geschäftspartner-Stammsätze aufzurufen, geben Sie *Krause* ein. Der Suchbefehl *---* bedeutet, dass systemseitig das Suchwort mit beliebigen Wörtern davor und danach abgefragt wird.

Über die weiteren Felder im geöffneten Fenster können Sie Ihre Suche vervollständigen. Klicken Sie anschließend auf Enter.

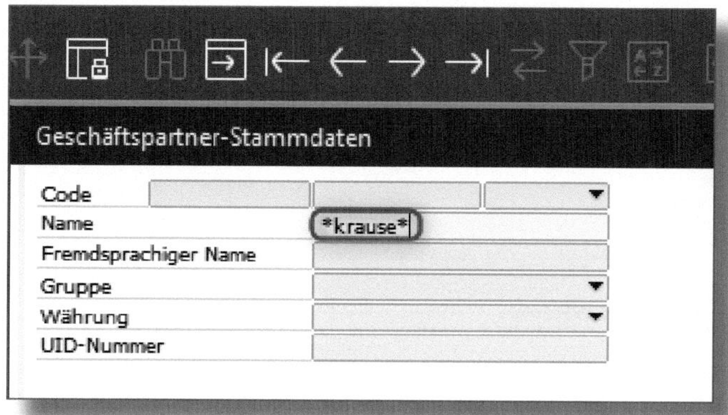

Abbildung 2.16: Geschäftspartnerstammsatz – Suchmodus

Unterscheidung Such- und Hinzufügemodus

Sie können den Such- und den Hinzufügemodus leicht voneinander unterscheiden, da die Felder unterschiedlich farbig hinterlegt sind: Sehen Sie gelbe Felder, so befinden Sie sich im Suchmodus, weiße Felder zeigen den Hinzufügemodus an.

Um wieder in den Hinzufügemodus umzuschalten, klicken Sie in der Symbolleiste auf .

2.2.3 Stornieren von Belegen

Sie stornieren Belege im System, indem Sie unter Administration • Belegeinstellungen • Allgemein den Haken bei Stornierte Belege und Stornobelege in Berichten anzeigen setzen. Außerdem ist die Frist anzugeben, innerhalb derer Belege im System storniert werden können, indem Sie rechts die Anzahl der Tage (hier *365*) eintragen.

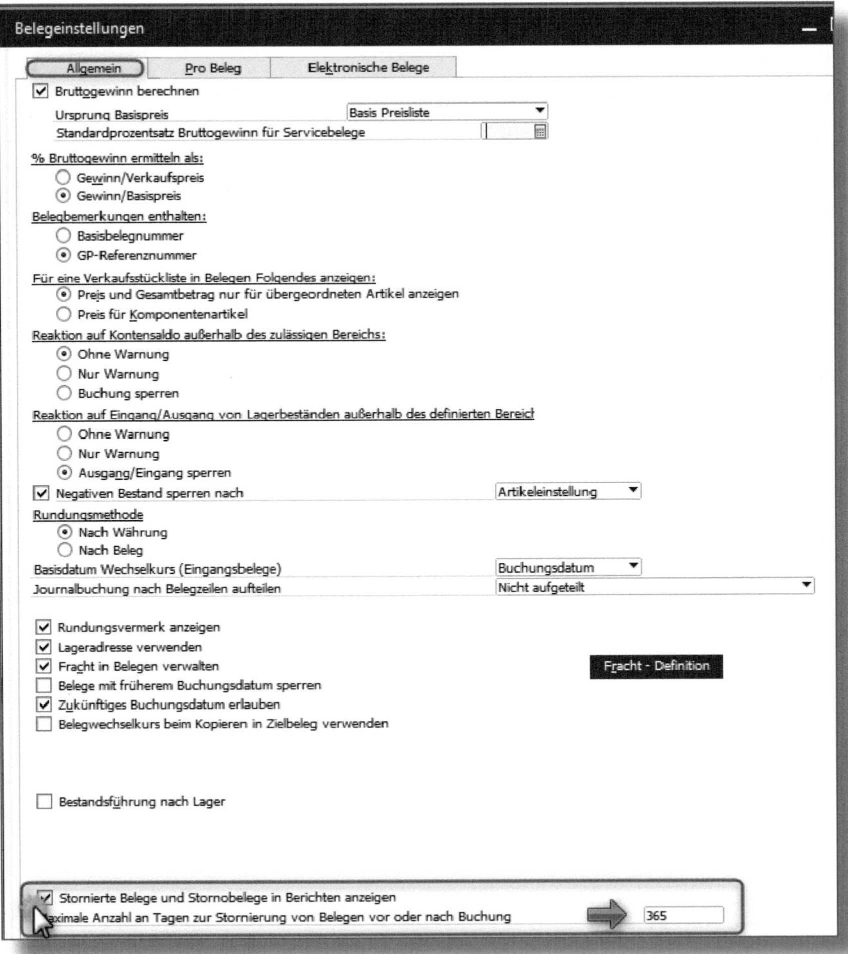

Abbildung 2.17: Belegeinstellungen

Im Zeitraum der hinterlegten Stornofrist können Sie einen Beleg über das Kontextmenü mit ABBRECHEN/STORNIEREN korrigieren (Abbildung 2.18). Voraussetzung ist allerdings, dass noch kein Folgebeleg existiert.

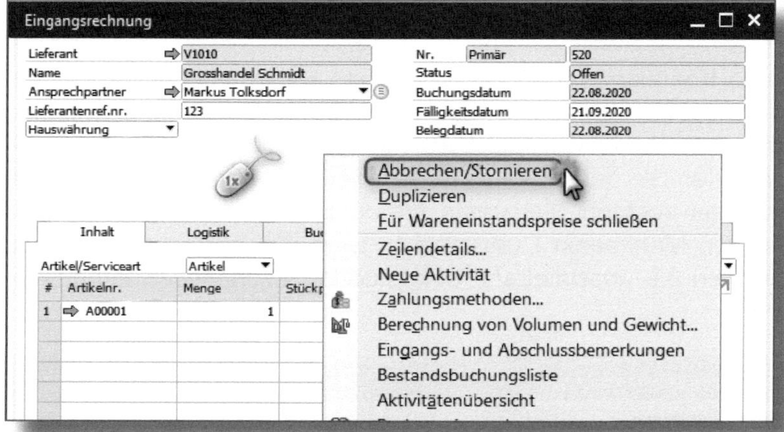

Abbildung 2.18: Eingangsrechnung – Kontextmenü

Belegstornierung ist endgültig

Beachten Sie, dass ein einmal stornierter Beleg nicht wiederherstellbar ist. Das System weist Sie in einer gesonderten Meldung (siehe Abbildung 2.19) darauf hin.

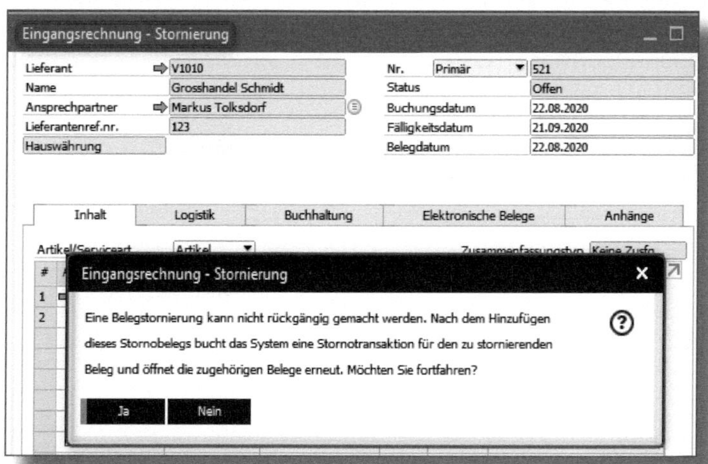

Abbildung 2.19: Eingangsrechnung – Stornierungsmodus

2.2.4 Duplizieren von Belegen und Stammdaten

Über das Kontextmenü können Sie einen Beleg, aber auch Stammdaten oder eine Journalbuchung duplizieren. In Abbildung 2.20 sehen Sie diese Funktion am Beispiel von GESCHÄFTSPARTNER-STAMMDATEN. Rufen Sie den Stammsatz auf, der hierbei als Vorlage dienen soll. Mit der rechten Maustaste öffnen Sie das Kontextmenü und wählen den Menüpunkt DUPLIZIEREN. Dem neu angelegten Stammsatz können Sie anschließend eine eigene Geschäftspartnernummer zuweisen.

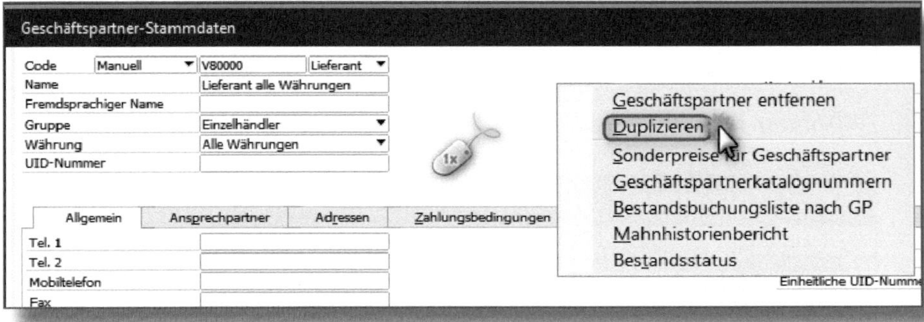

Abbildung 2.20: Geschäftspartner-Stammsatz duplizieren

Bei Belegen wie der Eingangsrechnung in Abbildung 2.21 wird ausschließlich die Zeilenebene dupliziert. Der im Ursprungsbeleg ausgewählte Geschäftspartner (GP) wird nicht übernommen (Abbildung 2.22).

Abbildung 2.21: Eingangsrechnung duplizieren

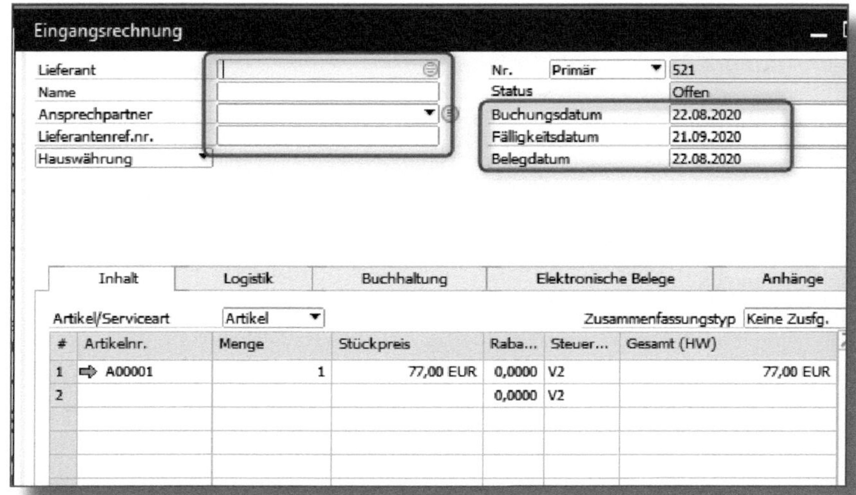

Abbildung 2.22: Eingangsrechnung – duplizierter Beleg

2.2.5 Service- und Artikelbelege

Bei der Erstellung von Belegen wird zwischen *Servicebelegen* und *Artikelbelegen* unterschieden (siehe Abbildung 2.23). Für beide ist die Belegkette verfügbar.

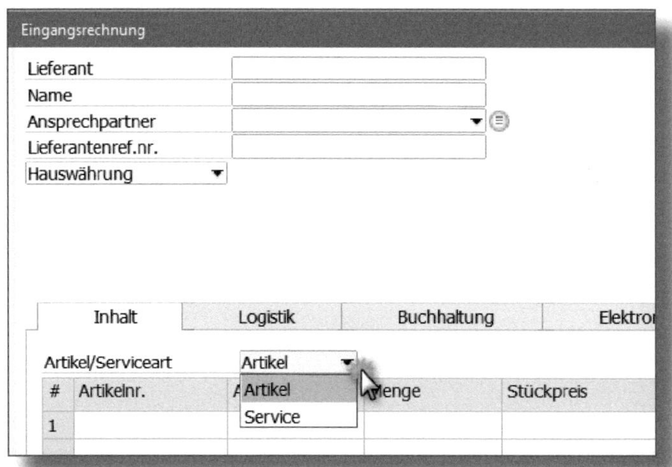

Abbildung 2.23: Auswahl Belegart

Belegkette für einen Servicebeleg

zB

Für eine Marketingaktion haben Sie ein Angebot bei einer Werbeagentur eingeholt und diese schließlich damit beauftragt. Im System wird eine Bestellung mit dem Sachkonto »Werbekosten/Steuerkennzeichen/ Kostenstelle/Betrag« angelegt. Bei Erhalt der Rechnung wählen Sie die Bestellung aus und kopieren diese mit der Funktion KOPIEREN NACH in eine Eingangsrechnung. Sachkonto, Steuerkennzeichen, Kostenstelle, Betrag etc. werden weitervererbt.

Bei der Erzeugung eines Belegs vom Typ SERVICE ist die Mitgabe eines Sachkontos erforderlich. Servicebelege werden z. B. für die Eingabe von Kostenrechnungen in der Buchhaltung genutzt.

Bei der Erstellung von Artikelbelegen ist die Belegart auf ARTIKEL zu stellen. Die Maske ändert sich entsprechend, sodass ARTIKELNUMMERN, STÜCKZAHL etc. erfasst werden können.

2.2.6 Hinzufügeoptionen bei Belegen

Wenn Sie Belege in SAP Business One hinzufügen, bieten sich Ihnen drei Optionen, was nach dem Speichern des Belegs systemseitig erfolgen soll (siehe Abbildung 2.24)

Abbildung 2.24: Optionen beim Hinzufügen eines Belegs

2.2.7 Hilfe

In jedem Fenster steht Ihnen die *Kontexthilfe* zur Verfügung (Abbildung 2.25). Rufen Sie sie auf, indem Sie in der Symbolleiste auf den Button ? klicken.

Ihnen wird für die geöffnete Anwendung eine Hilfedatei angezeigt, in der Sie Informationen zu dem aktiven Fenster finden.

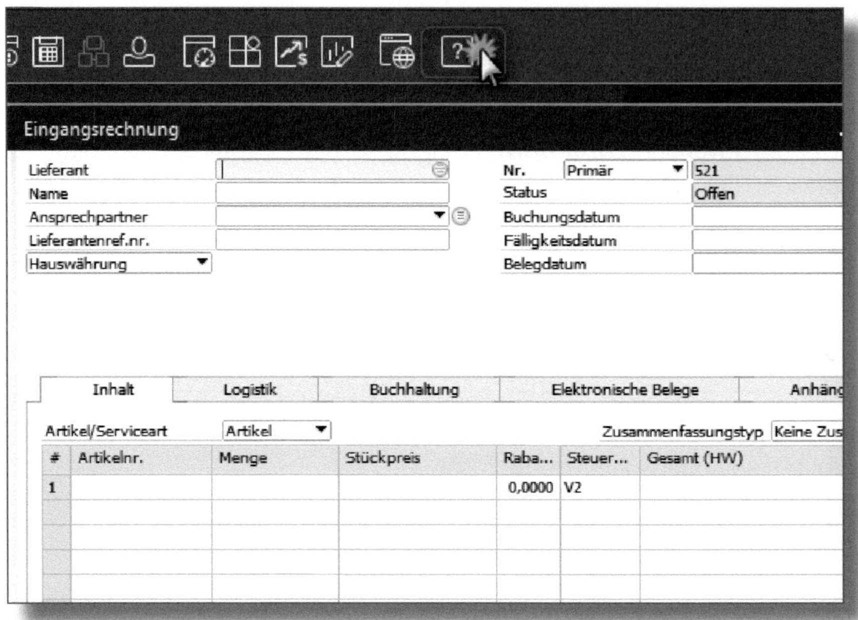

Abbildung 2.25: Kontexthilfe

3 Stammdaten im Finanzwesen von SAP Business One

In diesem Kapitel beschäftigen wir uns mit den zentralen Systemeinstellungen, die für die Finanzbuchhaltung relevant sind.

3.1 Firmendetails

Bei Ersteinrichtung der Datenbank werden in den Firmendetails grundlegende Einstellungen vorgenommen, die nach der ersten Buchung im System nicht mehr rückgängig gemacht werden können. Aus diesem Grund ist die hier vorgestellte Konfiguration eng mit der Finanzbuchhaltung und Ihrem SAP-Partner abzustimmen. Spätere Änderungen führen automatisch zu einem Neuaufsetzen der Datenbank.

Im Reiter ALLGEMEIN (Abbildung 3.1) werden generelle Informationen wie der FIRMENNAME, die ADRESSE etc. hinterlegt. Dies kann sowohl in der LANDESSPRACHE als auch in einer beliebigen FREMDSPRACHE erfolgen.

Der Reiter BUCHHALTUNGSDATEN (Abbildung 3.2) beinhaltet die wichtigen finanzbuchhalterischen Informationen wie UNTERNEHMENSSTEUERNUMMERN, HANDELSREGISTERNUMMERN, Einstellungen zur STEUERSATZERMITTLUNG und für SEPA-Lastschriften die SEPA-GLÄUBIGER-ID.

Firmendetails

Allgemein | Buchhaltungsdaten | Basisinitialisierung

Landessprache | Fremdsprache

Firmenname	
Adresse	Musterstr. 12345 Musterstadt
Straße/Postfach	Musterstr.
Straße Nr.	23
Gebäude	
Gebäude/Stockwerk/Raum	
Ort	Musterstadt
PLZ	12345
Bezirk	
Bundesland/Region	Nordrhein-Westfalen
Land	Germany
Internet-Adresse	
Kopfzeile	Muster GmbH, Musterstr. 23, 10155 Berlin
Führungskraft	
Geschäftsführer	Chef
Alias-Name	
Telefon 1	030-123145
Telefon 2	030-123146
Fax	030-123547-96
E-Mail	info@muster.de
GLN	

Abbildung 3.1: Firmendetails – Reiter »Allgemein«

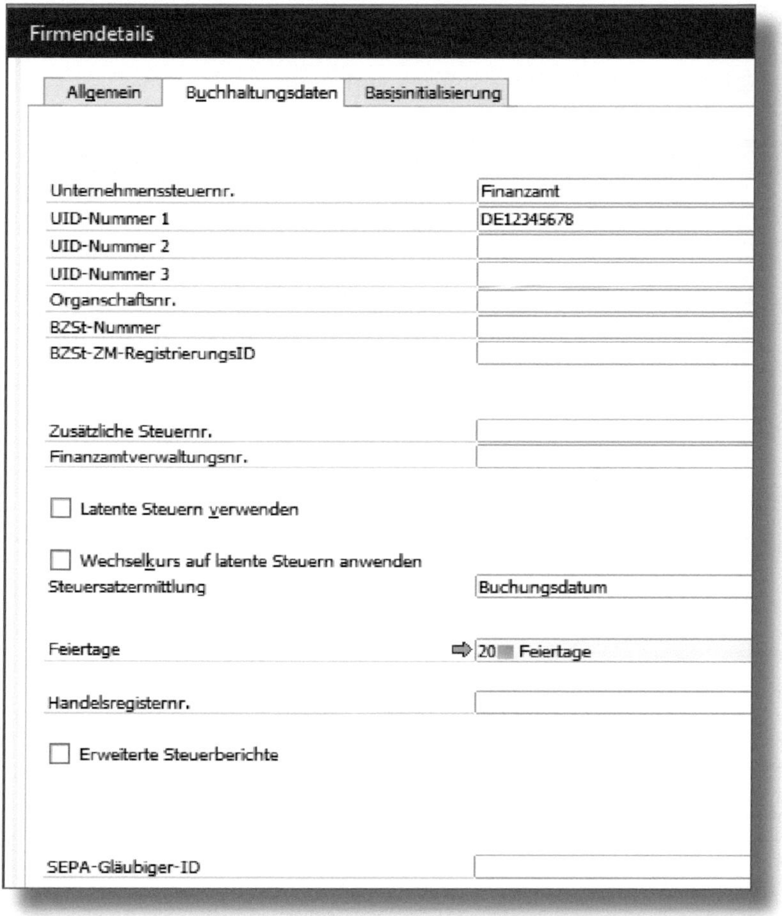

Abbildung 3.2: Firmendetails – Buchhaltungsdaten

Auch der Feiertagskalender wird hier hinterlegt. Dieser dient u. a. der Fälligkeitsberechnung bei Eingangs-/Ausgangsrechnungen oder auch für Berechnungen z. B. im Rahmen eines Laufs in der Materialbedarfsplanung (MRP).

Unter BASISINITIALISIERUNG (Abbildung 3.3) wird der KONTENPLAN hinterlegt. Die Standard-Kontenrahmen SKR03, SKR04 und IKR sind im Basis-Roll-out der Datenbank bereits vorhanden.

Firmendetails

Allgemein | Buchhaltungsdaten | Basisinitialisierung

Vorlage Kontenplan: SKR03
Hauswährung: Euro
Systemwährung: Euro
Standardkontowährung: Alle Währungen
Habensaldo mit negativem Vorzeichen anzeigen
Segmentierungskonten verwenden
Negative Beträge für Stornotransaktionsbuchungen zulassen
Mehrere Belegarten pro Serie erlauben
Mehrsprachenunterstützung
Kontinuierliche Bestandsführung verwenden
Bewertungsmethode Artikelgruppen: Gleitender Durchschnitt
Artikelkosten je Lager verwalten
Buchungssystem der Einkaufskonten verwenden
Bestandsfreigabe ohne Artikelkosten erlauben
Serien- und Chargenkosten verwalten nach
Bewertungsmethode Artikelgruppe
Bewertungsmethode Serie/Charge
Separaten Netto- und Bruttopreismodus aktivieren
Auftraggeber
Hausbank
Land der Hausbank
Hausbank
Kontonr. Hausbank
Filiale
Kontoauszugsverarbeitung installieren
Intrastat aktivieren
Anlagenbuchhaltung aktivieren
Abschreibung berechnen pro: Monat
Mehrere Filialen aktivieren
Kreditkartennummer verbergen
Erweiterte Sachkontenfindung aktivieren
Auswahl beliebiger Kontoart für Erlöskonten zulassen
Projektmanagement aktivieren
Verwaltung des Schutzes personenbezogener Daten aktivieren
Geschäftsbedingungen: Durchsuchen

Abbildung 3.3: Firmendetails – Basisinitialisierung

Kontenlänge bei Verwendung eines Standardkontenrahmens

Der Standardkontenplan wird mit vierstelligen Kontocodes ausgeliefert. In der deutschen Lokalisation entspricht die Gliederung des Kontenplans dem im Handelsgesetzbuch definierten Bilanz- und GuV-Gliederungsschema.

Bei einem individuellen Kontenplan können Sie die Sachkontenlänge und -Beschriftung frei wählen. Dabei sind die Titel und die entsprechenden Ebenen des Kontenplans zu berücksichtigen. Nähere Erläuterungen zum Kontenplan finden Sie in Abschnitt 3.4.

Sie können jeweils unterschiedliche Währungen für Hauswährung und Systemwährung hinterlegen.

Haus- und Systemwährung

Sie möchten SAP Business One in einer US-Tochter implementieren. Da das Mutterunternehmen in Deutschland ansässig ist, führen Sie Ihre Bücher in Euro. Für Konsolidierungszwecke und das Reporting möchten Sie die Zahlen der US-Tochter ebenfalls in Euro ausweisen. In diesem Fall stellen Sie in der Datenbank die Systemwährung auf Euro und die Hauswährung der US-Tochter auf USD.

Wechselkurse im Blick behalten

Wenn Sie abweichende Währungen hinterlegen, müssen die Wechselkurse gepflegt werden.

Als Standardkontowährung kann entweder die Hauswährung oder *Alle Währungen* festgelegt werden. Bei der zukünftigen Anlage eines neuen Kontos wird dann die hier getroffene Auswahl als Voreinstellung vorgeschlagen.

In der Standardauslieferung werden alle Habensalden in Klammern () ausgewiesen. Wenn die Funktion Habensaldo Mit Negativem Vorzeichen Anzeigen mittels Checkbox aktiviert wird, ist den Habensalden ein Minuszeichen vorangestellt.

Die Option Segmentierungskonten verwenden ist mit einem Haken zu versehen, wenn Sie neben der Standardkontonummer/dem Standardcode noch detailliertere Informationen benötigen, etwa für die Transaktionsverfolgung und das Berichtswesen oder für Angaben zur Region, Sparte etc.

Die Checkbox Negative Beträge Für Stornotransaktionsbuchungen Zulassen aktivieren Sie, wenn bei Stornobuchungen die Korrektur auf der entsprechenden Kontenseite stehen soll.

Stornierung mit Korrektur der Jahresverkehrszahlen

Sie buchen eine Aufwandsrechnung für KFZ-Kosten. Sie stellen fest, dass Sie einen Fehler gemacht haben, und möchten die Rechnung stornieren. Die Aufwandsbuchung bei Rechnungseingabe erfolgte im Soll. Mit der oberen Einstellung wird die Stornierung ebenfalls im Soll mit einem Minuszeichen ausgeführt, womit auch die Jahresverkehrszahlen richtig korrigiert werden.

Eine der wichtigsten Festlegungen bei der Implementierung von SAP Business One ist die Einstellung Kontinuierliche Bestandsführung verwenden – ja oder nein.

Wenn Sie die *kontinuierliche Bestandsführung* aktivieren, so sagt man umgangssprachlich: »Sie aktivieren das Lagernebenbuch«. Die Lagerverwaltung ist in einem ERP-System wie SAP Business One natürlich inklusive, aber entscheidend ist hier die buchhalterische Behandlung. Mit der kontinuierlichen Bestandsführung werden die Bestände nicht nur mengenmäßig, sondern auch wertmäßig geführt. Eine buchhalterisch relevante Buchung geschieht somit schon beim Wareneingang.

Kontinuierliche Bestandsführung Wareneingang

- Wareneingang von Handelswaren: 100 Stk,
- Stückpreis im Einkauf: 250 EUR.

Somit hat der Wareneingang einen Wert in Höhe von 25.000 EUR. Die Buchung erfolgt im SAP-Warenbestandskonto an das WE/RE-Verrechnungskonto.

Ohne kontinuierliche Bestandsführung würde systemseitig keine Journalbuchung (siehe Abschnitt 4.1) erfolgen.

Sie haben bei der kontinuierlichen Bestandsführung die Möglichkeit, zwischen drei Bewertungsmethoden zu wählen:

- Gleitender Durchschnitt
- Standard
- FIFO (First in, first out)

Wenn Sie möchten, dass die Artikelkosten pro Lager bewertet werden, so markieren Sie die Checkbox ARTIKELKOSTEN JE LAGER VERWALTEN. Sollte diese nicht aktiviert sein, werden die Artikelkosten pro Artikel für alle Lager gerechnet.

Tragen Sie bei der HAUSBANK Ihre Standardbankverbindung ein.

Alle weiteren Checkboxen in Abbildung 3.3 aktivieren zusätzliche Funktionalitäten in SAP Business One, auf die ich hier nicht im Einzelnen eingehe.

3.2 Geschäftspartner-Stammdaten

Auf den in Abbildung 3.4 gezeigten Geschäftspartnerstammsatz greifen alle User zu. Es existieren keine gesonderten Debitoren- oder Kreditorenstammsätze für den Bereich Buchhaltung. Alle Informationen sind in einem Stammsatz hinterlegt. Den Geschäftspartnerstammsatz rufen Sie im MENÜ unter GESCHÄFTSPARTNER • GESCHÄFTSPARTNER-STAMMSATZ auf.

Nachfolgend werde ich Ihnen die buchhalterisch relevanten Daten erläutern:

In der Kopftabelle finden Sie die Geschäftspartner-WÄHRUNG und die UID-NUMMER.

Im Reiter ALLGEMEIN haben Sie die Möglichkeit, weitere Informationen, wie z. B. USt.ID-Nr., Klassifizierung des Geschäftspartnertyps etc., zu hinterlegen.

Der in Abbildung 3.4 ausgewählte Reiter ADRESSEN ist buchhalterisch interessant, da Sie hier die Rechnungs- und Lieferadressen eingeben. Haben Sie beispielsweise einen deutschen Geschäftspartner mit Lieferadresse im EU-Ausland, so hinterlegen Sie dort die EU-Lieferadresse mit zugehöriger UID-NUMMER.

Bei der Erstellung eines Marketingbelegs können Sie die Adresse aus dem Geschäftspartner wählen. SAP Business One prüft für die Sachkontenfindung die LIEFERADRESSE (Inland, EU oder Ausland) und entsprechend, ob eine UID-NUMMER für das Lieferland vorhanden ist. Die Sachkontenfindung wählt aufgrund der Angaben im Geschäftspartner (Lieferadresse etc.) sowie im Beleg das passende Sachkonto zum Geschäftsvorfall aus.

Im Reiter ZAHLUNGSBEDINGUNGEN (Abbildung 3.5) hinterlegen Sie die ZAHLUNGSBEDINGUNGEN, eine PREISLISTE, den GESAMTRABATT, das KREDITLIMIT sowie die BANK des GESCHÄFTSPARTNERS. Bei SEPA-Lastschriften ergänzen Sie die MANDATSREFERENZ der Bank, das Ablaufdatum des Mandats, das DATUM DER UNTERSCHRIFT und den SEPA-Sequenztyp.

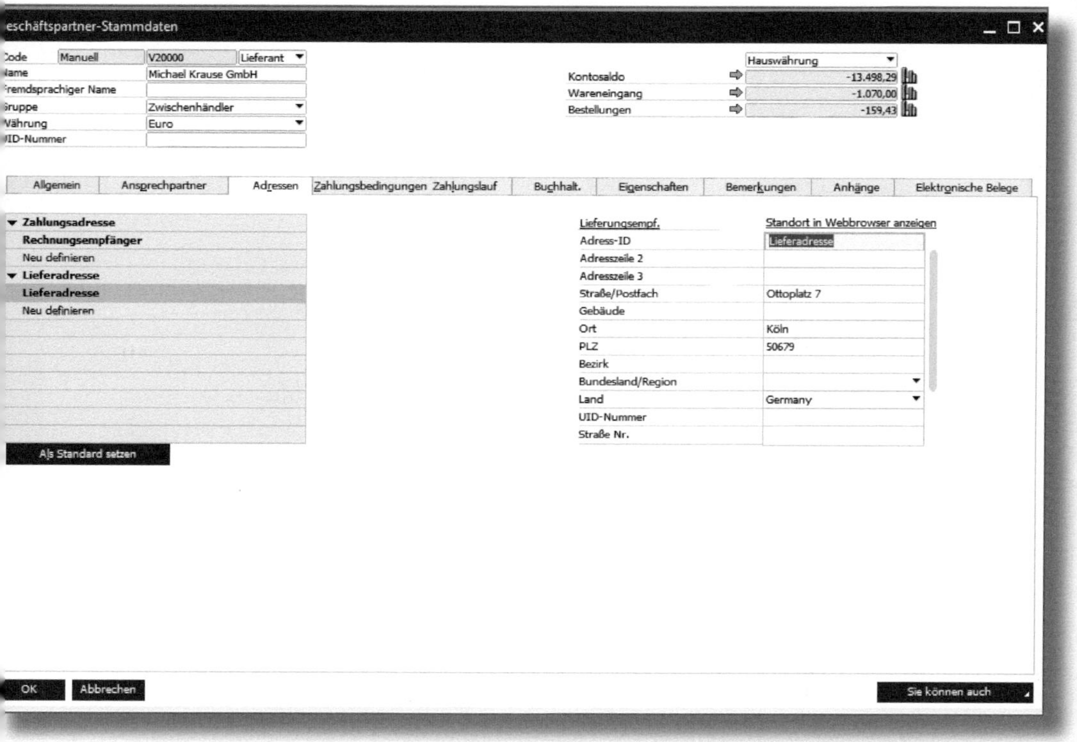

Abbildung 3.4: Geschäftspartnerstammsatz – Reiter »Adressen«

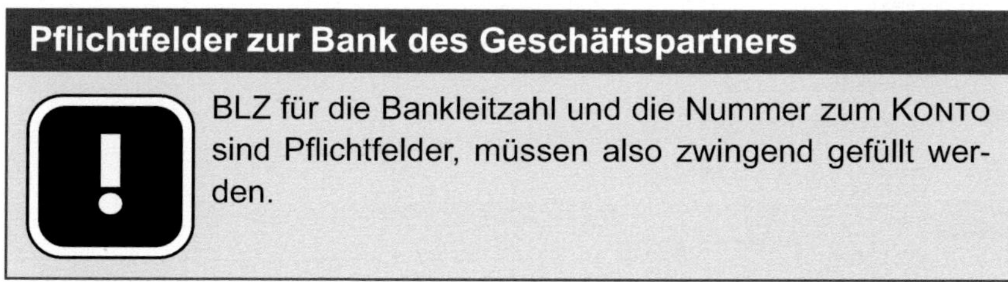

Pflichtfelder zur Bank des Geschäftspartners

BLZ für die Bankleitzahl und die Nummer zum Konto sind Pflichtfelder, müssen also zwingend gefüllt werden.

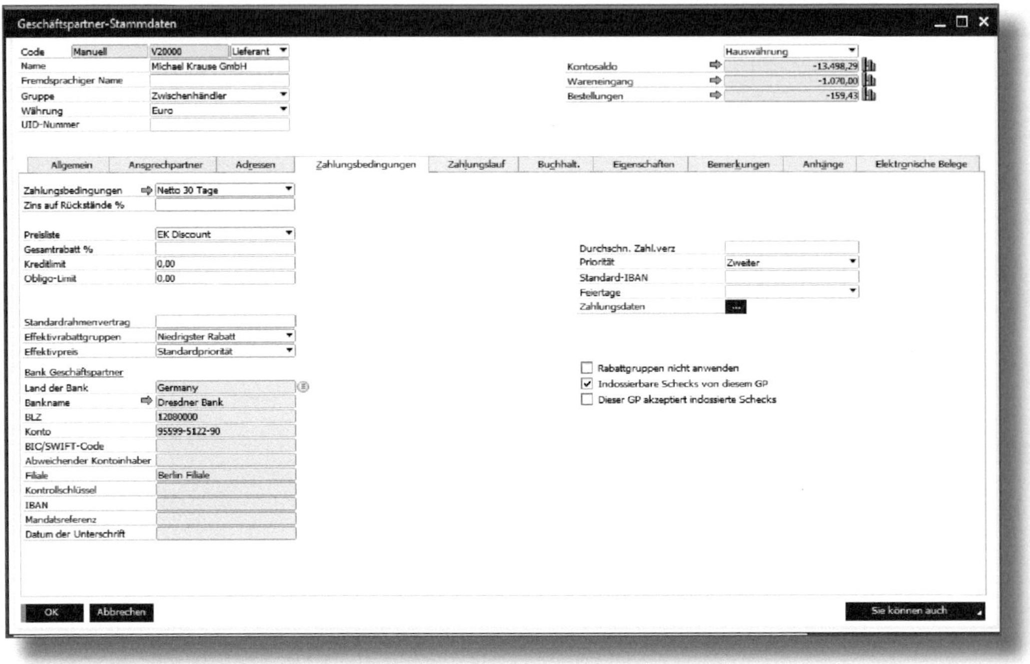

Geschäftspartner-Stammdaten
Code
Manuell
V20000
Lieferant
Name
Michael Krause GmbH
Fremdsprachiger Name
Gruppe
Zwischenhändler
Währung
Euro
UID-Nummer
Hauswährung
Kontosaldo
-13.498,29
Wareneingang
-1.070,00
Bestellungen
-159,43
Allgemein
Ansprechpartner
Adressen
Zahlungsbedingungen
Zahlungslauf
Buchhalt.
Eigenschaften
Bemerkungen
Anhänge
Elektronische Belege
Zahlungsbedingungen
Netto 30 Tage
Zins auf Rückstände %
Preisliste
EK Discount
Gesamtrabatt %
Kreditlimit
0,00
Obligo-Limit
0,00
Durchschn. Zahl.verz
Priorität
Zweiter
Standard-IBAN
Feiertage
Zahlungsdaten
Standardrahmenvertrag
Effektivrabattgruppen
Niedrigster Rabatt
Effektivpreis
Standardpriorität
Bank Geschäftspartner
Land der Bank
Germany
Bankname
Dresdner Bank
BLZ
12080000
Konto
95599-5122-90
BIC/SWIFT-Code
Abweichender Kontoinhaber
Filiale
Berlin Filiale
Kontrollschlüssel
IBAN
Mandatsreferenz
Datum der Unterschrift
Rabattgruppen nicht anwenden
Indossierbare Schecks von diesem GP
Dieser GP akzeptiert indossierte Schecks
OK
Abbrechen
Sie können auch

Abbildung 3.5: Geschäftspartnerstammsatz – Reiter »Zahlungsbedingungen«

Kreditlimit
10.000,00
Obligo-Limit
10.000,00
Mahnbedingung
Standard
Automatische Buchung
Nein
Standardrahmenvertrag
Effektivrabattgruppen
Niedrigster Rabatt
Effektivpreis
Standardpriorität
Bank Geschäftspartner
Land der Bank
Germany
Bankname
Dresdner Bank
BLZ
12080000
Konto
67-44387-9748
BIC/SWIFT-Code
Abweichender Kontoinhaber
Filiale
Berlin Filiale
Kontrollschlüssel
IBAN
Mandatsreferenz
Datum der Unterschrift
Geschäftspartnerbankkonten - Definition
#
BIC/SWIFT-Code
Mandatsreferenz
Ablaufdatum des Mandats
Datum der Unterschrift
1
2
OK
Abbrechen
Als Standard setzen

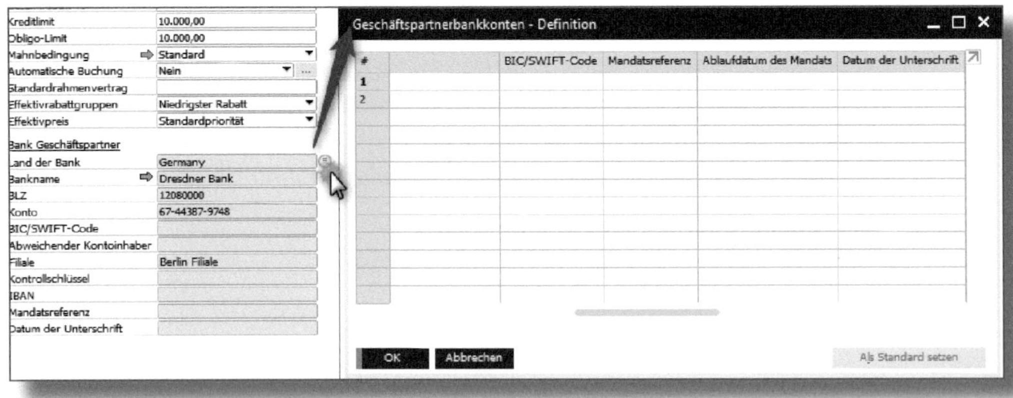

Abbildung 3.6: Geschäftspartner-Bankverbindung

Im Reiter ZAHLUNGSLAUF (Abbildung 3.7) können Sie ZAHLUNGSSPERREN für den Geschäftspartner aktivieren und deaktivieren oder den Geschäftspartner für EINZELZAHLUNGEN markieren. Wenn Einzelzahlungen gelten sollen, erfolgt beim Ausführen des Zahlungsassistenten keine Sammelüberweisung, sondern es wird für jeden Beleg eine eigene Zahlung generiert.

Über die Spalte EINSCHLIEßEN können Sie entscheiden, welcher Zahlweg für den Geschäftspartner genutzt werden soll. Eine Mehrfachauswahl ist möglich. Ein Zahlweg wird als Standardzahlweg definiert, indem er mit dem Button ALS STANDARD SETZEN bestätigt wird.

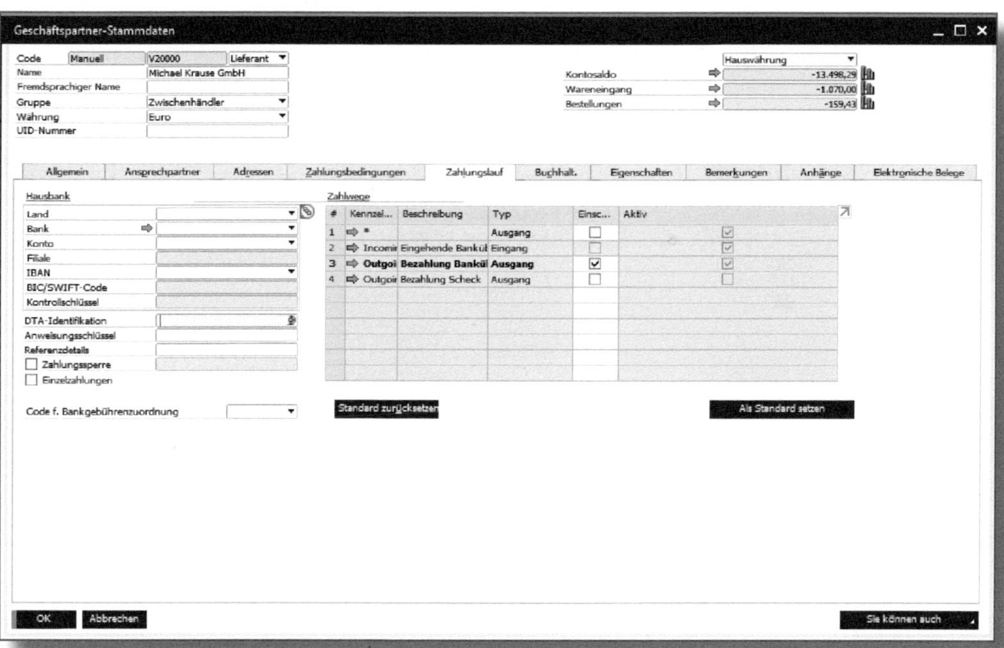

Abbildung 3.7: Geschäftspartnerstammsatz – Reiter »Zahlungslauf«

Der Reiter Buchhaltung (Abbildung 3.8) ist in zwei weitere Reiter gegliedert:

1. Im Unterreiter Allgemein können Sie einen Konsolidierungs-GP für Zahlungs- oder Lieferungskonsolidierungen hinterlegen.

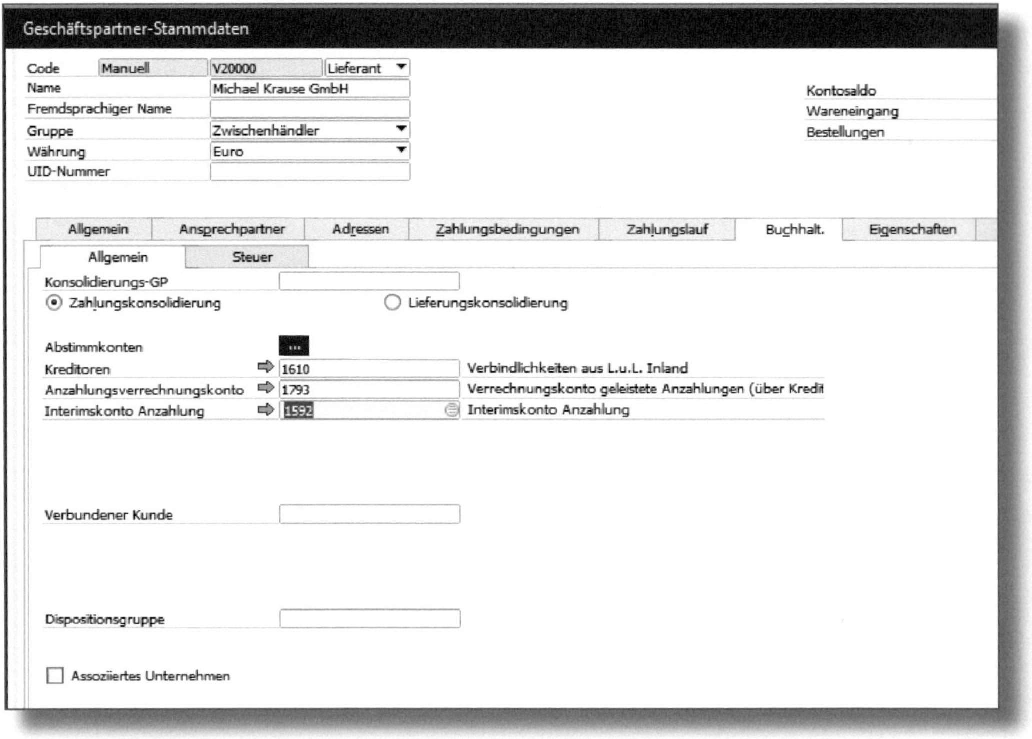

Abbildung 3.8: Geschäftspartnerstammsatz – Reiter »Buchhaltung/ Allgemein«

- *Zahlungskonsolidierung*
  Wählen Sie die Zahlungskonsolidierung in einem Geschäftspartner, wenn Rechnungen von mehreren verbundenen Geschäftspartnern über einen zentralen GP ausgeglichen werden.
- *Lieferungskonsolidierung*
  Wählen Sie die Lieferungskonsolidierung, wenn Sie mehrere verbundene Geschäftspartner haben, die Rechnungstellung aber an einen zentralen Geschäftspartner erfolgt.

Nur eine Variante pro Geschäftspartner

Für einen Geschäftspartner kann nur eine der beiden Möglichkeiten für die Konsolidierung gewählt werden.

Die Vorgabe der Konten erfolgt über die Sachkontenfindung und kann jederzeit überschrieben werden.

Die Hinterlegung eines VERBUNDENEN KUNDEN oder LIEFERANTEN ermöglicht Ihnen, in Auswertungen oder im Zahlungsassistenten (vgl. Abschnitt 6.5) beide Geschäftspartner gemeinsam zu betrachten.

2. Im Unterreiter STEUER (Abbildung 3.9) wählen Sie den STEUERSTATUS aus. Je nach Status können Sie noch ein STEUERKENNZEICHEN hinterlegen.
   Die drei Steuerstatus bedeuten:
   - PFLICHTIG = Inland
   - BEFREIT = Ausland (Institutionen ohne Steuer)
   - EU bzw. ERWERB = EU-Ausland

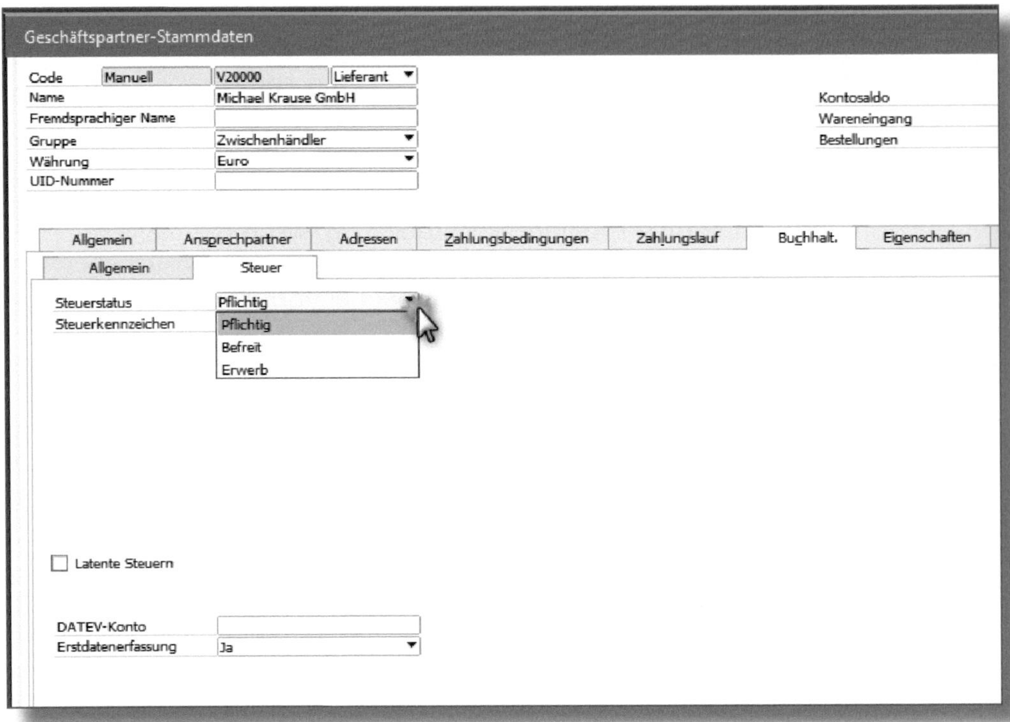

Abbildung 3.9: Geschäftspartnerstammsatz – Reiter »Buchhaltung/ Steuer«

Sofern HANA Analytics bei Ihnen im Einsatz ist, finden Sie weitere hilfreiche Informationen zum Geschäftspartner, wenn Sie unter ANSICHT die BENUTZERDEFINIERTEN FELDER aktiv gesetzt haben (siehe Abbildung 3.10).

3.3 Artikel

Im Artikelstammsatz (LAGERVERWALTUNG • ARTIKEL) finden Sie auf dem Reiter ALLGEMEIN unter ART DER ERWEITERTEN REGEL die Einstellungen für die Sachkontenfindung. Diese ist pro Artikel einstellbar. Bei aktivierter erweiterter Sachkontenfindung sollte hier »Allgemein« stehen.

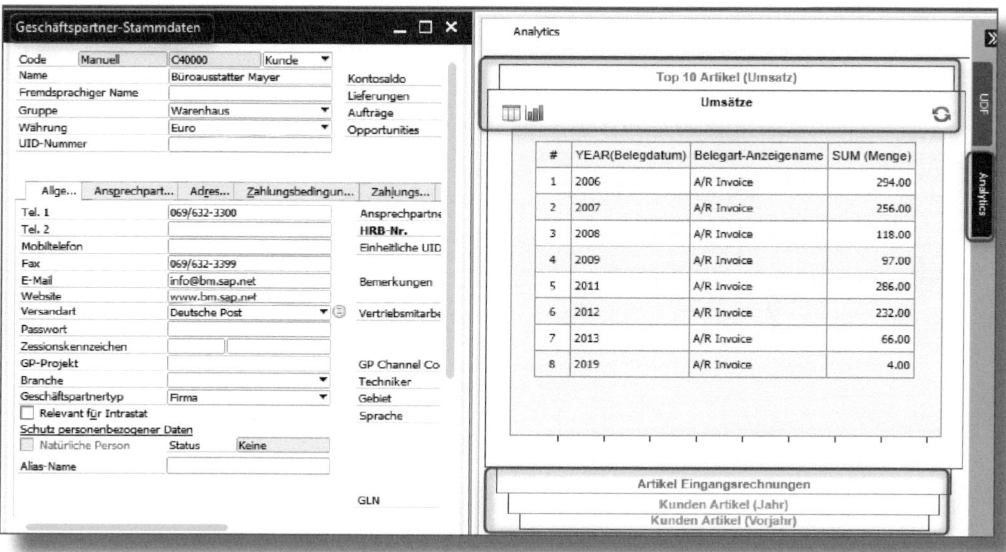

Abbildung 3.10: Geschäftspartner-Analytics

Die Zuordnung des Artikels zu einer ARTIKELGRUPPE ist nicht nur für die Logistik relevant, auch die Sachkontenfindung kann auf der Artikelgruppe aufgebaut werden. In Abschnitt 3.6 werden wir uns die Sachkontenfindung und die erweiterte Sachkontenfindung näher ansehen.

Auf den Reitern EINKAUFSDATEN und VERKAUFSDATEN ist auf die richtige Hinterlegung des Steuerkennzeichens zu achten.

Aus den Funktionen des Reiters BESTANDSDATEN (Abbildung 3.11) ist für die Buchhaltung relevant, ob die Option BESTANDSFÜHRUNG NACH LAGER markiert ist. Bei aktivierter kontinuierlicher Bestandsführung muss der Artikel markiert sein. Für Artikel, die nicht bestandsgeführt sein sollen (z. B. Verpackungsmaterial oder Schrauben), wird kein Haken gesetzt.

Außerdem können Sie je Artikel die BEWERTUNGSMETHODE wählen: *Gleitender Durchschnitt*, *Standard* oder *FIFO*.

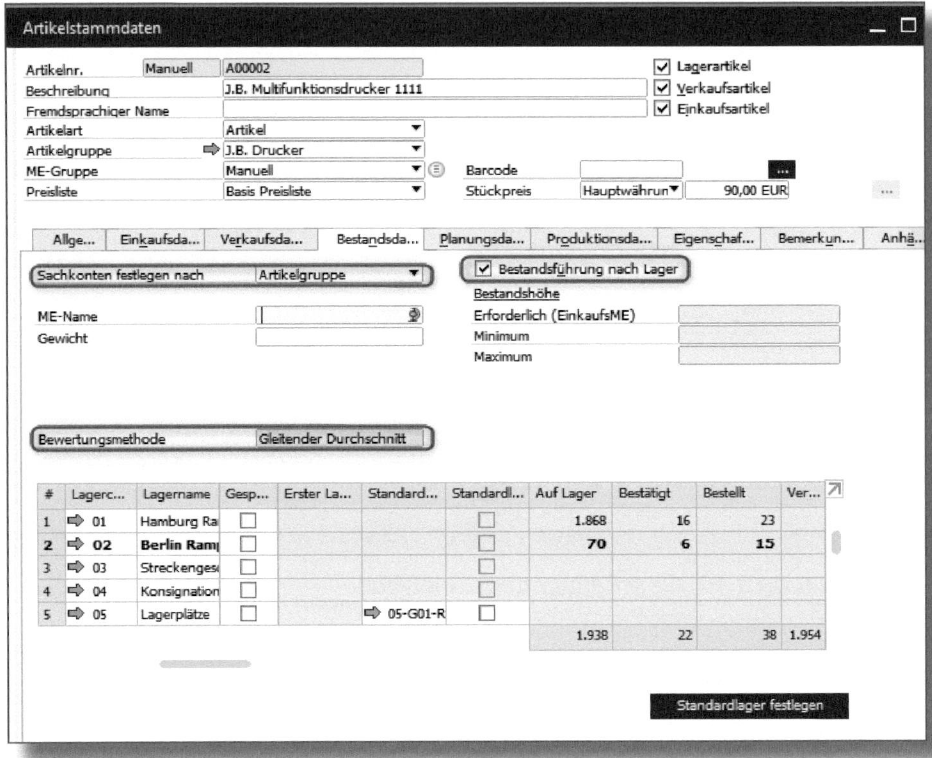

Abbildung 3.11: Artikelstammsatz – Reiter »Bestandsdaten«

Ist *HANA Analytics* aktiv, finden Sie weitere hilfreiche Informationen zum aufgerufenen Artikel, wenn Sie unter Ansicht die benutzerdefinierten Felder zur Anzeige angeklickt haben (siehe Abbildung 3.12).

3.4 Kontenplan

Der Kontenplan ist, wie in Abschnitt 3.1 bereits angesprochen, entweder als Standard-Kontenrahmen SKR03, SKR04 bzw. IKR oder als individueller Kontenrahmen ausgerollt. Lassen Sie uns im nachfolgenden Abschnitt von SKR03 ausgehen.

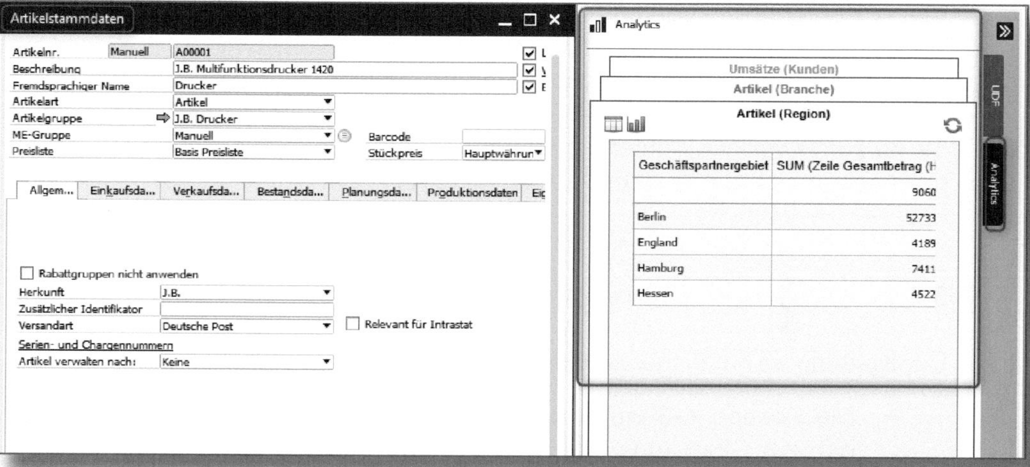

Abbildung 3.12: Artikel-Analytics

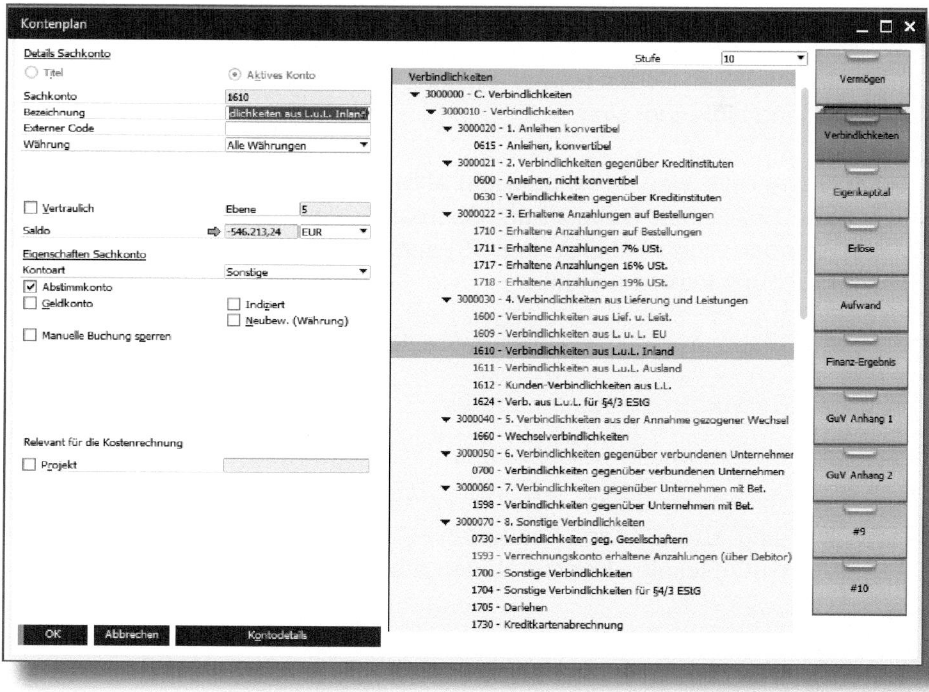

Abbildung 3.13: Kontenplan

Dieser Kontenplan ist gemäß Bilanz- und GuV-Gliederungsschema in die Kategorien Vermögen, Verbindlichkeiten, Eigenkapital, Erlöse, Aufwand, Finanzergebnis unterteilt. Wenn Sie auf der rechten Seite eine dieser schubladenähnlichen Kategorien wählen, gelangen Sie zu den jeweiligen Konten. In Abbildung 3.13 sehen Sie als Beispiel die Verbindlichkeiten zum Sachkonto 1610.

3.4.1 Gliederung Kontenplan

Der Kontenplan hat insgesamt zehn Ebenen:

- Die Ebenen 1–3 umfassen den Titel und verschiedene Angaben zur Gliederung des Kontenplans. Diese sind im Kontenplan blau hervorgehoben.
- Die Ebenen 4–10 führen die aktiven Konten auf, d. h., diese Konten können Sie in Ihrer täglichen Arbeit buchen. Sie werden im Kontenplan schwarz dargestellt.

Konten in grüner Schrift zeigen an, dass diese Konten in der Sachkontenfindung hinterlegt sind.

Ob Sie gerade einen Titel oder ein aktives Konto ausgewählt haben, können Sie in den Details zum Sachkonto (links von der Auflistung der Kontoebenen in Abbildung 3.13) anhand der Markierung bei Titel oder Aktives Konto erkennen.

Details Sachkonto:

- Sachkonto – Kontonummer
- Bezeichnung – Kontoname
- Externer Code – Diesen verwenden Sie, um z. B. ein Mapping zum Konzernkontenrahmen herzustellen, wenn Sie mit einem lokalen Kontenrahmen arbeiten.

- WÄHRUNG – Führung des Kontos in einer expliziten Währung oder »Alle Währungen«
- VERTRAULICH – Die Kennzeichnung als vertrauliches Konto ermöglicht ein gesondertes Berechtigungskonzept
- EBENE – Anzeige der Sachkontenebene

EIGENSCHAFTEN SACHKONTO:

- KONTOART – Erträge, Aufwendungen oder Sonstige (= Bilanzkonten)
- ABSTIMMKONTO – Ein Abstimmkonto ist z. B. ein Verbindlichkeiten- oder Forderungskonto

Forderungskonto wird automatisch gebucht

Im Geschäftspartnerstammsatz wird bei einem Kunden das Forderungskonto L.u.L. hinterlegt. Im Rahmen der Erstellung einer Ausgangsrechnung an diesen Kunden wird der Betrag auf dem Forderungskonto bei Hinzufügen des Belegs erhöht und bei Zahlung reduziert.

- GELDKONTO – Die Kennzeichnung als Geldkonto ist bei Bank- oder Kassenkonten wichtig, um diese Konten bei Zahlungen sowie im Cash-Flow-Bereich zu nutzen.
- MANUELLE BUCHUNG SPERREN – Diese Checkbox markieren Sie, wenn das Sachkonto nicht mit einer manuellen Journalbuchung bebucht werden soll.

Journalbuchung bei kontinuierlicher Bestandsführung

Die Datenbank ist mit einer kontinuierlichen Bestandsführung eingerichtet. Die Bestandskonten werden automatisch von SAP Business One bei den entsprechenden Geschäftsvorfällen gebucht. Für eine manuelle Bestandskorrektur wurde eine manuelle Journalbuchung vorgenommen.

Zum Jahresende führen Sie den Bestandsbericht aus und stellen fest, dass der Lagerbestand vom Bestandskonto abweicht. Grund hierfür ist die manuelle Journalbuchung, da sie nur die Sachkontenebene angesprochen hat. Auf der logistischen Seite sind die Bestände unberührt geblieben.

- Handelt es sich um ein GuV-Konto (hier nicht gezeigt), können Sie dafür im Feld PRIMÄRES ABSCHLUSSKONTO ein solches Konto hinterlegen und mittels Haken bestimmen, ob dieses innerhalb des Periodenabschlusses genutzt werden soll.
- Handelt es sich wiederum um ein GuV-Konto, lassen sich mittels CASHFLOWRELEVANT Konten markieren, die in den Cash-Flow-Berichten ausgewertet werden sollen.
- PROJEKT – Auswahloption am Konto, ob ein Projekt bei der Buchung mitgegeben werden soll. Sie können auch direkt eine Projektnummer zum Konto hinterlegen. Bei Auswahl des Kontos wird dann die Projektnummer direkt gefüllt.
- AUFTEILUNGSREGEL – Je nachdem, wie viele Aufteilungsregeln Sie aktiviert haben, werden Ihnen diese bei den Aufwands- und Erlöskonten angezeigt. Wie über die Funktion PROJEKT können Sie für das Konto hier die Kostenrechnung/Kostenstelle vordefinieren.

Über die Schaltfläche KONTODETAILS können Sie zusätzliche Angaben zum Konto hinterlegen, wie in Abbildung 3.14 zu sehen.

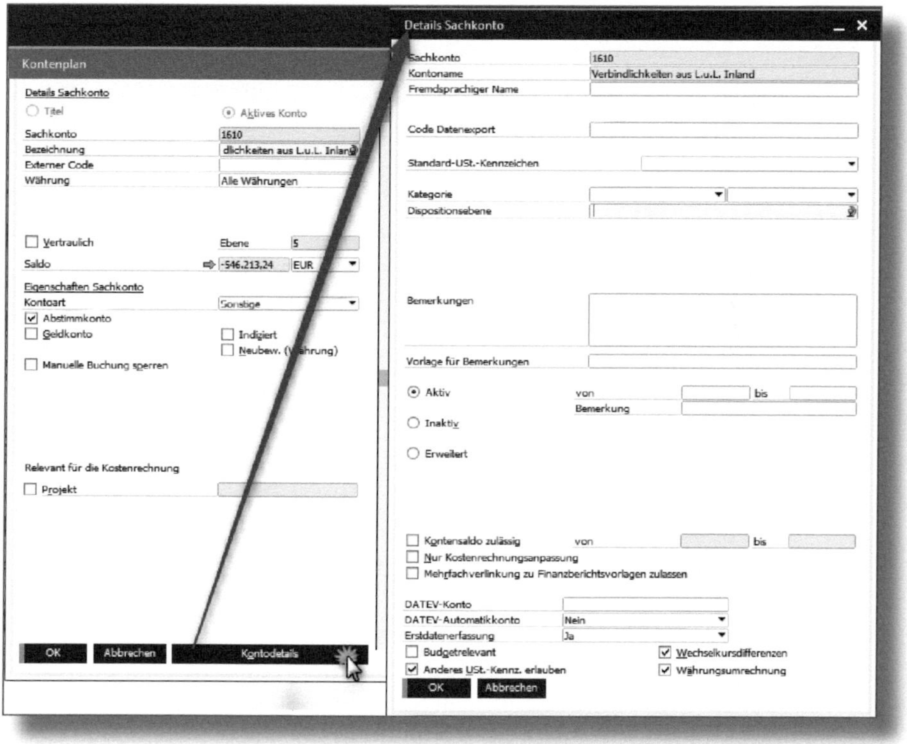

Abbildung 3.14: Kontenplan – Details zum Sachkonto

- Fremdsprachiger Name – Mapping des Kontonamens in einer anderen Sprache
- Standard-USt.-Kennzeichen – Hinterlegung eines Steuerkennzeichens für dieses Konto

Konto nur mit einem Steuerkennzeichen buchen

Wenn Sie ein Sachkonto ausschließlich mit nur einem Steuerkennzeichen bebuchen möchten, müssen Sie den Haken in der Checkbox Anderes USt.-Kennz. erlauben ganz unten im Bild entfernen. Das setzt allerdings voraus, dass Sie ein Steuerkennzeichen für dieses Konto hinterlegt haben.

DATEV®-Automatikkonto in SAP richtig einrichten

Sie möchten nach Vorgabe des Steuerberaters das DATEV®-Automatikkonto *8400 Erlöse 19 %* nur mit dem Steuerkennzeichen A2 buchen. Sie hinterlegen bei diesem Konto in den Kontodetails A2 als Standard-USt.-Kennzeichen und entfernen den Haken in der Checkbox Anderes USt.-Kennz. erlauben. Wenn Sie nun das Konto 8400 in Ihren Buchungen auswählen, wird das Steuerkennzeichen A2 vom System automatisch eingetragen und ist nicht mehr änderbar.

Im Feld Kategorie können ergänzende Werte definiert werden. Wählen Sie hier den Wert *Summen- und Saldenliste*, so besteht die Möglichkeit, weitere Angaben für die Kontoart zu hinterlegen. Gerade bei Konsolidierungen erleichtern die zusätzlichen Werte den Vorgang.

Unter Vorlage für Bemerkungen lassen sich Vorlagetexte für das Konto zur Journalbuchung hinterlegen, die dann automatisch bei Auswahl des Kontos ausgewiesen werden (siehe Abbildung 3.15). Diese Texte lassen sich innerhalb der Vorlagen in der Journalbuchung noch ändern.

Die Kontodetails in Abbildung 3.14 bieten zudem die Möglichkeit, ein Konto zeitlich zu begrenzen.

Zeitliche Begrenzung von Konten

Wenn Sie ein Konto zeitlich begrenzen, empfehle ich, eine Begründung in das Bemerkungsfeld zu schreiben, da das Konto außerhalb des aktiven Zeitraums nicht mehr bebucht werden kann. Kollegen könnten aus Unwissenheit die Begrenzung wieder entfernen.

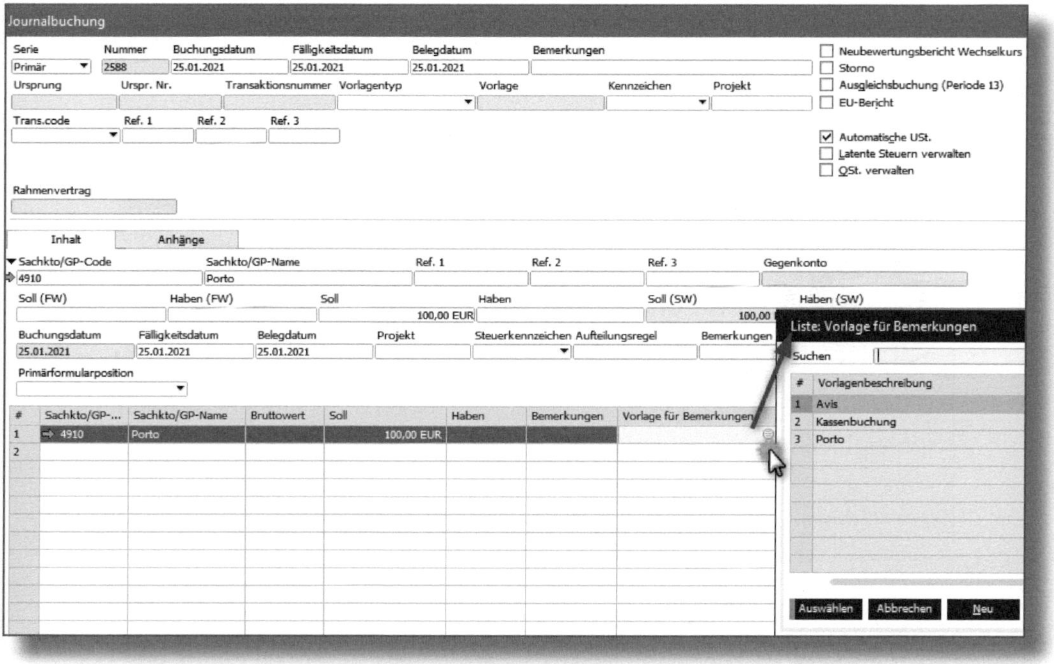

Abbildung 3.15: Vorlage für Bemerkungen

Zeitliche Begrenzung

Gehen wir davon aus, dass es sich um ein Aufwandskonto handelt, das für ein bestimmtes Fahrzeug angelegt wurde. Dieses Fahrzeug ist nun nicht mehr im Bestand; daher setzen Sie das Aufwandskonto auf Inaktiv oder begrenzen es für die Zeit, in der das Fahrzeug noch im Bestand war, über Aktiv – von … bis.

Ihr Kollege war im Urlaub und wundert sich, weil er noch eine Tankquittung gefunden hat, er aber das Konto nicht mehr buchen kann. Ohne eine kleine Bemerkung »Fahrzeug ab 01.05.19 nicht mehr im Bestand« würde er das Konto vermutlich einfach wieder aktiv setzen.

Das Feld Kontensaldo zulässig von/bis bietet die Möglichkeit, den Saldo eines Kontos zu kontrollieren, indem Sie es markieren und betraglich entsprechend beschränken.

»Kontensaldo zulässig von/bis« erfordert Einstellung in den Stammdaten

Gehen Sie in den Belegeinstellungen (siehe Abbildung 2.17) auf den Reiter Allgemein, um das Feld Kontensaldo zulässig von/bis zu nutzen. Im Bereich Reaktion auf Kontensaldo ausserhalb des zulässigen Bereichs kann zwischen *Ohne Warnung*, *Nur Warnung* oder *Buchung sperren* gewählt werden. Je nach Auswahl erhalten Sie eine Systemwarnung, oder die Buchung wird systemseitig gesperrt, wenn der Kontensaldo außerhalb des zulässigen Bereichs ist.

Markieren Sie für ein Konto Nur Kostenrechnungsanpassung, wenn das Konto ausschließlich für Anpassungsbuchungen innerhalb der Kostenrechnung genutzt wird (siehe Abschnitt 5.4.1).

Entsprechendes gilt für das Setzen des Hakens bei Budgetrelevant.

3.4.2 Anlage eines Sachkontos

Sie können ein Sachkonto direkt im Kontenplan oder unter Kontenplan Bearbeiten anlegen.

1. Kontenplan

Öffnen Sie den Kontenplan im Menü unter Finanzwesen • Kontenplan.

Die Anlage eines Sachkontos innerhalb des Kontenplans werde ich anhand eines vereinfachten Beispiels erklären, und zwar für das Aufwandskonto 4951 »Steuerberatungskosten«.

Anlage eines Sachkontos

zB

Da ein Aufwandskonto angelegt werden soll, öffnen Sie die Schublade Aufwand. Suchen und markieren Sie dann ein zum Konto 4951 benachbartes Konto (hier 4950) (siehe Abbildung 3.16). Mit Klick auf in der Symbolleiste wird in den Hinzufügemodus gewechselt. Im linken Bereich tragen Sie die Kontonummer *4951* und die Bezeichnung *Steuerberatungskosten* ein. Als Kontoart wählen Sie Aufwendungen. Die Ebene des neuen Kontos wird vom markierten Konto übernommen. Mit Klick auf den Button Hinzufügen wird das Konto angelegt und erscheint unterhalb des anfangs markierten Kontos 4950.

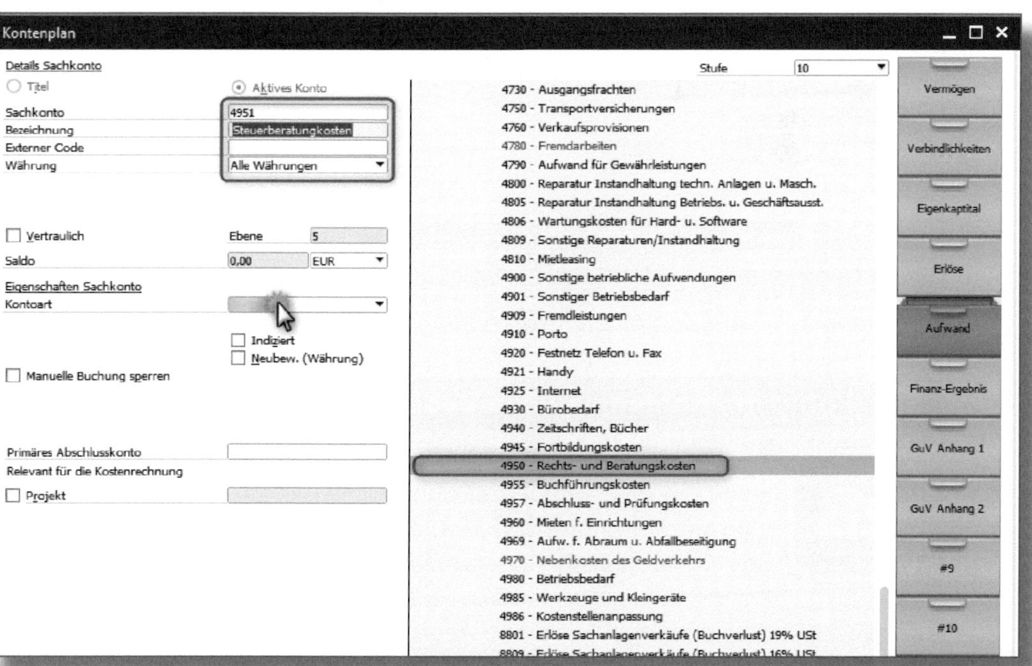

Abbildung 3.16: Sachkontenanlage im Kontenplan

2. Kontenplan bearbeiten

Die Funktionalität KONTENPLAN BEARBEITEN finden Sie in SAP Business One an zwei Stellen im Menü:

1. FINANZWESEN • KONTENPLAN BEARBEITEN
2. ADMINISTRATION • DEFINITION • FINANZWESEN • KONTENPLAN BEARBEITEN

Im Pop-up für die Auswahlkriterien können Sie den gewünschten Bereich auswählen oder mit dem Button ALLE AUSWÄHLEN sämtliche Haken setzen (Abbildung 3.17).

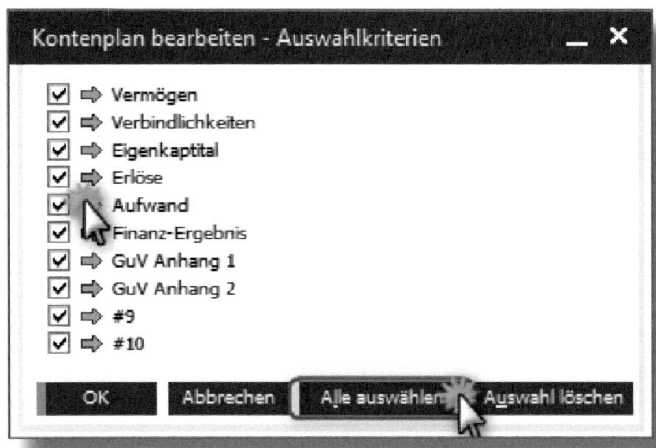

Abbildung 3.17: Auswahlfenster Kontenplan bearbeiten

Sachkonto in »Kontenplan bearbeiten« anlegen

Wieder nehmen wir das Beispiel der Anlage des Sachkontos 4951 »Steuerberatungskosten«. Im Kontenplan wird ebenfalls das Konto 4950 als nächstliegendes Konto gesucht und markiert. Mit dem Klick auf den Button GLEICHRANG. KTO. HINZUFÜGEN wird eine Leerzeile im Kontenplan eingefügt (siehe Abbildung 3.18). Nun können der Kontocode und die Kontenbezeichnung eingetragen werden. Mit dem Button Aktualisieren wird das Konto hinzugefügt.

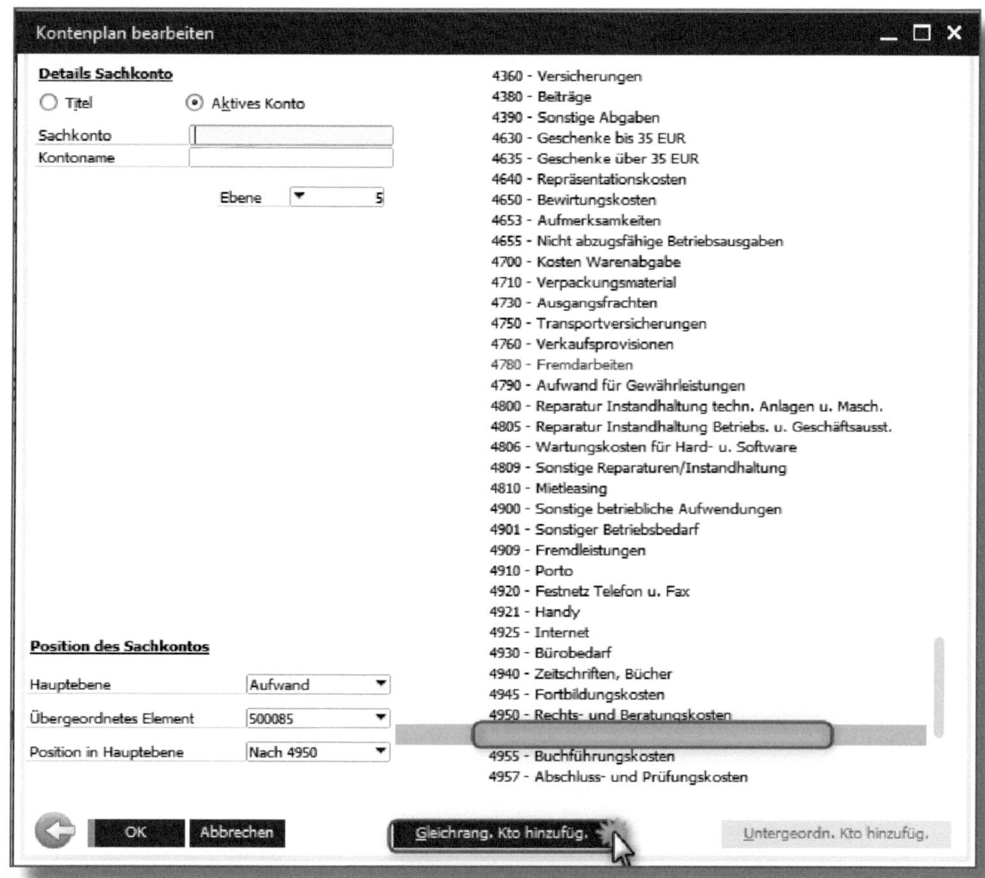

Abbildung 3.18: Konto hinzufügen bei Kontenplan bearbeiten

Eine zusätzliche Funktionalität ist die Verschiebung des Sachkontos auf eine andere Position im Kontenplan. Hier besteht die Möglichkeit, dem Sachkonto eine andere HAUPTEBENE bzw. ein ÜBERGEORDNETES ELEMENT zuzuweisen oder die Kontenreihenfolge zu ändern (siehe Abbildung 3.19).

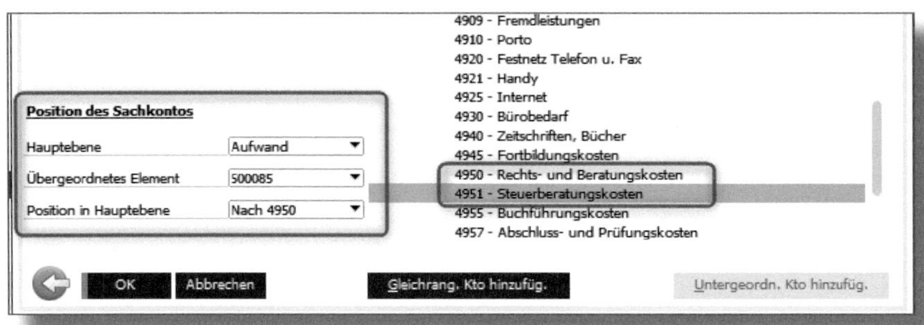

Abbildung 3.19: Positionsänderung Kontenplan bearbeiten

3.5 Buchungsperioden

Unter ADMINISTRATION • SYSTEMINITIALISIERUNG • BUCHUNGSPERIODEN finden Sie die Verwaltung der Buchungsperioden (siehe Abbildung 3.20).

Buchungsperioden

Suchen

	Allgemein			Buchungsdatum		Fälligkeitsdatum	
#	Periodencode	Periodenname	Periodenstatus	von	bis	von	bis
165	2019-09	2019-09	Abschlussperiode	01.09.2019	30.09.2019	01.01.2019	31.05.2020
166	2019-10	2019-10	Abschlussperiode	01.10.2019	31.10.2019	01.01.2019	31.05.2020
167	2019-11	2019-11	Abschlussperiode	01.11.2019	30.11.2019	01.01.2019	31.05.2020
168	2019-12	2019-12	Abschlussperiode	01.12.2019	31.12.2019	01.01.2019	31.05.2020
169	2020-01	2020-01	Entsperrt	01.01.2020	31.01.2020	01.01.2020	31.12.2020
170	2020-02	2020-02	Entsperrt	01.02.2020	29.02.2020	01.01.2020	31.12.2020
171	2020-03	2020-03	Entsperrt	01.03.2020	31.03.2020	01.01.2020	31.12.2020
172	2020-04	2020-04	Entsperrt	01.04.2020	30.04.2020	01.01.2020	31.12.2020
173	2020-05	2020-05	Entsperrt	01.05.2020	31.05.2020	01.01.2020	31.12.2020
174	2020-06	2020-06	Entsperrt	01.06.2020	30.06.2020	01.01.2020	31.12.2020
175	2020-07	2020-07	Entsperrt	01.07.2020	31.07.2020	01.01.2020	31.12.2020
176	2020-08	2020-08	Entsperrt	01.08.2020	31.08.2020	01.01.2020	31.12.2020
177	2020-09	2020-09	Entsperrt	01.09.2020	30.09.2020	01.01.2020	31.12.2020
178	2020-10	2020-10	Entsperrt	01.10.2020	31.10.2020	01.01.2020	31.12.2020
179	2020-11	2020-11	Entsperrt	01.11.2020	30.11.2020	01.01.2020	31.12.2020
180	2020-12	2020-12	Entsperrt	01.12.2020	31.12.2020	01.01.2020	31.12.2020

☑ Neue Perioden mit 'Fälligkeitsdatum bis' im nächsten Geschäftsjahr anlegen
Setzen auf Ende von: Januar
☑ Periodenstatus für vorhandene Perioden automatisch auf 'Abschlussperiode' aktualisieren
Tage, nach denen eine neue Periode beginnt: 15

Abbildung 3.20: Buchungsperioden

SAP Business One bietet vier Status für die Buchungsperioden (Abbildung 3.21):

- *Entsperrt* = Es kann in diese Periode aus allen Anwendungen gebucht werden.
- *Entsperrt außer Verkauf* = Es kann in diese Periode aus allen Anwendungen außer aus dem Verkaufsmodul gebucht werden.
- *Abschlussperiode* = Die Buchung in die Abschlussperiode kann in den Berechtigungen gesondert berechtigt werden. Alle User ohne diese Berechtigung können in die Periode nicht mehr buchen.
- *Gesperrt* = Die Buchungsperiode ist für alle Anwendungen gesperrt.

Wenn Sie den Status einer Buchungsperiode ändern möchten, klicken Sie auf die Sprungmarke vor dem Periodencode (Abbildung 3.21). Sie gelangen in ein weiteres Fenster, in dem Sie die Änderung vornehmen können.

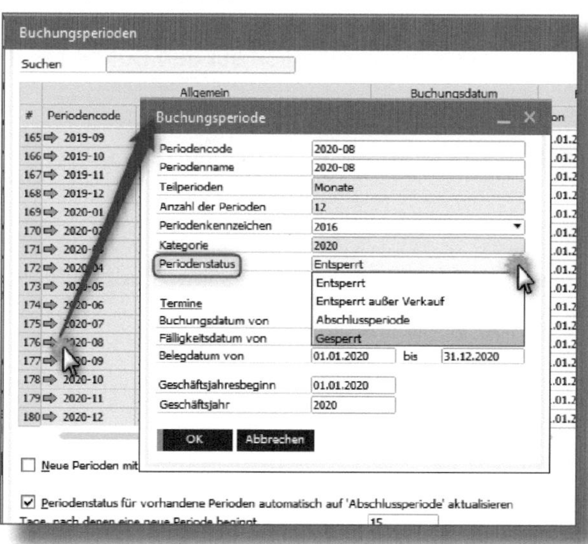

Abbildung 3.21: Buchungsperioden – erweiterte Ansicht

Wenn Sie unten links den Haken bei PERIODENSTATUS FÜR VORHANDENE PERIODEN AUTOMATISCH AUF 'ABSCHLUSSPERIODE' AKTUALISIEREN setzen, können Sie die Anzahl der Kalendertage eintragen. Nach Erreichen des letzten Tages wird dann die Buchungsperiode systemseitig automatisch auf Abschlussperiode gesetzt.

Periodenstatus automatisch auf Abschlussperiode ändern

Wir nehmen die Buchungsperiode April. Sie haben 10 Tage eingetragen. SAP Business One rechnet nach dem 30.04. + 10 Tage. Somit wird am 10.05. der Periodenstatus von »entsperrt« automatisch auf »Abschlussperiode« gesetzt. Bitte beachten Sie, dass hier Kalendertage zur Berechnung genommen werden und keine Arbeitstage!

Anlage von Buchungsperioden

Die Anlage der Buchungsperioden starten Sie im Fenster BUCHUNGSPERIODEN (Abbildung 3.22) unten rechts mit Klick auf den Button NEUE PERIODE.

Sie gelangen daraufhin in das Anlagefenster (Abbildung 3.23).

Hier haben Sie die Auswahl zwischen den folgenden TEILPERIODEN:

- *Jahr* – Anlage von nur einer Periode für das Geschäftsjahr
- *Quartale* – Anlage von vier Perioden
- *Monate* – Anlage von zwölf Perioden
- *Tage* – Anlage von 365 Perioden

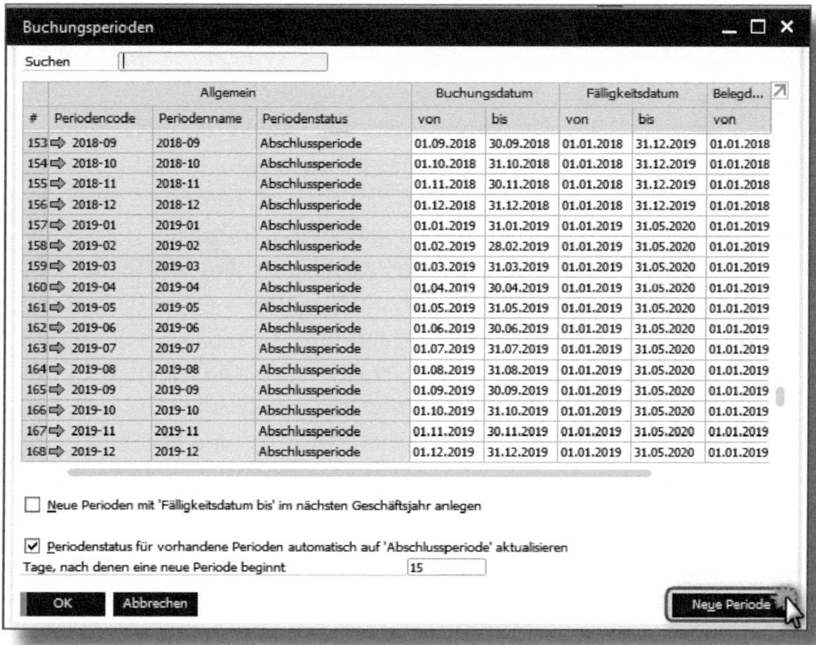

#	Allgemein			Buchungsdatum		Fälligkeitsdatum		Belegd...
#	Periodencode	Periodenname	Periodenstatus	von	bis	von	bis	von
153	2018-09	2018-09	Abschlussperiode	01.09.2018	30.09.2018	01.01.2018	31.12.2019	01.01.2018
154	2018-10	2018-10	Abschlussperiode	01.10.2018	31.10.2018	01.01.2018	31.12.2019	01.01.2018
155	2018-11	2018-11	Abschlussperiode	01.11.2018	30.11.2018	01.01.2018	31.12.2019	01.01.2018
156	2018-12	2018-12	Abschlussperiode	01.12.2018	31.12.2018	01.01.2018	31.12.2019	01.01.2018
157	2019-01	2019-01	Abschlussperiode	01.01.2019	31.01.2019	01.01.2019	31.05.2020	01.01.2019
158	2019-02	2019-02	Abschlussperiode	01.02.2019	28.02.2019	01.01.2019	31.05.2020	01.01.2019
159	2019-03	2019-03	Abschlussperiode	01.03.2019	31.03.2019	01.01.2019	31.05.2020	01.01.2019
160	2019-04	2019-04	Abschlussperiode	01.04.2019	30.04.2019	01.01.2019	31.05.2020	01.01.2019
161	2019-05	2019-05	Abschlussperiode	01.05.2019	31.05.2019	01.01.2019	31.05.2020	01.01.2019
162	2019-06	2019-06	Abschlussperiode	01.06.2019	30.06.2019	01.01.2019	31.05.2020	01.01.2019
163	2019-07	2019-07	Abschlussperiode	01.07.2019	31.07.2019	01.01.2019	31.05.2020	01.01.2019
164	2019-08	2019-08	Abschlussperiode	01.08.2019	31.08.2019	01.01.2019	31.05.2020	01.01.2019
165	2019-09	2019-09	Abschlussperiode	01.09.2019	30.09.2019	01.01.2019	31.05.2020	01.01.2019
166	2019-10	2019-10	Abschlussperiode	01.10.2019	31.10.2019	01.01.2019	31.05.2020	01.01.2019
167	2019-11	2019-11	Abschlussperiode	01.11.2019	30.11.2019	01.01.2019	31.05.2020	01.01.2019
168	2019-12	2019-12	Abschlussperiode	01.12.2019	31.12.2019	01.01.2019	31.05.2020	01.01.2019

Abbildung 3.22: Buchungsperiode anlegen – Hauptfenster

Buchungsperiode

Periodencode 2021
Periodenname 2021
Teilperioden
Anzahl der Perioden
Periodenkennzeichen
Periodenstatus
Jahr
Quartale
Monate
Tage

Termine
Buchungsdatum von 01.01.2021 bis 31.12.2021
Fälligkeitsdatum von 01.01.2021 bis 31.12.2021
Belegdatum von 01.01.2021 bis 31.12.2021

Geschäftsjahresbeginn 01.01.2021
Geschäftsjahr 2021

Hinzufügen Abbrechen

Abbildung 3.23: Buchungsperiode – Anlage

Anlage einer Buchungsperiode

Wir legen die Buchungsperioden für das Jahr 2021 an. Als Wirtschaftsjahr wird das Kalenderjahr zugrunde gelegt. Unter Periodencode sowie Periodenname wird jeweils das Jahr *2021* eingetragen und bei Teilperioden *Monate* ausgewählt. Ohne ein gesondertes Periodenkennzeichen bleiben die Vorschlagswerte für das Buchungs- und Belegdatum *01.01.2021* bis *31.12.2021*. Beim Fälligkeitsdatum wird das Datum auf den 31.12.2022 verlängert. (Sollte eine Rechnung im Dezember mit einem Zahlungsziel über den 31.12.2021 hinaus angelegt werden, würde das System diese Rechnung ohne Verlängerung des Fälligkeitsdatums nicht hinzufügen.) Der Geschäftsjahresbeginn ist der *01.01.2021* und das Geschäftsjahr *2021*.

Mittels Hinzufügen wird die Periode erstellt. SAP Business One verfügt nun für das Jahr 2021 über zwölf Teilperioden. Um das Fälligkeitsdatum automatisch ins Folgejahr zu übernehmen, aktivieren Sie im Fenster Buchungsperiode (siehe Abbildung 3.20) die Funktion Neue Periode mit Fälligkeitsdatum bis im nächsten Geschäftsjahr anlegen und wählen unter setzen auf Ende von den Monat aus.

Auswahl von Teilperioden bei Anlage einer Buchungsperiode

Achten Sie bei der Anlage der Buchungsperioden ganz genau auf die Auswahl der Teilperioden. Wenn Sie die Buchungsperiode mit einer für Sie falschen Teilperiode angelegt haben und sich bereits Buchungen in diesen Perioden befinden, können Sie keine Änderungen oder Löschungen vornehmen! Es ist dann für dieses Geschäftsjahr so wie es ist.

Sachkontenfindung bei Anlage einer Buchungsperiode

Wenn Sie für das kommende Jahr neue Buchungsperioden anlegen, werden die bestehenden Regeln bei aktivierter erweiterter Sachkontenfindung dorthin kopiert. Wenn Sie im aktuellen Jahr nachträglich noch neue Regeln anlegen, so müssen diese auch für die neue Buchungsperiode angelegt werden!

3.6 Sachkontenfindung

SAP Business One unterscheidet zwischen einer allgemeinen und einer Sachkontenfindung nach Artikel, Artikelgruppe oder Lager. Zudem kann eine erweiterte Sachkontenfindung aktiviert werden, falls die Sachkontenfindung im Standard nicht ausreichen sollte. Damit können Sie zusätzliche Regeln anlegen, die in Abschnitt 3.6.3 näher erläutert werden.

3.6.1 Allgemeine Sachkontenfindung

Unter ADMINISTRATION • DEFINITION • FINANZWESEN • KONTENFINDUNG SACHKONTEN • KONTENFINDUNG SACHKONTEN gelangen Sie zur allgemeinen Sachkontenfindung.

Je nach Geschäftsvorfall bzw. Kontoart müssen die entsprechenden Konten unter VERKAUF • EINKAUF • ALLGEMEIN • BESTAND • RESSOURCEN • WIA-ZUORDNUNG hinterlegt werden.

3.6.2 Standard-Sachkontenfindung

SAP Business One hat die Sachkontenfindung im Standard nach drei Kriterien definiert: nach Lager, Artikelgruppe und Artikel.

Die **Sachkontenfindung nach Artikelgruppe** finden Sie auf dem Reiter Buchhalt. unter Artikelgruppen – Definition (Abbildung 3.24). Hier hinterlegen Sie die Sachkonten für die vom Kunden definierte Artikelgruppe.

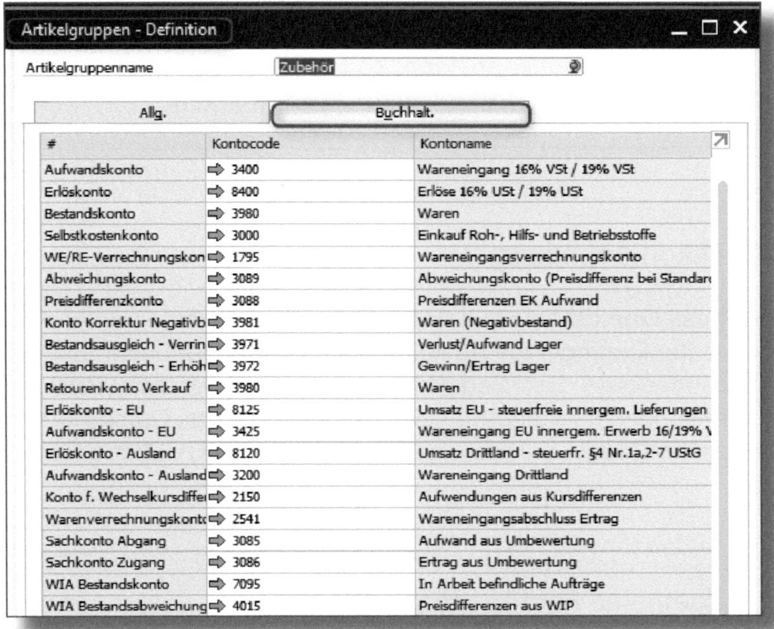

#	Kontocode	Kontoname
Aufwandskonto	3400	Wareneingang 16% VSt / 19% VSt
Erlöskonto	8400	Erlöse 16% USt / 19% USt
Bestandskonto	3980	Waren
Selbstkostenkonto	3000	Einkauf Roh-, Hilfs- und Betriebsstoffe
WE/RE-Verrechnungskon	1795	Wareneingangsverrechnungskonto
Abweichungskonto	3089	Abweichungskonto (Preisdifferenz bei Standar
Preisdifferenzkonto	3088	Preisdifferenzen EK Aufwand
Konto Korrektur Negativb	3981	Waren (Negativbestand)
Bestandsausgleich - Verrin	3971	Verlust/Aufwand Lager
Bestandsausgleich - Erhöh	3972	Gewinn/Ertrag Lager
Retourenkonto Verkauf	3980	Waren
Erlöskonto - EU	8125	Umsatz EU - steuerfreie innergem. Lieferungen
Aufwandskonto - EU	3425	Wareneingang EU innergem. Erwerb 16/19% V
Erlöskonto - Ausland	8120	Umsatz Drittland - steuerfr. §4 Nr.1a,2-7 UStG
Aufwandskonto - Ausland	3200	Wareneingang Drittland
Konto f. Wechselkursdiffe	2150	Aufwendungen aus Kursdifferenzen
Warenverrechnungskont	2541	Wareneingangsabschluss Ertrag
Sachkonto Abgang	3085	Aufwand aus Umbewertung
Sachkonto Zugang	3086	Ertrag aus Umbewertung
WIA Bestandskonto	7095	In Arbeit befindliche Aufträge
WIA Bestandsabweichung	4015	Preisdifferenzen aus WIP

Abbildung 3.24: Artikelgruppe – Reiter »Buchhaltung Sachkontenfindung«

Die **Sachkontenfindung nach Lager** ist dem Reiter Buchhaltung unter Lager – Definition zugeordnet (Abbildung 3.25). Hier hinterlegen Sie die Sachkonten für das ausgewählte Lager.

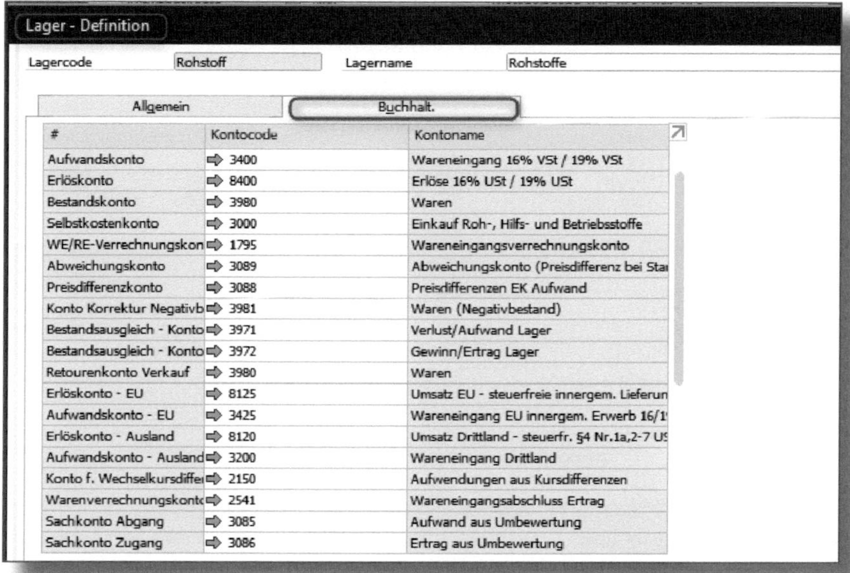

Abbildung 3.25: Lager – Reiter »Buchhaltung Sachkontenfindung«

Die **Sachkontenfindung nach Artikel** hinterlegen Sie im Artikelstamm im Reiter BESTANDSDATEN (Abbildung 3.26).

Im Reiter ALLGEMEIN wählen Sie unter ART die gewünschte Kontenfindung.

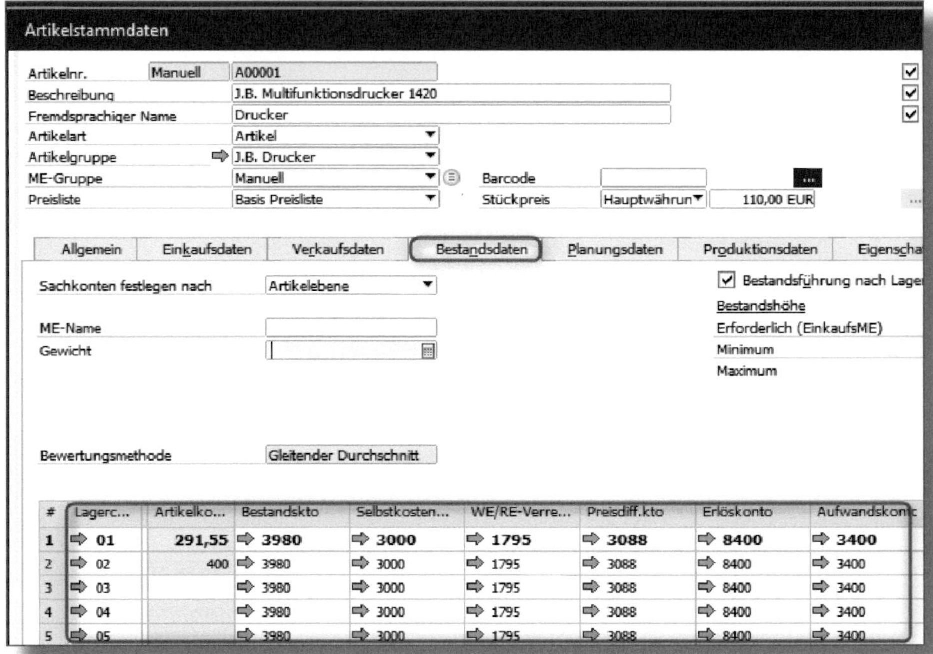

Abbildung 3.26: Artikelstammsatz – Reiter »Bestandsdaten Sachkontenfindung«

3.6.3 Erweiterte Sachkontenfindung

Sie finden die *erweiterte Sachkontenfindung* unter Administration • Definition • Kontenfindung Sachkonten • Kontenfindung Sachkonten.

Wenn Sie die erweiterte Sachkontenfindung aktiviert haben, wird der Reiter Buchhaltung weder in der Lager- noch in der Artikelgruppendefinition angezeigt. Ebenso verschwindet die Kontendefinition im Artikelstamm. Diese Findungsoptionen werden dann in die erweiterte Sachkontenfindung migriert.

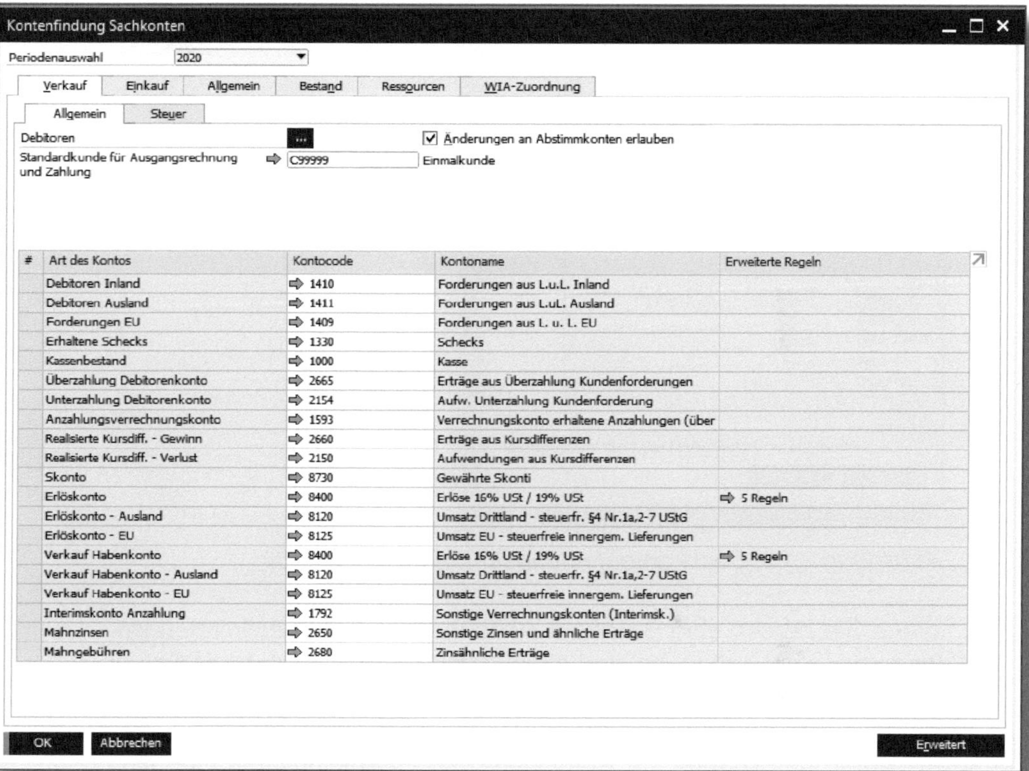

#	Art des Kontos	Kontocode	Kontoname	Erweiterte Regeln
	Debitoren Inland	1410	Forderungen aus L.u.L. Inland	
	Debitoren Ausland	1411	Forderungen aus L.uL. Ausland	
	Forderungen EU	1409	Forderungen aus L. u. L. EU	
	Erhaltene Schecks	1330	Schecks	
	Kassenbestand	1000	Kasse	
	Überzahlung Debitorenkonto	2665	Erträge aus Überzahlung Kundenforderungen	
	Unterzahlung Debitorenkonto	2154	Aufw. Unterzahlung Kundenforderung	
	Anzahlungsverrechnungskonto	1593	Verrechnungskonto erhaltene Anzahlungen (über	
	Realisierte Kursdiff. - Gewinn	2660	Erträge aus Kursdifferenzen	
	Realisierte Kursdiff. - Verlust	2150	Aufwendungen aus Kursdifferenzen	
	Skonto	8730	Gewährte Skonti	
	Erlöskonto	8400	Erlöse 16% USt / 19% USt	5 Regeln
	Erlöskonto - Ausland	8120	Umsatz Drittland - steuerfr. §4 Nr.1a,2-7 UStG	
	Erlöskonto - EU	8125	Umsatz EU - steuerfreie innergem. Lieferungen	
	Verkauf Habenkonto	8400	Erlöse 16% USt / 19% USt	5 Regeln
	Verkauf Habenkonto - Ausland	8120	Umsatz Drittland - steuerfr. §4 Nr.1a,2-7 UStG	
	Verkauf Habenkonto - EU	8125	Umsatz EU - steuerfreie innergem. Lieferungen	
	Interimskonto Anzahlung	1792	Sonstige Verrechnungskonten (Interimsk.)	
	Mahnzinsen	2650	Sonstige Zinsen und ähnliche Erträge	
	Mahngebühren	2680	Zinsähnliche Erträge	

Abbildung 3.27: Kontenfindung – erweiterte Sachkonten aktiviert

Im Fenster Findungskriterien – Bestand (siehe Abbildung 3.28) können Sie die Kriterien jeweils aktiv setzen und deren Priorität mit den Pfeilen rechts nach oben oder unten verschieben. Das Kriterium mit der höchsten Priorität sollte in Zeile 1 stehen.

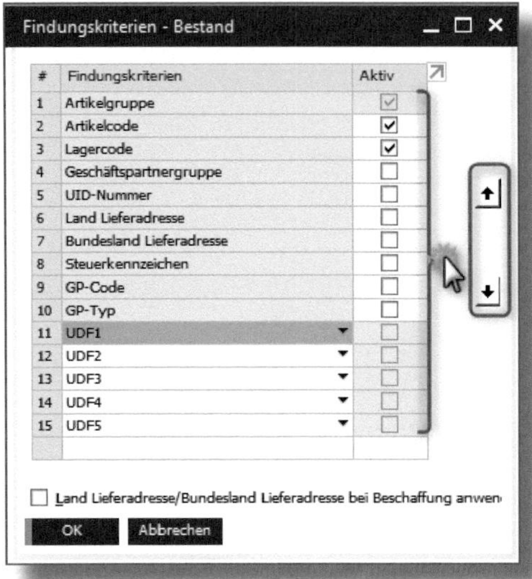

Abbildung 3.28: Sachkontenfindungskriterium »Bestand«

Wenn Sie bereits eine Sachkontenfindungsregel mit bestimmten Kriterien angelegt haben, so sind diese grau hinterlegt und der Haken in der Spalte AKTIV kann nicht mehr entfernt werden (Abbildung 3.28).

Für die Kontenfindung der Ressourcen zu Produktionsaufträgen sind ebenfalls Kriterien zu definieren, die Abbildung 3.29 zeigt.

Sie können auch über den Button ERWEITERT (unten rechts in Abbildung 3.30) aus der allgemeinen in die erweiterte Sachkontenfindung wechseln. Oben im Fenster wird Ihnen die betreffende Periode (hier *2020*) angezeigt.

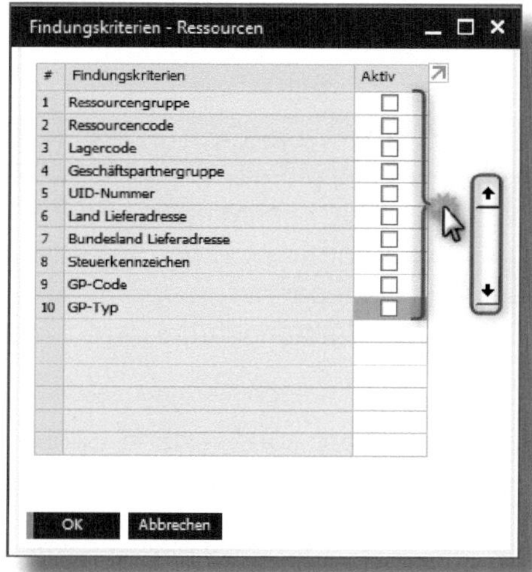

Abbildung 3.29: Sachkontenfindungskriterium »Ressourcen«

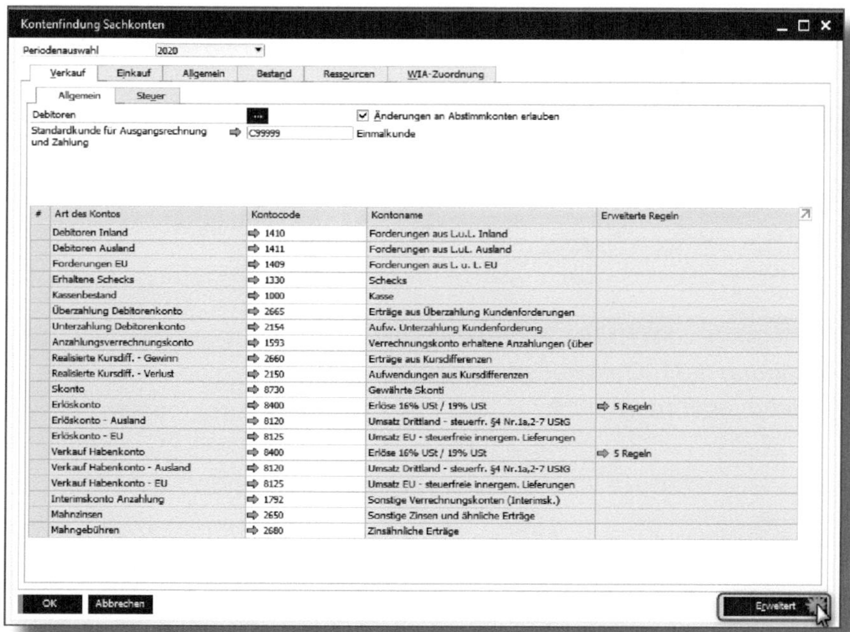

Abbildung 3.30: Wechsel zur erweiterten Sachkontenfindung

Die Hinterlegung einer Sachkontenfindungsregel erläutert Ihnen das nachfolgende Beispiel:

Anlage einer Sachkontenfindungsregel nach GP-Gruppe

Es wird eine Buchungsregel für Intercompany-Erlöse benötigt, die von Ihrer Konzernmutter erzielt werden. Sie haben dazu eine Geschäftspartnergruppe *IC* angelegt (Abbildung 3.31). Die Buchungsregel wird wie folgt hinterlegt:

Wenn Code »R6« und Geschäftspartnergruppe »IC«, dann Erlöskonto Inland »8400 IC Erlöse« (siehe Abbildung 3.32).

Als Alternative könnte diese Regel auch auf den GP-Code als Kriterium angewandt werden:

Wenn GP-Code »Konzernmutter«, dann Erlöskonto Inland »8400 IC Erlöse«.

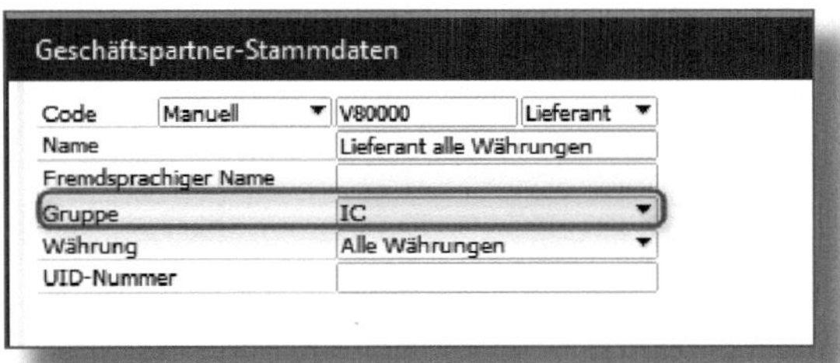

Abbildung 3.31: Geschäftspartner-Stammsatz – Geschäftspartnergruppe

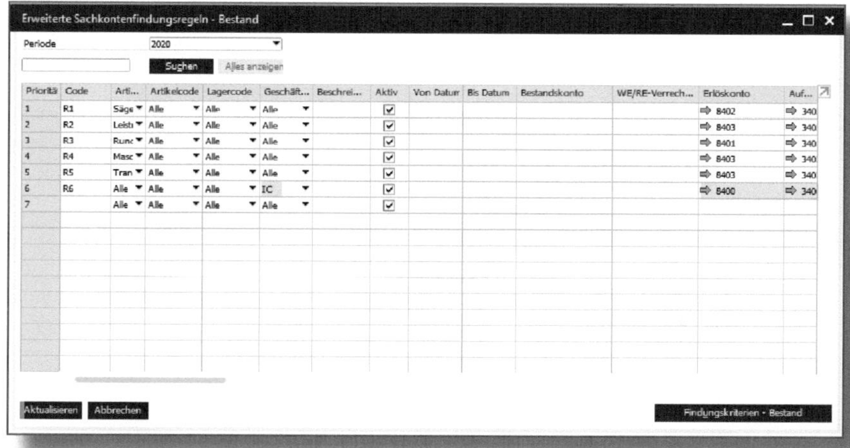

Abbildung 3.32: Erweiterte Sachkontenfindung – erweiterte Regeln

Findung einer Regel

SAP Business One liest die Sachkontenfindung von Zeile 1 abwärts. Somit sollten die ganz speziellen Regeln, beispielsweise für einen einzelnen Artikel oder GP, oben stehen. Wenn vom System im Lesevorgang ein Treffer erzielt wird, dann wird diese Regel angewandt und der Lesevorgang abgebrochen.

Regeln pro Jahr

Wenn Sie Regeln anlegen, prüfen Sie in Periode (Abbildung 3.32), ob ggf. schon eine Buchungsperiode für das Folgejahr angelegt wurde. Dann müssten Sie Ihre Regel ebenfalls in der Buchungsperiode für das Folgejahr anlegen.

3.7 Zahlungsbedingungen

Die Zahlungsbedingungen werden unter ADMINISTRATION • DEFINITION • GESCHÄFTSPARTNER • ZAHLUNGSBEDINGUNGEN angelegt und verwaltet (siehe Abbildung 3.33).

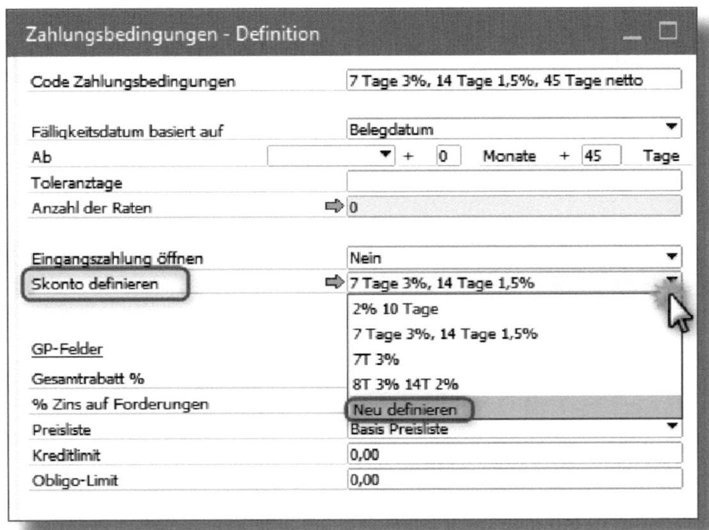

Abbildung 3.33: Definition der Zahlungsbedingungen

In den Zahlungsbedingungen hinterlegen Sie neben der Nettofälligkeit auch die Skontobedingung sowie die Möglichkeit, eine Ratenzahlung zu definieren.

Die Anlage einer Zahlungsbedingung erläutere ich Ihnen anhand des folgenden Beispiels:

Anlage einer Zahlungsbedingung

In SAP Business One soll im Weiteren die neue Einkaufszahlungsbedingung »7 Tage 3 Prozent Skonto, 14 Tage 1,5 Prozent Skonto, 45 Tage netto« angelegt werden.

Im Feld Code Zahlungsbedingungen sollte der Name der Zahlungsbedingung stehen, da dieser in den Drop-down-Listen im System angezeigt wird. SAP hat 100 Zeichen für dieses Feld bereitgestellt. Wir geben im Code *7 Tage 3%, 14 Tage 1,5%, 45 Tage netto* ein. Im nächsten Feld Fälligkeitsdatum basiert auf kann zwischen *Belegdatum*, *Buchungsdatum* und *Systemdatum* gewählt werden. (In der Belegerfassung von SAP Business One wird zwischen Buchungsdatum und Belegdatum unterschieden). In diesem Beispiel entscheiden wir uns für das *Belegdatum* (Rechnungsdatum der Lieferantenrechnung). Wählen wir stattdessen das Systemdatum, würde die Fälligkeit beim Hinzufügen des Belegs in SAP Business One gemäß PC-Einstellungsdatum errechnet werden.

Unter Monate steht eine 0, da bei Tage die Nettofälligkeit 45 eingetragen wurde.

Das Feld Ab lassen wir für unser Beispiel frei. Würde die Zahlungsbedingung »ab Monatsende 45 Tage netto« lauten, so würde man hier *Monatsende* eintragen.

Auch die Toleranztage und Anzahl der Raten bleiben im Beispiel leer.

Das Feld Eingangszahlung öffnen wird nur für die Anlage einer Verkaufszahlungsbedingung benötigt. Man könnte hier definieren, dass bei der Zahlungsbedingung sofort nach dem Hinzufügen einer Ausgangsrechnung automatisch eine Eingangszahlung geöffnet wird, die dann mit der entsprechenden Zahlungsart (Scheck, Kreditkarte, Bar oder Überweisung) angelegt wird.

Den Skonto definieren wir in unserem Beispiel wie folgt (siehe (Abbildung 3.34):

Als Code tragen wir *7Tg.3,14Tg.1,5* ein. Dies sieht etwas verkürzt aus, da SAP hier maximal 20 Zeichen für das Feld vorgesehen hat. Da die Skontobedingung in einem unabhängigen Fenster definiert wird, kann sie auch für andere Zahlungsbedingungen verwendet werden.

Im Feld Name ergänzen wir die ausführliche Variante *7 Tage 3 %, 14 Tage 1,5 %*. Nach Datum lassen wir inaktiv. Im Beispiel gehen wir davon aus, dass wir den Skonto auf den gesamten Rechnungsbetrag abziehen. Wenn im Beleg das Feld Fracht genutzt wird, schließen wir mit dem Haken die Skontierung dieses Betrags mit ein.

Unter Skonto basiert auf wählen wir *Belegdatum*. In der Tabelle werden bei Skontotage die zwei Skontodefinitionen eingetragen: 7 Skontotage, 3,0 % und in der zweiten Zeile 14 Skontotage, 1,5 %.

Abbildung 3.34: Zahlungsbedingungen – Skontodefinition

Die GP-Felder in Abbildung 3.33 werden bei Anlage unserer Beispielzahlungsbedingung nicht gefüllt.

Die Felder Gesamtrabatt %, % Zins auf Forderungen, Preisliste, Kreditlimit und Obligolimit werden als Vorschlagswerte im Geschäftspartnerstammsatz bei Auswahl der Zahlungsbedingung gesetzt. Diese können überschrieben werden. Die Preisliste ist allerdings ein Feld, das immer gefüllt sein muss.

Anlage von Zahlungsbedingungen

Sie sollten Ihre Zahlungsbedingungen nach Einkauf und Verkauf getrennt anlegen. Da die Preisliste als Vorschlagswert in den Geschäftspartner übernommen wird, sollte man ausschließen, dass die Einkaufspreisliste versehentlich beim Kunden hinterlegt wird.

3.8 Mahnbedingungen

Die Mahnbedingungen werden unter ADMINISTRATION • DEFINITION • GESCHÄFTSPARTNER • MAHNBEDINGUNGEN definiert.

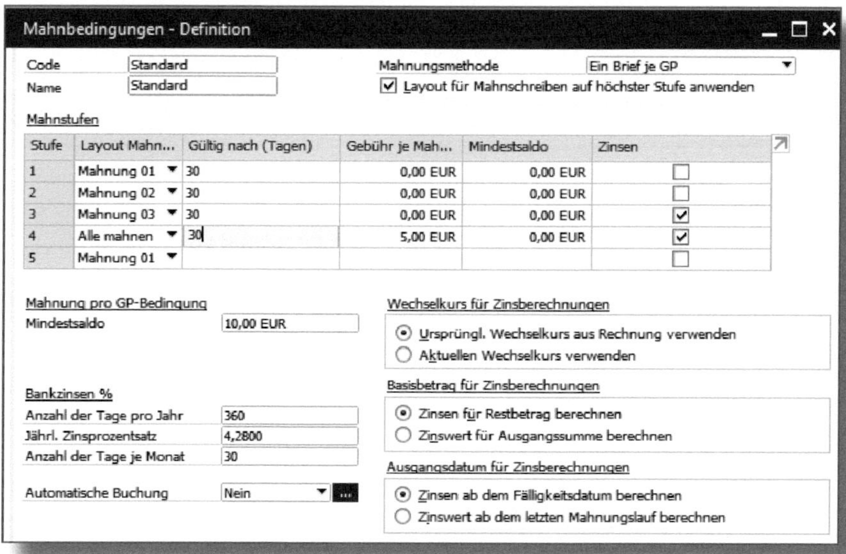

Abbildung 3.35: Definition der Mahnbedingungen

Die bereits vorhandene Standard-Mahnbedingung verwende ich als Beispiel für die nachfolgenden Erläuterungen.

Die Mahnbedingung wird mit einem CODE und einem NAMEN angelegt.

Bei der MAHNUNGSMETHODE können Sie zwischen drei Varianten wählen:

- *Ein Brief je Rechnung* (es wird pro angemahnte Rechnung eine Mahnung erstellt)
- *Ein Brief je Mahnstufe* (es wird pro Mahnstufe eine Mahnung erstellt)
- *Ein Brief je GP* (es wird pro Geschäftspartner eine Mahnung erstellt)

Unterhalb der Mahnungsmethode befindet sich das Feld LAYOUT FÜR MAHNSCHREIBEN AUF HÖCHSTER STUFE ANWENDEN. Aktivieren Sie dieses Feld, wenn Sie den Text der letzten Mahnstufe auf der Mahnung nutzen möchten, obgleich ggf. eine Mahnung in der ersten Stufe vorhanden ist.

Mahntextfindung

Sie mahnen einen Geschäftspartner an, für den zwei Rechnungen in der ersten Mahnstufe und eine Rechnung in der dritten Mahnstufe vorliegen. Die Einstellung ist *Ein Brief je GP* und der Haken bei LAYOUT FÜR MAHNSCHREIBEN AUF HÖCHSTER STUFE ANWENDEN ist gesetzt (vgl. Abbildung 3.35). SAP Business One wird den Mahntext für die dritte Mahnung verwenden.

In der Tabelle MAHNSTUFEN wählen Sie das Mahnlayout pro STUFE und geben in der Spalte GÜLTIG NACH (TAGEN) die Anzahl der Tage an, ab der die Mahnstufe Gültigkeit haben soll. Weiterhin können pro Mahnstufe noch Mahngebühren angegeben werden. In der Spalte MINDESTSALDO können Sie einen Betrag für den Saldowert einsetzen, ab dem Sie eine Mahnung erstellen möchten.

Mindestsaldo für Mahnungen

Sie haben in der ersten Mahnstufe einen Mindestsaldo von 10,00 EUR eingetragen. Eine überfällige Rechnung an einen Kunden weist einen Saldo von 9,99 EUR aus. Für diese Rechnung würde aufgrund des Mindestsaldos keine Mahnung erfolgen.

In der Spalte ZINSEN ganz rechts können Sie markieren, ob Sie in der Mahnstufe eine Zinsberechnung wünschen, die auf der Mahnung mit angezeigt wird.

Berechnung der Tage bei Mahnstufen

In der Spalte GÜLTIG NACH (TAGEN) werden die aufeinanderfolgenden Mahnungen aufgelistet. Das bedeutet: Bei einer ersten Mahnstufe von z. B. *10* Tagen wird die Mahnung zehn Tage nach Nettofälligkeit der Rechnung gestellt. Die zweite Zeile (z. B. zweite Mahnung) berechnet die im Feld GÜLTIG NACH (TAGE) angegebene Zeit ab dem Tag der ersten Mahnung und die dritte Zeile (z. B. dritte Mahnung) demensprechend nach dem Tag der zweiten Mahnung.

Die Felder unter BANKZINSEN % dienen zur Hinterlegung der Zinsberechnung für die Mahnungen. Im Feld ANZAHL DER TAGE PRO JAHR sind in der Standard-Mahnbedingung *360* Tage und im Feld ANZAHL DER TAGE JE MONAT als Beispiel *30* Tage hinterlegt. Im Feld JÄHRLICHER ZINSPROZENTSATZ tragen Sie den gewünschten Zinssatz für die Berechnung der Zinsen in Prozent ein.

Im Feld MAHNUNG PRO GP-BEDINGUNGEN MINDESTSALDO können Sie einen Mindestsaldo für den gesamten Geschäftspartnersaldo definieren.

Das nächste Feld AUTOMATISCHE BUCHUNG bietet die Möglichkeit, festzulegen, wie mit den Gebühren und Zinsen im Mahnlauf systemseitig verfahren werden soll.

Es bestehen vier Auswahloptionen:

N – Nein

B – Zinsen und Gebühren

I – Nur Zinsen

F – Nur Gebühren

SAP Business One bucht bei den Varianten B, I und F nach Erstellung der Mahnungen jeweils die berechneten Zinsen und die Gebühren als offene Posten auf den Geschäftspartner. Für diese Buchungen müssen die Sachkonten definiert werden (Abbildung 3.36).

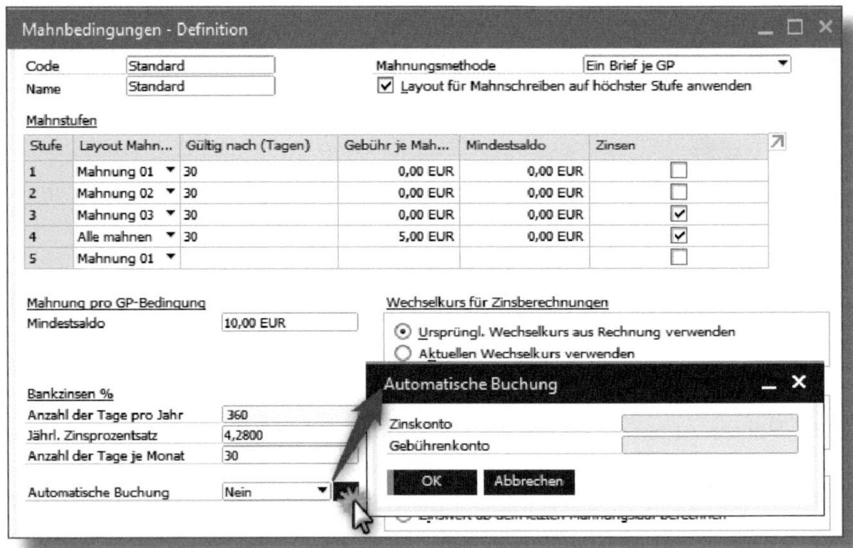

Abbildung 3.36: Mahnbedingungen – Definition Sachkonten für automatische Buchung

Bei Auswahl der Variante N werden die Gebühren und Zinsen per Mahnstufendefinition zwar in der Mahnung ausgewiesen, aber nicht gebucht.

Im Geschäftspartnerstammsatz hinterlegen Sie im Reiter ZAHLUNGSBEDINGUNGEN die Mahnbedingung für den Geschäftspartner und können die AUTOMATISCHE BUCHUNG individuell ändern (Abbildung 3.37).

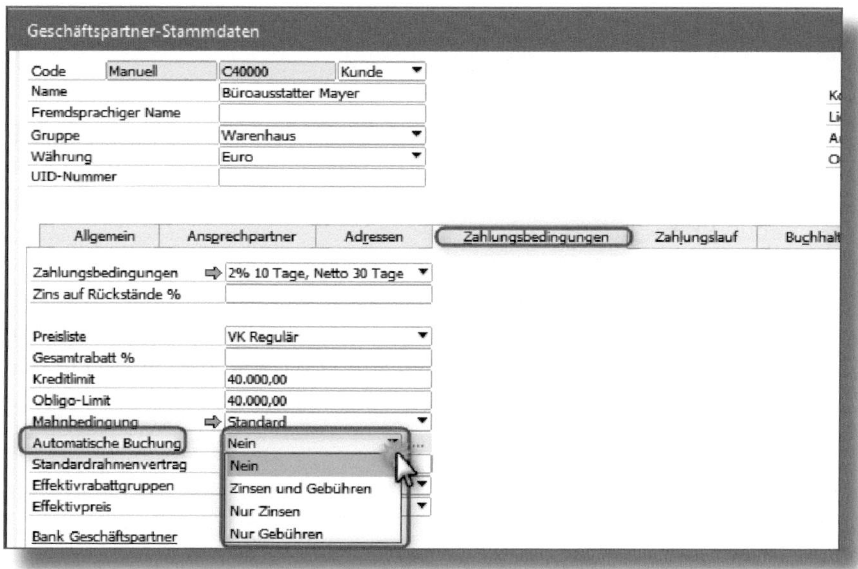

Abbildung 3.37: Geschäftspartnerstammsatz – Reiter »Zahlungsbedingungen«

Kehren wir noch einmal zurück zur Definition der Mahnbedingungen in Abbildung 3.35. Hier sehen Sie rechts drei Kästen mit folgender Bedeutung.

- WECHSELKURS FÜR ZINSBERECHNUNGEN: Auswahl, ob der Wechselkurs bei Fremdwährungsrechnungen nach aktuellem Wechselkurs oder nach dem ursprünglichen Wechselkurs aus den angemahnten Rechnungen berechnet werden soll.
- BASISBETRAG FÜR ZINSBERECHNUNGEN: Auswahl, ob die Zinsen auf den Restbetrag von ggf. teilgezahlten Rechnungen oder auf die Ausgangsrechnungssumme berechnet werden sollen.

- Ausgangsdatum für Zinsberechnung: Auswahl, ob die Zinsen ab dem Fälligkeitsdatum oder ab dem letzten Mahnungslauf berechnet werden sollen.

3.9 Währungen und Wechselkurse

Wie bereits kurz in Abschnitt 3.1 beschrieben, können Sie eine Hauswährung und eine Systemwährung anlegen. Zusätzlich zu diesen Einstellungen bietet SAP Business One die Möglichkeit, Belege oder Konten in Fremdwährungen zu pflegen.

In der Kontendefinition innerhalb des Kontenplans können Sie zwischen *Alle Währungen* oder einer spezifischen Währung wählen (Abbildung 3.38). Die hier gezeigte Auswahl entspricht der Definition von Währungen unter Administration • Definition Finanzwesen • Währungen.

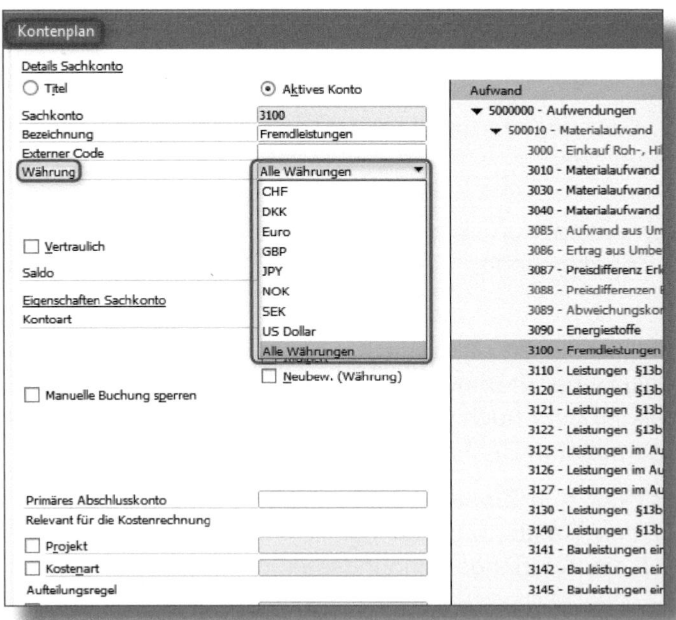

Abbildung 3.38: Kontenplan

Bei Konten mit festgelegter Währung (z. B. USD) erfassen Sie die Buchungen in der Fremdwährung. Die Anzeige des Kontensaldos erfolgt dann in der Hauswährung, der Systemwährung und der entsprechenden Fremdwährung.

Bei Konten mit der Einstellung »Alle Währungen« erfassen Sie die Buchungen in der Hauswährung und in einer beliebigen Fremdwährung. Das Kontensaldo wird dann in Haus- und Systemwährung ausgegeben.

Fremdwährung bei allen Belegen im Belegfluss

Wenn Sie in SAP Business One Belege in Fremdwährung erstellen, müssen Sie sicherstellen, dass auch der Belegausgleich, z. B. durch eine Zahlung, in dieser Fremdwährung erfolgt. Soll nur die Hauswährung (z. B. Euro) für den Ausgleich genutzt werden, ist der Fremdwährungssaldo ungleich 0 und führt entsprechend zu unausgeglichenen Transaktionen in Fremdwährung!

Bei Buchung in Fremdwährung müssen die Wechselkurse unter ADMINISTRATION • WECHSELKURSE UND INDIZES gepflegt werden. Sollte bei Belegerstellung der Wechselkurs nicht gepflegt sein, so erhalten Sie eine Systemmeldung, und das Fenster zur Pflege der Wechselkurse öffnet sich. Hier hinterlegen Sie den noch fehlenden Kurs und fahren im Anschluss mit der Belegerstellung fort.

Für die Pflege der Wechselkurse ist eine generelle Einstellung der Fremdwährungswertberichtigung mit den beiden Optionen *direkte* und *indirekte Kursnotierung* notwendig. Diese wird unter ADMINISTRATION • SYSTEMINITIALISIERUNG • ALLGEMEINE EINSTELLUNGEN im Reiter ANZEIGE festgelegt (Abbildung 3.39).

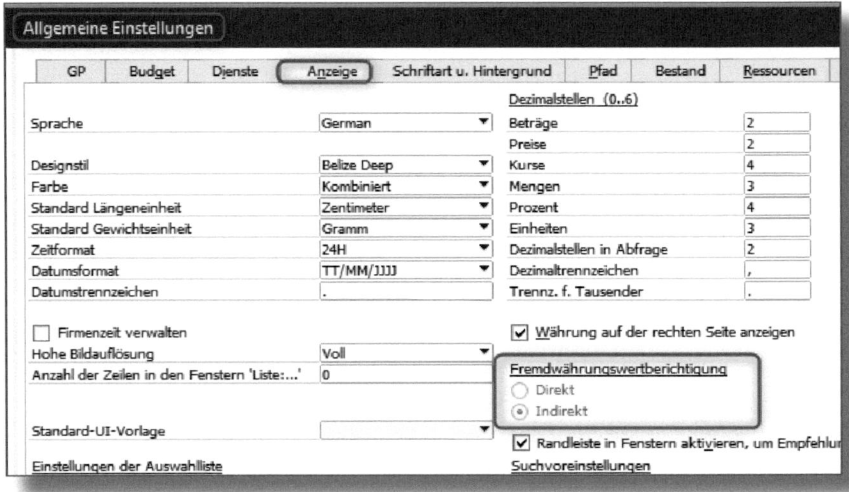

Abbildung 3.39: Allgemeine Einstellungen – Reiter »Anzeige«

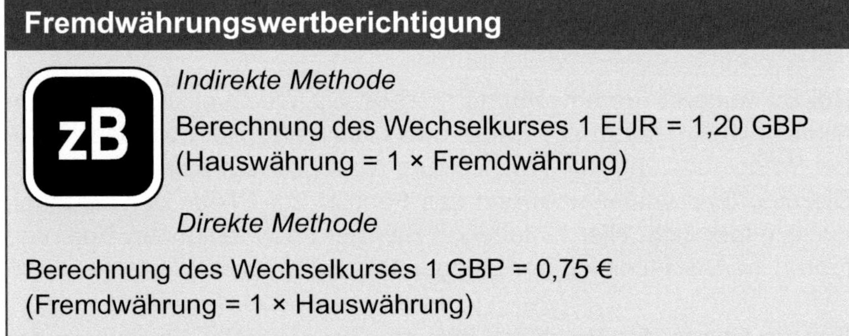

Fremdwährungswertberichtigung

zB

Indirekte Methode

Berechnung des Wechselkurses 1 EUR = 1,20 GBP (Hauswährung = 1 × Fremdwährung)

Direkte Methode

Berechnung des Wechselkurses 1 GBP = 0,75 € (Fremdwährung = 1 × Hauswährung)

Methodenwechsel

Nach der ersten Journalbuchung im System ist ein Wechsel der Methoden nicht mehr möglich.

Wechselkurse und Indizes

Das Fenster WECHSELKURSE UND INDIZES (Abbildung 3.40) ist so aufgebaut, dass in den Zeilen die Tage des ausgewählten Monats und in den Spalten die Fremdwährung angegeben werden. Den Wechselkurs tragen Sie entsprechend in die Zeile des Buchungstags in der Spalte der Fremdwährung (hier GBP) ein. Oben rechts im Fenster wählen Sie den Monat aus.

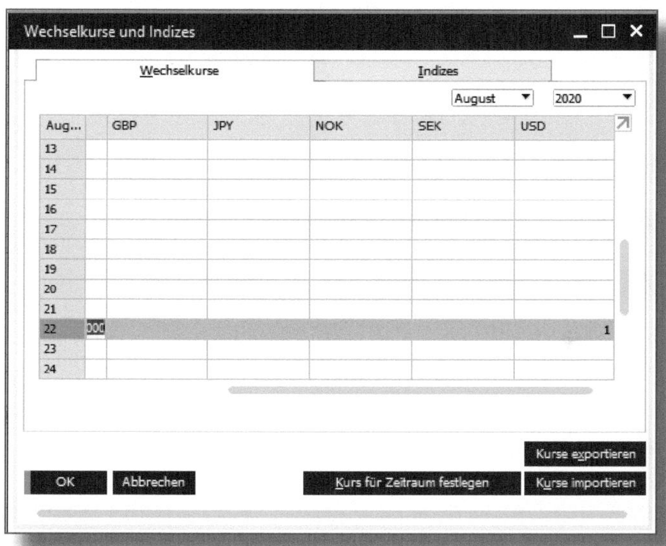

Abbildung 3.40: Fenster Wechselkurse/Indizes

Über den Button KURS FÜR ZEITRAUM FESTLEGEN können Sie den Wechselkurs auch auf ein bestimmtes Zeitintervall einschränken. Geben Sie dafür das DATUM VON ... BIS sowie den Wechselkurs ein (Abbildung 3.41).

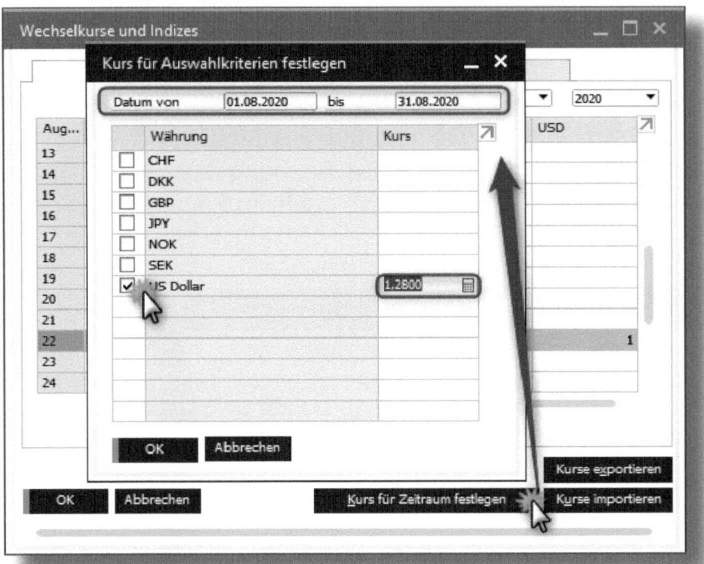

Abbildung 3.41: Kurs für einen Zeitraum festlegen

3.10 Steuerkennzeichen

Unter ADMINISTRATION • DEFINITION • FINANZWESEN • STEUER • STEUERKENNZEICHEN gelangen Sie in die Tabelle zur Pflege der Steuerkennzeichen (Abbildung 3.42). Neben deren Definition können Sie hier pro Steuerkennzeichen auch ein Skontokonto hinterlegen.

Als Beispiel für die Definition eines Steuerkennzeichens betrachten wir das Steuerkennzeichen *A2*, das als Ausgangssteuerkennzeichen kategorisiert ist. Sie haben grundsätzlich die Wahl zwischen *Vorsteuer* und *Ausgangssteuer*.

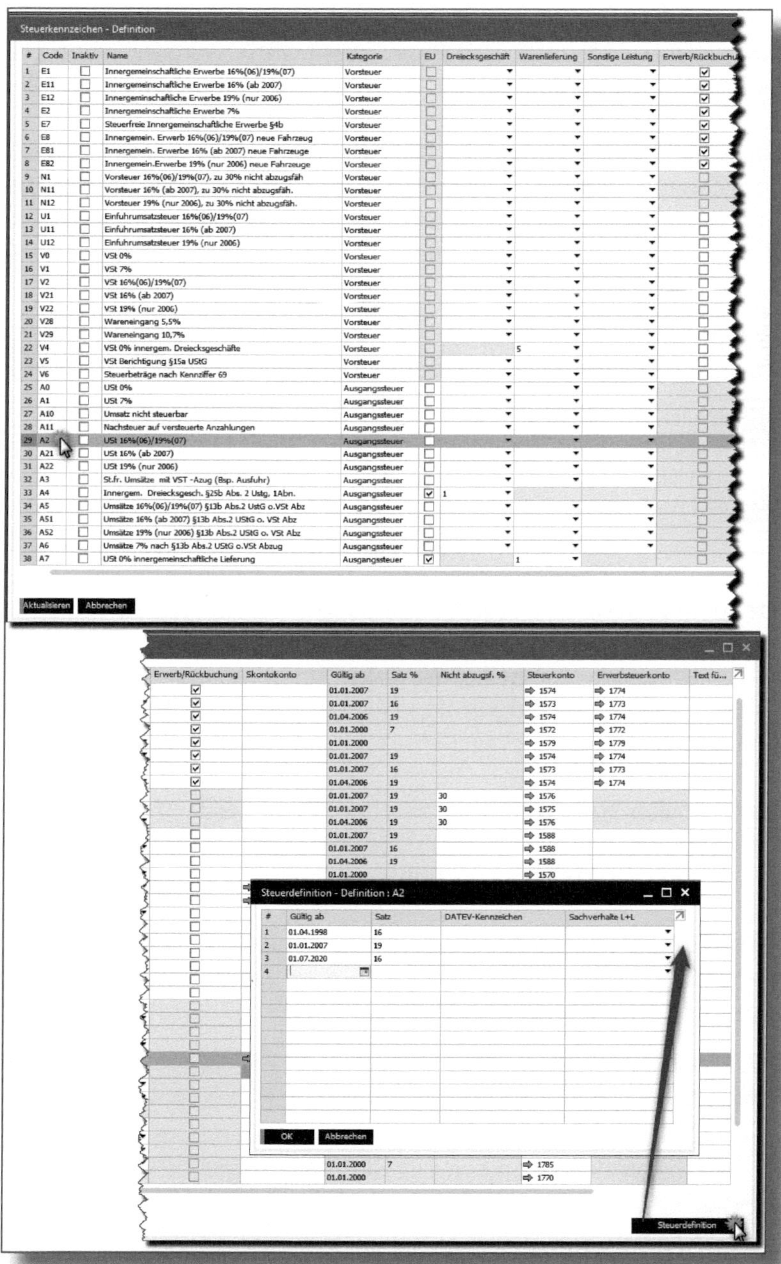

Abbildung 3.42: Definition der Steuerkennzeichen

Als Code ist *A2* eingetragen. Dieser wird Ihnen in der Spalte Steuerkennzeichen angezeigt und kann ausgewählt werden, wenn Sie Belege im Verkaufsbereich oder z. B. in der Journalbuchung erstellen.

Alle Steuerkennzeichen sind in SAP Business One standardmäßig aktiv geschaltet. Wenn Sie einzelne Steuerkennzeichen in der Tabelle nicht benötigen, so haken Sie diese in der Spalte Inaktiv entsprechend an. Das Steuerkennzeichen kann dann innerhalb von SAP Business One nicht mehr genutzt werden.

Anzeige von Steuerkennzeichen

Im Bereich »Einkauf« von SAP Business One werden Ihnen die Vorsteuerkennzeichen und im Bereich »Verkauf« die Ausgangssteuerkennzeichen angezeigt.

Der Steuersatz (Satz %) ist mit *19 %* ausgewiesen, und als Steuerkonto wurde das Konto *1776* hinterlegt. Somit wird bei Buchung eines Belegs die Steuer systemseitig mit dem Steuerkennzeichen *A2 19 %* gerechnet, und bei Hinzufügen des Belegs wird der Steuerbetrag auf das Konto 1776 gebucht.

Für die Definition von Steuerkennzeichen, die im EU- bzw. Auslandsgeschäft genutzt werden sollen, sind die Spalten EU, Dreiecksgeschäft und Warenlieferung entsprechend zu definieren.

Über den Button Steuerdefinition unten rechts in Abbildung 3.42 gelangen Sie in ein weiteres Fenster, in dem Sie den Steuersatz mit Gültigkeitsdatum hinterlegen.

Steuerkennzeichen

Bitte beraten Sie sich mit Ihrem Steuerberater über die korrekte Definition der Steuerkennzeichen.

3.11 Zahlungssperren

Zahlungssperren bestimmen Sie unter Administration • Definition • Geschäftspartner • Zahlungssperren (siehe Abbildung 3.43).

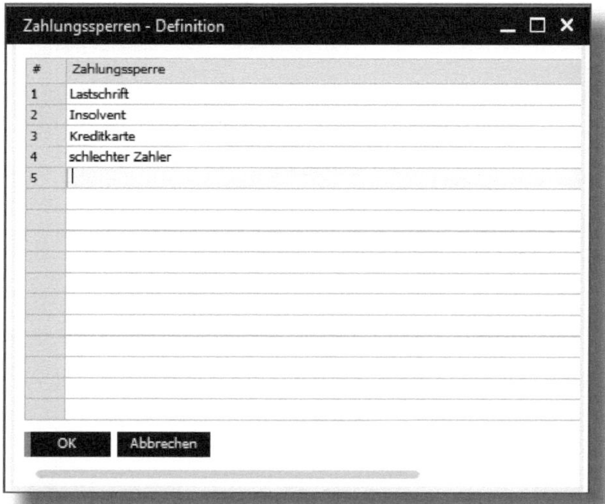

Abbildung 3.43: Definition von Zahlungssperren

Zahlungssperren

Sollten Sie mit Lieferanten einen Lastschriftauftrag von Ihrem Bankkonto vereinbart haben, oder zahlen Sie z. B. Rechnungen direkt online per Zahlungsprovider/ Kreditkarte, so können Sie mit einer Zahlungssperre im Geschäftspartnerstammsatz sicherstellen, dass die offenen Rechnungen nicht im Zahlungsassistenten (Details siehe Abschnitt 6.5) vorgeschlagen werden.

Eine Zahlungssperre lässt sich sowohl im Geschäftspartnerstammsatz auf dem Reiter Zahlungslauf als auch in den einzelnen Rechnungs- und Gutschriftsbelegen in den Modulen Verkauf und Einkauf setzen.

3.12 Zahlwege

Die Zahlwege werden unter ADMINISTRATION • DEFINITION • BANKENABWICKLUNG • ZAHLWEGE ausgeprägt (siehe Abbildung 3.44).

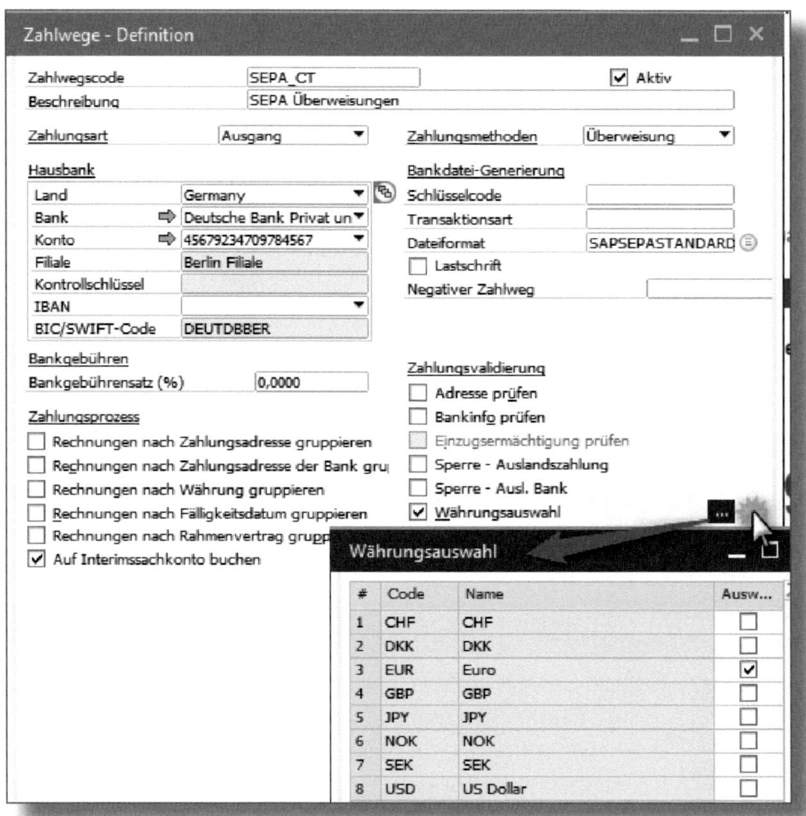

Abbildung 3.44: Definition der Zahlwege

Ein Zahlweg wird pro Hausbankkonto definiert. Er kann für Ausgangs- wie für Eingangszahlungen (CORE, CORE1, B2B) angelegt werden. Für die Ausgangszahlung haben Sie weiterhin die Wahl zwischen Scheck oder Überweisung. Welches DATEIFORMAT Sie bestimmen, hängt davon ab, ob Sie z. B. einen SEPA-Zahlweg oder einen Auslandszahlweg anlegen.

Fragen Sie bei Ihrer Hausbank nach, welches SEPA-Format und welche Version unterstützt werden. Für die Anlage von Zahlwegen kontaktieren Sie sicherheitshalber Ihren SAP-Berater.

3.13 Banken

In der deutschen Lokalisation von SAP Business One ist unter Banken – Definition (zu erreichen über Administration • Definition • Bankenabwicklung • Banken) bereits eine Vielzahl an deutschen Banken vordefiniert.

Bei der Anlage einer neuen Bank wählen Sie zuerst das Land (Ländercode) der Bank aus. Anschließend tragen Sie Bankleitzahl (BLZ), Bankname und BIC/SWIFT-Code ein.

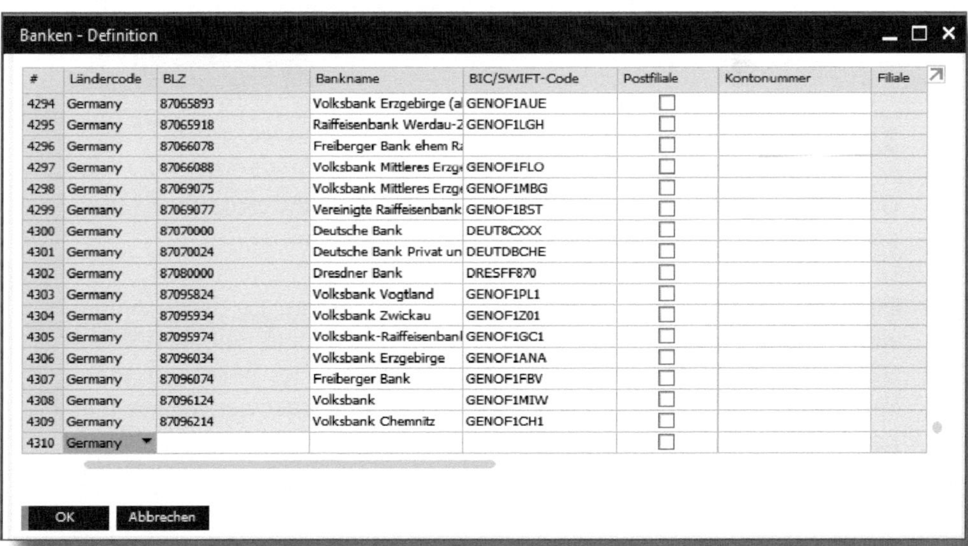

#	Ländercode	BLZ	Bankname	BIC/SWIFT-Code	Postfiliale	Kontonummer	Filiale
4294	Germany	87065893	Volksbank Erzgebirge (a	GENOF1AUE	☐		
4295	Germany	87065918	Raiffeisenbank Werdau-Z	GENOF1LGH	☐		
4296	Germany	87066078	Freiberger Bank ehem Ra		☐		
4297	Germany	87066088	Volksbank Mittleres Erzg	GENOF1FLO	☐		
4298	Germany	87069075	Volksbank Mittleres Erzg	GENOF1MBG	☐		
4299	Germany	87069077	Vereinigte Raiffeisenbank	GENOF1BST	☐		
4300	Germany	87070000	Deutsche Bank	DEUT8CXXX	☐		
4301	Germany	87070024	Deutsche Bank Privat un	DEUTDBCHE	☐		
4302	Germany	87080000	Dresdner Bank	DRESFF870	☐		
4303	Germany	87095824	Volksbank Vogtland	GENOF1PL1	☐		
4304	Germany	87095934	Volksbank Zwickau	GENOF1Z01	☐		
4305	Germany	87095974	Volksbank-Raiffeisenbanl	GENOF1GC1	☐		
4306	Germany	87096034	Volksbank Erzgebirge	GENOF1ANA	☐		
4307	Germany	87096074	Freiberger Bank	GENOF1FBV	☐		
4308	Germany	87096124	Volksbank	GENOF1MIW	☐		
4309	Germany	87096214	Volksbank Chemnitz	GENOF1CH1	☐		
4310	Germany				☐		

Abbildung 3.45: Definition der Banken

Bankleitzahl

Die Spalte BLZ ist in SAP Business One ein Pflichtfeld. Dies ist historisch bedingt und hat seine Wurzeln vor der Zeit der SEPA-Einführung.

SWIFT-Code

Wenn Sie die Bankleitzahl nicht wissen, tragen Sie den SWIFT-Code in das Feld BLZ ein.

Die Spalten Kontonummer, Definition Buchungsdatum, Definition Fälligkeitsdatum, Belegdatum Definition und Liste der Bankvorgangscodes sind für die Einrichtung der Kontoauszugsverarbeitung vorgesehen.

3.14 Hausbanken

Unter Administration • Definition • Bankenabwicklung • Hausbanken legen Sie die Konten Ihrer Hausbanken an.

Eine Hausbank ist das Bankkonto des Mandanten. Zu deren Anlage werden die Bankleitzahl, Kontonummer, Sachkonto und IBAN (bei SEPA) benötigt. Das Interimssachkonto wird hier hinterlegt, wenn im Zahlweg das Buchen auf einem Interimskonto aktiviert wurde (siehe Abbildung 3.46).

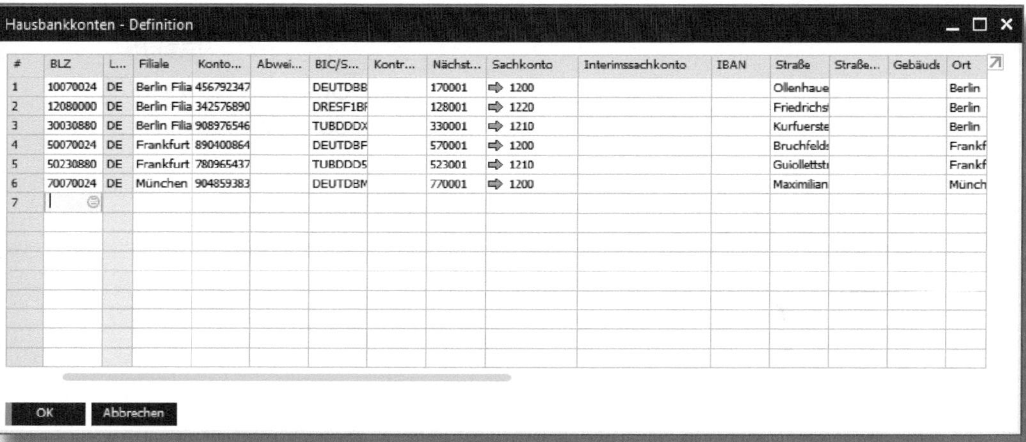

Abbildung 3.46: Definition von Hausbanken

Anlage einer Hausbank und Interimskonto

zB

Sie haben ein Konto bei einer deutschen Bank. Bei Ausführung des Zahlungsassistenten möchten Sie, dass die offenen Posten ausgeglichen werden. Wenn ein Interimskonto hinterlegt wurde, werden die offenen Posten ausgeglichen und gegen dieses Konto ge bucht. Bei Buchung des Zahlungsausgangs wird die Zahlung gegen das Interimskonto gebucht. Das Konto ist somit ausgeglichen und kann intern abgestimmt werden.

4 Funktionen der Finanzbuchhaltung

In diesem Kapitel lernen Sie grundlegende Funktionen kennen, die Sie in der Finanzbuchhaltung unterstützen.

4.1 Journalbuchungen

In SAP Business One wird bei jeder buchhalterisch relevanten Buchung eine Journalbuchung erzeugt. In diesem Abschnitt möchte ich nicht auf automatisch generierte Buchungen eingehen, sondern werde Ihnen die »manuelle« Journalbuchung erläutern. Sie dient dazu, Buchungen wie z. B. Rückstellungen, Lohn- und Gehaltsbuchungen, Umbuchungen von Kontensalden etc. vorzunehmen. Diese Funktion finden Sie unter dem Menüpunkt FINANZWESEN • JOURNALBUCHUNG.

Ich werde die Journalbuchung nachfolgend beispielhaft anhand der Buchung einer Rückstellung erklären:

Journalbuchung anlegen

Zum Jahresabschluss 31.12.2019 bilden Sie eine Rückstellung für *Steuerberatungskosten* in Höhe von 15.000,00 € (siehe Abbildung 4.1). In der Kopftabelle werden entsprechend das BUCHUNGSDATUM, FÄLLIGKEITSDATUM und BELEGDATUM gleichlautend mit *31.12.2019* angegeben. In den BEMERKUNGEN ist ein Buchungstext möglich. Wenn der Haken bei AUSGLEICHSBUCHUNG (PERIODE 13) gesetzt ist, lässt sich die Anzeige dieser Buchung in den Finanzberichten entweder aus- oder einschließen. Das Eintragen der Konten kann entweder in der Tabelle (❷) oder im Bearbeitungsmodus (❶) erfolgen. Wenn die Journalbuchung im Saldo unter SOLL und HABEN identisch ausgewiesen wird, kann sie hinzugefügt werden.

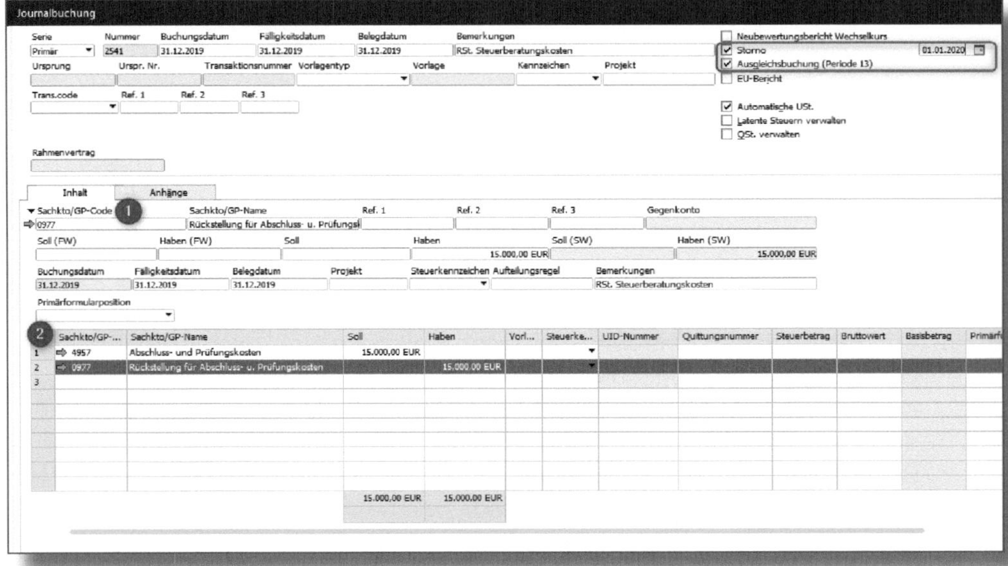

Abbildung 4.1: Journalbuchung

Wenn Sie eine Journalbuchung ausführen und bereits wissen, dass diese später wieder storniert werden soll, setzen Sie den Haken bei STORNO und geben das Stornierungsdatum ein (hier *01.01.2020*). SAP Business One erinnert ab dem eingetragenen Datum daran, dass eine Stornobuchung zur Ausführung aussteht (Abbildung 4.2).

Stornierte Transaktionen

Die untenstehenden Transaktionen müssen heute storniert werden
Wählen Sie die Zeilen, die Sie stornieren möchten

Storno	Transaktion	Beschreibung	Originaldatum	Stornodatum	Wert
☑	2648	RSt. Steuerberatungskosten	31.12.2019	01.01.2020	15.000,00 EUR
					15.000,00 EUR

Anzahl der zu stornierenden Transaktionen: 1

Ausführen | Abbrechen

Abbildung 4.2: Stornierte Transaktionen – Erinnerungsfunktion

Eine weitere Möglichkeit, eine bereits hinzugefügte Journalbuchung zu stornieren, bieten die erweiterten Funktionen. Klicken Sie mit der rechten Maustaste in den Kopfbereich, um das Kontextmenü zu öffnen, und wählen Sie dort ABBRECHEN/STORNIEREN (Abbildung 4.3).

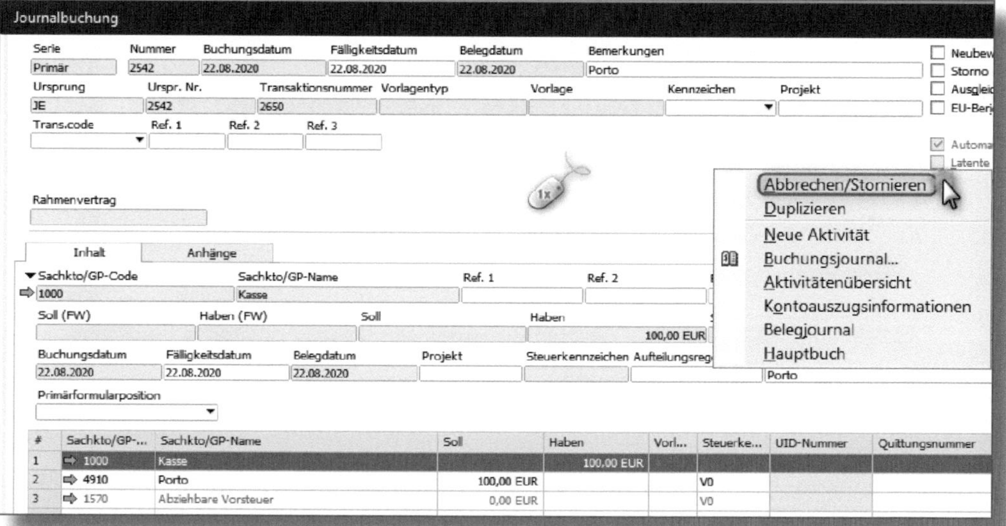

Abbildung 4.3: Journalbuchung – Kontextmenü

Eine Buchung auf die Steuerkonten ist grundsätzlich nur in Verbindung mit der Angabe eines Steuerkennzeichens möglich, da die Berechnung und der Ausweis der Steuer in den Steuerberichten in SAP Business One auf Grundlage des Steuerkennzeichens und seiner Einstellungen erfolgt. In der Funktionalität der »manuellen« Journalbuchung ist hier eine Ausnahme möglich: Der Haken bei AUTOMATISCHE UST. ist beim Öffnen der Journalbuchung standardmäßig gesetzt (siehe Abbildung 4.4). Wird er entfernt, erfolgt eine Systemmeldung, dass diese Buchung in der Steuerberechnung nicht berücksichtigt wird. Die Auswahl des Steuerkontos ist jetzt in der Zeilenebene möglich, und es kann eine direkte Buchung auf das Konto erfolgen. Diese Funktionalität wird u. a. genutzt, um im Zuge der Jahresabschlussarbeiten die Steuerkonten auszugleichen.

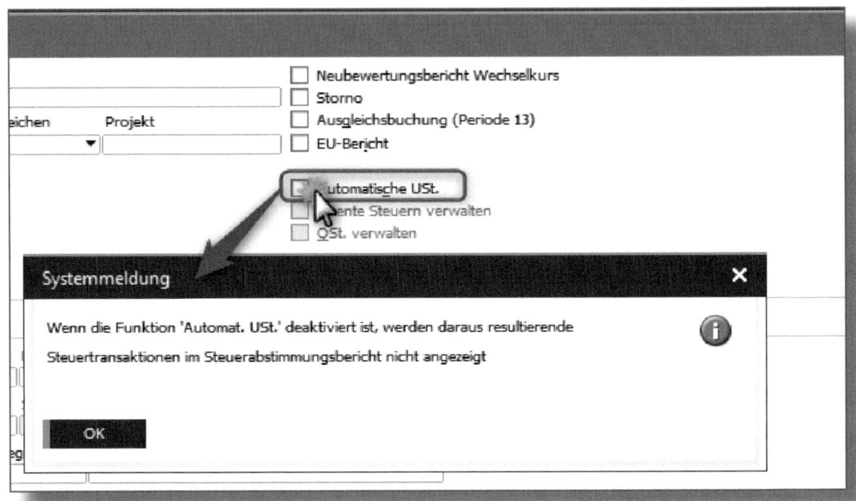

Abbildung 4.4: Journalbuchung – Kennzeichen »Automatische Umsatzsteuer«

Der Haken bei EU-Bericht ist dann sinnvoll, wenn die Journalbuchung in der *Zusammenfassenden Meldung* (vgl. Abschnitt 4.9.1) berücksichtigt werden soll.

Die Checkbox QSt. verwalten markieren Sie, wenn Sie die Funktion der Quellensteuer für die Journalbuchung nutzen wollen. Das ist nur dann möglich, wenn der Haken bei Automatische USt. ebenfalls gesetzt ist!

Wechsel zwischen Sachkonto und Geschäftspartner

Um in der Journalbuchung von der Auswahl des Sachkontos auf die Auswahl eines Geschäftspartners zu wechseln, setzen Sie den Cursor in das Feld Sachkto./GP-Code und drücken die Tastenkombination `Strg` + `⭾`. Es öffnet sich die Tabelle der Geschäftspartner. Falls Sie die Geschäftspartnernummer bereits vorliegen haben, können Sie diese auch direkt in das Feld eintragen und die genannte Tastenkombination drücken.

Den Ursprungsbeleg einer Journalbuchung erkennen Sie in der Kopftabelle im Feld Ursprung. In Abbildung 4.5 sehen Sie die Bedeutung der Kürzel erläutert (die Kürzel bei einer kontinuierlichen Bestandsführung werden mit aufgelistet):

Kürzel	Belegtyp
AG	Ausgangsgutschrift
BC	Abschlusssaldo
BE	Eingangsrechnung
BK	Eingangsgutschrift
BL	Eingangszahlung
BR	Retoure (Einkauf)
DT	Eingangsanzahlung (aus einer Einkaufsanzahlung)
DT	Ausgangszahlung (aus einer Verkaufsanzahlung)
EL	Wareneingang (Bestellung)
ES	Eröffnungssaldo
EZ	Einzahlung
IM	Bestandsumlagerung
JE	Journalbuchung (manuell)
KR	Lieferung
LS	Lieferung
LT	Bestandsbuchung
MR	Bestandsneubewertung
RE	Ausgangsrechnung
RU	Retoure (Verkauf)

Abbildung 4.5: Beleg-Kürzel (reduzierte Ansicht)

4.2 Vorerfasste Belege

Die Funktion der vorerfassten Belege finden Sie im Menü unter Finanzwesen • vorerfasste Belege.

Diese Funktion ermöglicht Ihnen die Erfassung von Journalbuchungen, die in einer Mappe gesammelt und zu einem späteren Zeitpunkt auf einmal gebucht werden.

Um eine Mappe anzulegen, klicken Sie unten auf den Button Journalbuchung für neuen Beleg hinzufügen (Abbildung 4.6). Es öffnet sich wiederum die Journalbuchungsmaske (Abbildung 4.7). Die Funktionen wurden bereits im vorherigen Abschnitt geläutert.

Vorerfasste Belege
Suchen
Nur offene
Vorerfasster Beleg Nr.
Status
Datum
Gesamt (HW)
Benutzer
Transaktionsnummer
Status
Gesamt (HW)
Gesamt (FW)
Bemerkungen
Journalbuchung zu neuem Beleg hinzufügen
Eintrag in bestehender Mappe anlegen
OK
Abbrechen
Mappe buchen

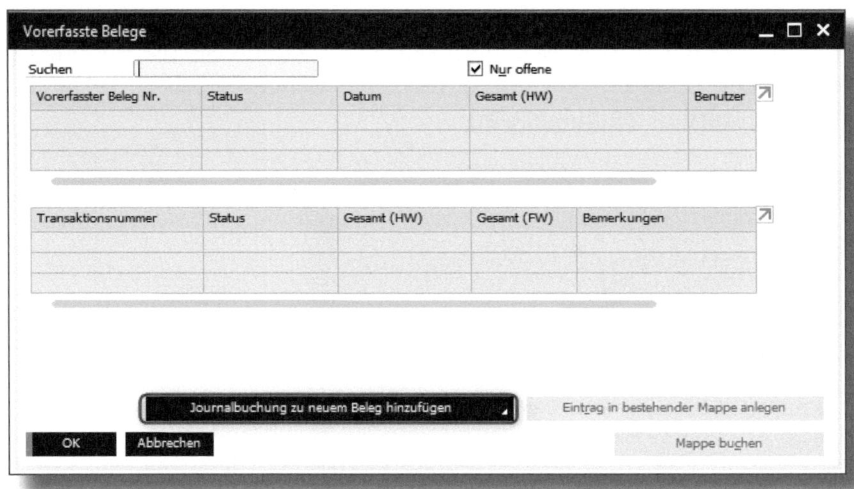

Abbildung 4.6: Vorerfasste Belege

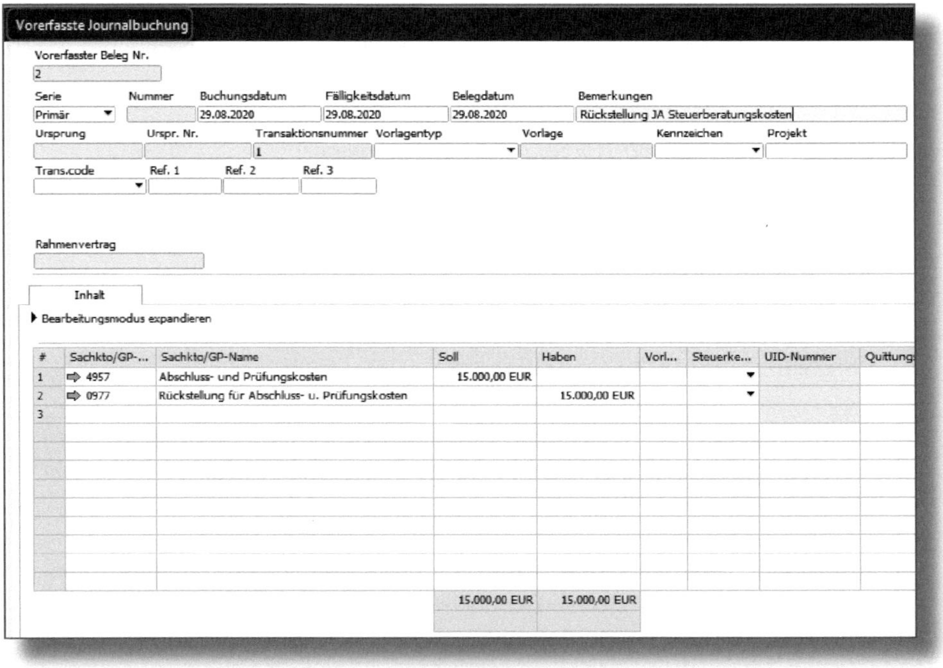

Vorerfasste Journalbuchung
Vorerfasster Beleg Nr.
2
Serie
Nummer
Buchungsdatum
Fälligkeitsdatum
Belegdatum
Bemerkungen
Primär
29.08.2020
29.08.2020
29.08.2020
Rückstellung JA Steuerberatungskosten
Ursprung
Urspr. Nr.
Transaktionsnummer
Vorlagentyp
Vorlage
Kennzeichen
Projekt
1
Trans.code
Ref. 1
Ref. 2
Ref. 3
Rahmenvertrag
Inhalt
Bearbeitungsmodus expandieren
#
Sachkto/GP-...
Sachkto/GP-Name
Soll
Haben
Vorl...
Steuerke...
UID-Nummer
Quittung
1
4957
Abschluss- und Prüfungskosten
15.000,00 EUR
2
0977
Rückstellung für Abschluss- u. Prüfungskosten
15.000,00 EUR
3
15.000,00 EUR
15.000,00 EUR

Abbildung 4.7: Vorerfasste Journalbuchung

Mit dem Button Hinzufügen legen Sie die Journalbuchung in der Mappe ab, woraufhin sich das Fenster (siehe Abbildung 4.7) schließt.

Im Hauptfenster für die vorerfassten Belege sehen Sie nun die angelegte Mappe (Abbildung 4.8). Das Fenster ist zweigeteilt: Im oberen Bereich sehen Sie die Belegnummer der Mappe, den Status, das Datum der Anlage, den Gesamtbetrag in Hauswährung, den Benutzer, der die Mappe angelegt hat, sowie mögliche Bemerkungen.

Wenn Sie die Mappe markieren, erscheinen im unteren Fenster noch einmal einige Details, und Sie haben hier die Möglichkeit, einen Eintrag in einer bestehenden Mappe vorzunehmen, Einträge zu ändern, eine neue Mappe anzulegen oder die Mappe zu buchen.

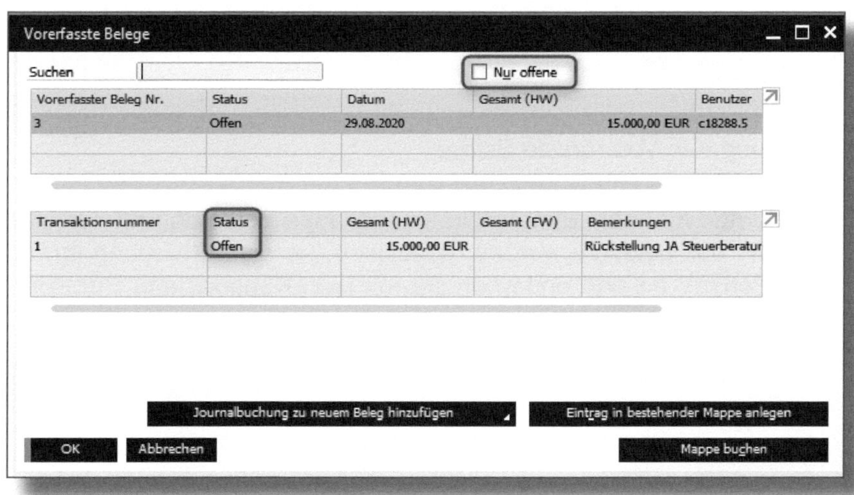

Abbildung 4.8: Vorerfasste Belege – Ansicht Mappe

Zur besseren Übersicht schließen Sie bereits abgeschlossene Mappen mit dem Haken bei Nur offene im rechten oberen Bereich von der Anzeige aus.

Sie löschen eine Mappe, indem Sie sie markieren und im Kontextmenü VORERFASSTEN BELEG ENTFERNEN anklicken (Abbildung 4.9).

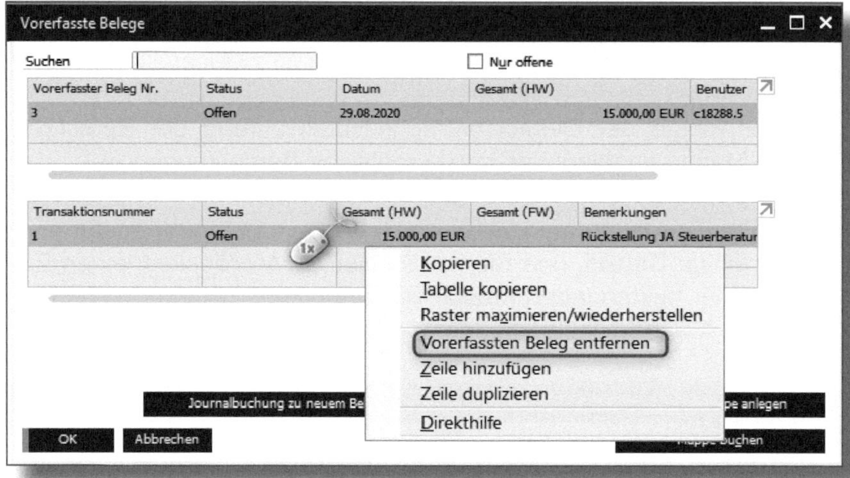

Abbildung 4.9: Vorerfasste Belege

Sollten sich mehrere Einträge in einer Mappe befinden und nur eine Buchung soll gelöscht werden, so klicken Sie diese Buchung im unteren Fenster an und entfernen sie mit dem Kontextmenü BUCHUNG ENTFERNEN.

Simulation einer Journalbuchung

Obwohl die Journalbuchungen in den vorerfassten Belegen noch nicht im System gebucht wurden, besteht die Möglichkeit, die Buchungen in den Finanzberichten mit dem Haken bei VORERFASSTE BELEGE HINZUFÜGEN zu simulieren.

4.3 Kontierungmuster

Die Kontierungsmuster finden Sie im Menü unter Finanzwesen • Kontierungsmuster. Das folgende praktische Beispiel soll zur Erläuterung dieser Funktion dienen.

Kontierungsmuster

Sie erhalten einmal im Monat die Lohn- und Gehaltsbuchungsliste von Ihrem Steuerberater. Diese Buchungsliste ist hinsichtlich des Aufbaus und der Angabe der Konten stets ähnlich gestaltet. Allerdings unterscheiden sich die Beträge. Für diese Liste legen Sie nachfolgend ein Kontierungsmuster an, das Sie jeden Monat in der Journalbuchung aufrufen können.

Zur Anlage des Kontierungsmusters geben Sie einen eindeutigen Code sowie eine Vorlagenbeschreibung an (siehe Abbildung 4.10).

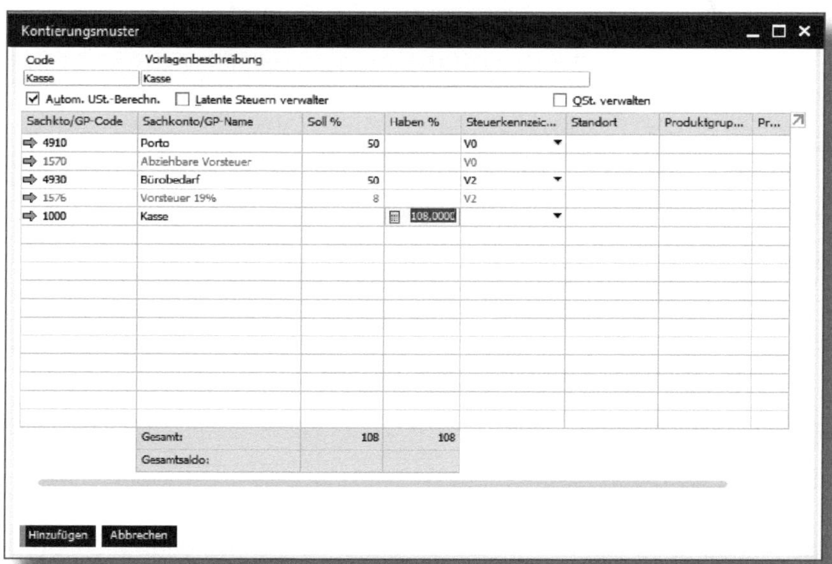

Abbildung 4.10: Kontierungsmuster

In der Zeilenebene werden die Sachkonten eingetragen. In den Spalten SOLL BZW. HABEN können anstelle von Beträgen Prozentsätze im Verhältnis hinterlegt werden. In der Journalbuchung muss nun nur ein Betrag angegeben werden. Aufgrund des zuvor bestimmten Prozentsatzverhältnisses werden daraufhin die restlichen Beträge errechnet und eingetragen. Fehlt das Prozentverhältnis, werden nur die Konten gemäß Kontierungsmuster in die Journalbuchung übertragen.

Das Aufrufen eines Kontierungsmusters in einer Journalbuchung funktioniert wie folgt und ist in Abbildung 4.11 zu sehen:

1. Öffnen einer Journalbuchung
2. Im Feld VORLAGENTYP Auswahl von *Prozentsatz*
3. Im Feld VORLAGE Auswahl des vorher angelegten Kontierungsmusters

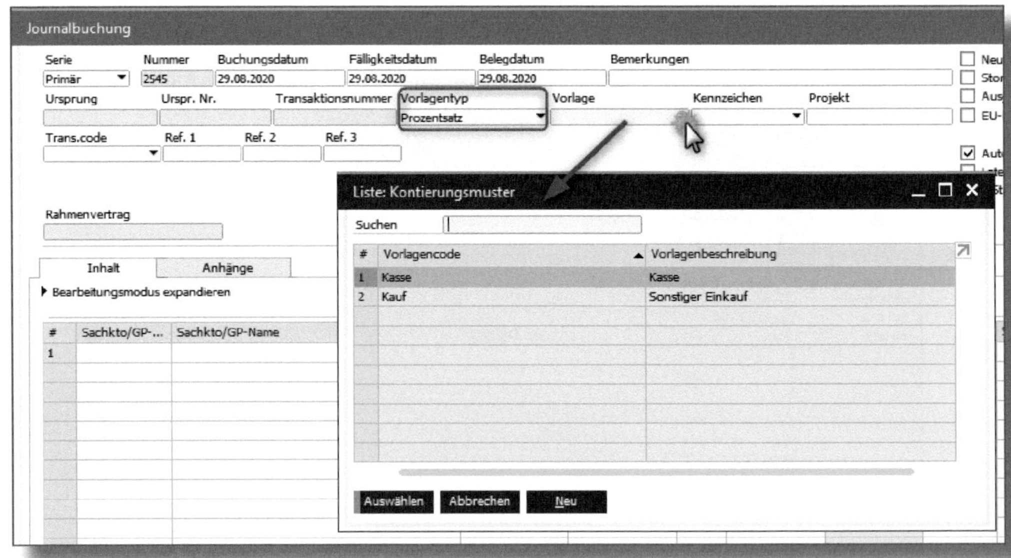

Abbildung 4.11: Journalbuchung

Das Kontierungsmuster wird in die Zeilenebene der Journalbuchung kopiert und kann weiterbearbeitet werden (siehe Abbildung 4.12).

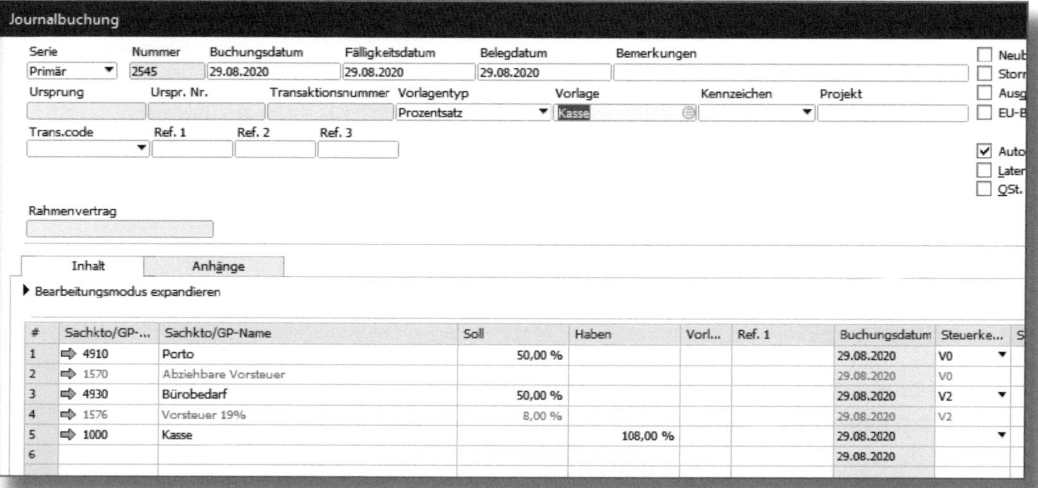

Abbildung 4.12: Journalbuchung mit ergänztem Kontierungsmuster

Der Abschluss der Journalbuchung erfolgt mit dem Button Hinzufügen.

Kontierungsmuster nutzen

Die Verwendung von Kontierungsmustern bei komplexen wiederkehrenden Journalbuchungen kann zu einer hohen Zeitersparnis führen, da eine Vielzahl von Konten nicht mehr manuell eingegeben werden muss, sondern aufgrund des Musters bereits in die Journalbuchung kopiert wird.

4.4 Dauerbuchungen

Im Gegensatz zum zuvor beschriebenen Kontierungsmuster können bei regelmäßigen Buchungen mit identischen Beträgen Dauerbuchungen zum Einsatz kommen.

Dauerbuchung Miete

Die monatliche Miete der Geschäftsräume beträgt 11.600,00 € brutto zzgl. 650,00 € Abschlag für Nebenkosten. Die Kosten werden jeweils zum ersten des Monats per Lastschrift von Ihrem Geschäftskonto abgebucht. Eine Mieterhöhung zum 01.01. des nächsten Jahres ist bereits per Mietvertrag bekannt. In SAP Business One legen Sie eine entsprechende Dauerbuchung an.

Für die Anlage der Dauerbuchung wurde im Feld Code ein sprechender Name und in der Beschreibung der Text *monatliche Miete und NK Geschäftsräume* angegeben (siehe Abbildung 4.13). In das Feld Bemerkung wird der Text aus der Beschreibung als Buchungstext kopiert.

Der Haken Automatische USt. ist gesetzt.

In der Zeilenebene wird das Konto für die Miete mit den Steuerkennzeichen *V2* für 16 % Vorsteuer und der Nettobetrag in Höhe von *10.000 €* eingegeben. Die Vorsteuer wird entsprechend des Steuerkennzeichens systemseitig gerechnet und in einer zusätzlichen Zeile ausgewiesen. In der zweiten Zeile wird das Konto für Nebenkosten mit dem Steuerkennzeichen *V0* (keine Vorsteuer) hinterlegt. Auch hier wird eine zusätzliche Zeile für die Steuer angelegt. Auf der Habenseite in der nächsten Spalte wird das Sachkonto *Bank 1* ausgewählt.

Im Fenster unten links wählen Sie das Intervall *monatlich* und *Am1*. Der nächste Ausführungstermin wird systemseitig im laufenden Monat vorgeschlagen und kann überschrieben werden.

Setzen Sie den Haken bei Gültig bis und tragen Sie das Datum *31.12.2020* ein, da in unserem Beispiel bereits bekannt ist, dass der

Mietzins sich zum nächsten Jahr erhöhen wird. SAP Business One wird entsprechend die Dauerbuchung zum 31.12. einstellen. Für die neue Miete zum 01.01. des Folgejahres sollte entsprechend eine neue Dauerbuchung angelegt werden.

Abbildung 4.13: Dauerbuchung – Erläuterung

Über den Button BESTÄTIGUNGSLISTE unten rechts im Fenster (Abbildung 4.14) gelangen Sie in das Fenster »Bestätigungen für Dauerbuchungen«. Dort werden die fälligen Dauerbuchungen angezeigt (Abbildung 4.15). Die Auswahl des Buchungsdatums erfolgt entweder nach dem AKTUELLEN SYSTEMDATUM oder als DAUERBUCHUNGSDATUM. Mit Klick auf den Button AUSFÜHREN werden die Dauerbuchungen hinzugefügt.

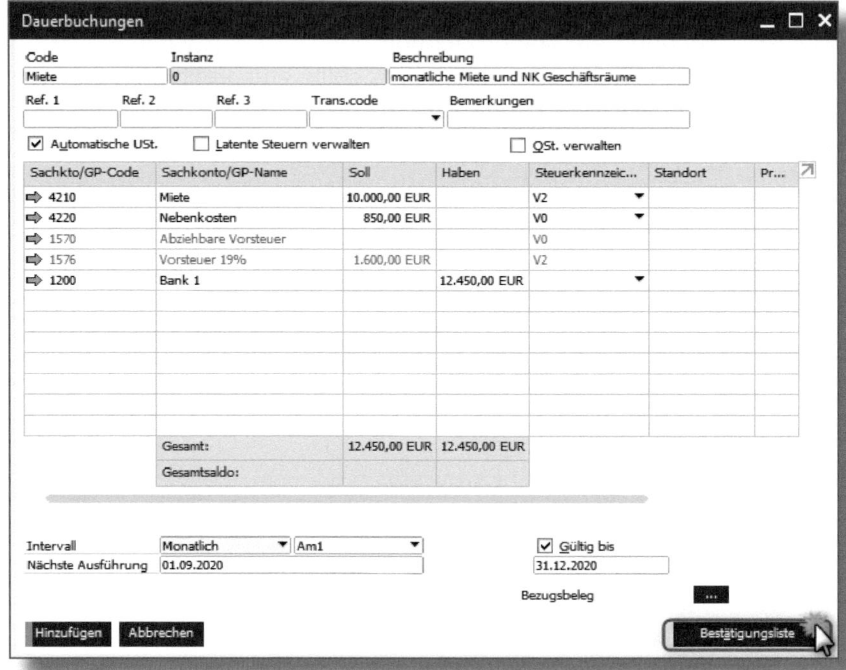

Abbildung 4.14: Dauerbuchung – Bestätigungsliste aufrufen

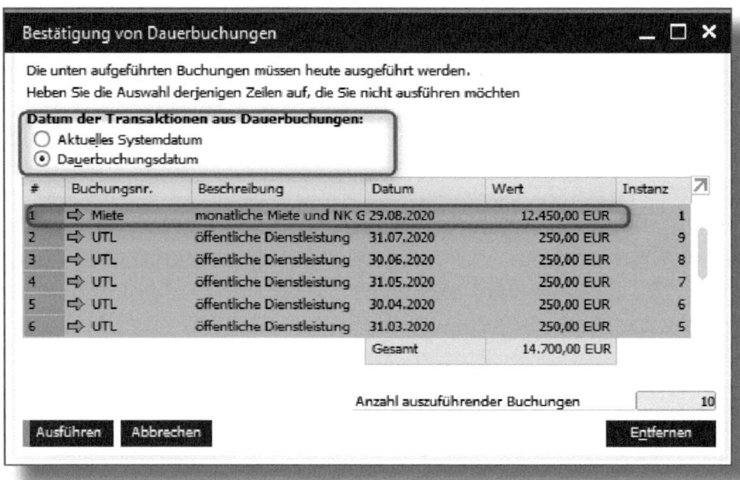

Abbildung 4.15: Dauerbuchung – Bestätigungsfenster

Eine Dauerbuchung entfernen Sie aus der Bestätigungsliste, indem Sie sie markieren und unten rechts auf ENTFERNEN klicken (siehe Abbildung 4.16). SAP Business One gibt daraufhin nochmals einen Hinweis, der für das endgültige Entfernen bestätigt werden muss.

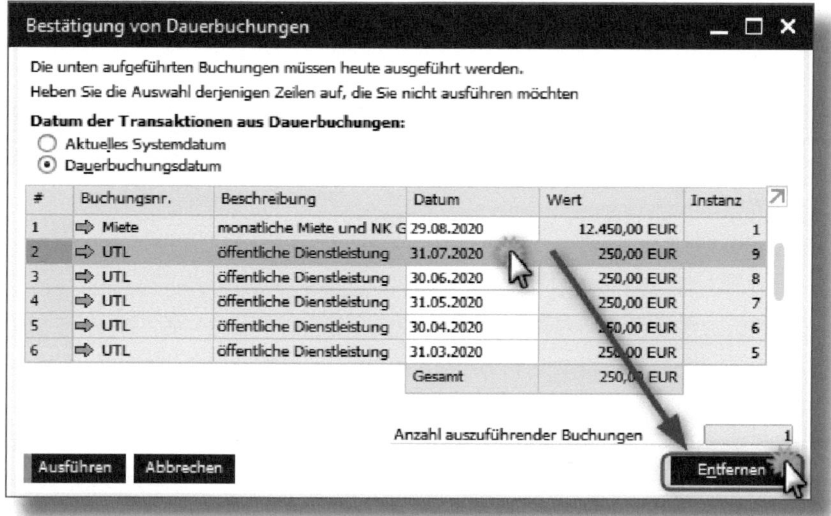

Abbildung 4.16: Dauerbuchung – Bestätigungsfenster, Dauerbuchung entfernen

4.5 Mit Fremdwährungen arbeiten

In Abschnitt 3.9 wurden bereits die grundlegenden Stammdaten behandelt, die ein Arbeiten mit Fremdwährungen ermöglichen. In diesem Abschnitt wollen wir uns den eigentlichen Umgang mit Fremdwährungen ansehen.

4.5.1 Eingangsrechnung

Für unser Beispiel ist in unserem Geschäftspartner unter WÄHRUNG *alle Währungen* (Abbildung 4.17) hinterlegt. Diese Einstellung wird in der Praxis häufig genutzt, wenn der Geschäftspartner Rechnungen in verschiedenen Währungen ausstellt. So können dann direkt bei der Belegerfassung die Währung und der Kurs ausgewählt werden. Ist in der Wechselkurstabelle kein Kurs für dieses Datum hinterlegt, so öffnet SAP Business One die Tabelle »Wechselkurse und Indizes« für die Nachpflege. Nach Eingabe und Speicherung kann der Beleg weiterbearbeitet werden.

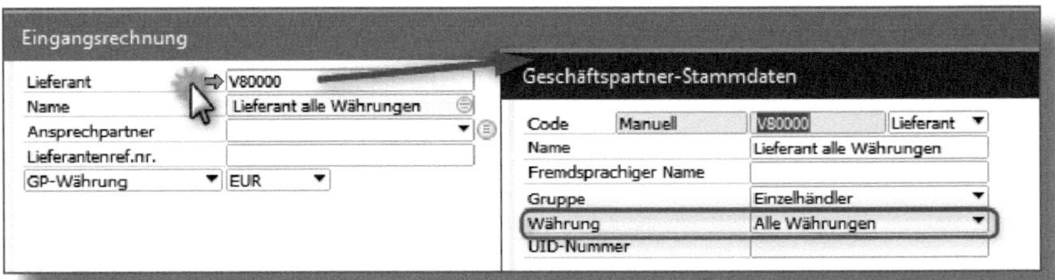

Abbildung 4.17: Eingangsrechnung im Geschäftspartnerstammsatz

Während bei einer Artikelrechnung der Stückpreis in Hauswährung (hier EUR) angezeigt wird, muss bei Erstellung einer Servicerechnung das Sachkonto für alle Währungen (Abbildung 4.18) oder die entsprechende Fremdwährung (Abbildung 4.19) eingerichtet sein.

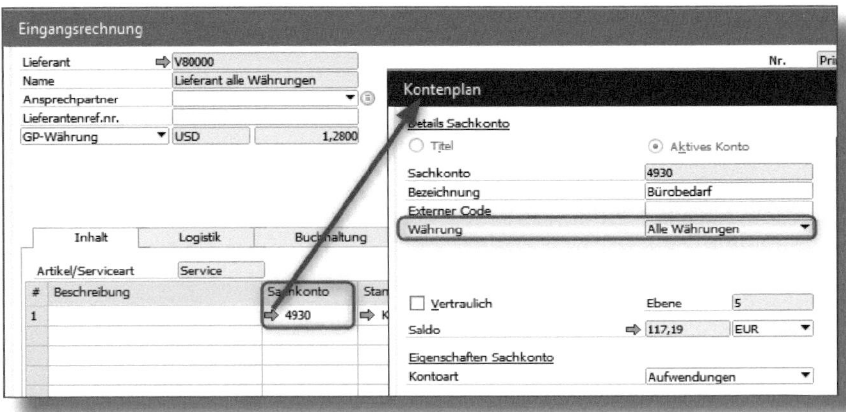

Abbildung 4.18: Eingangsrechnung/Sachkonto

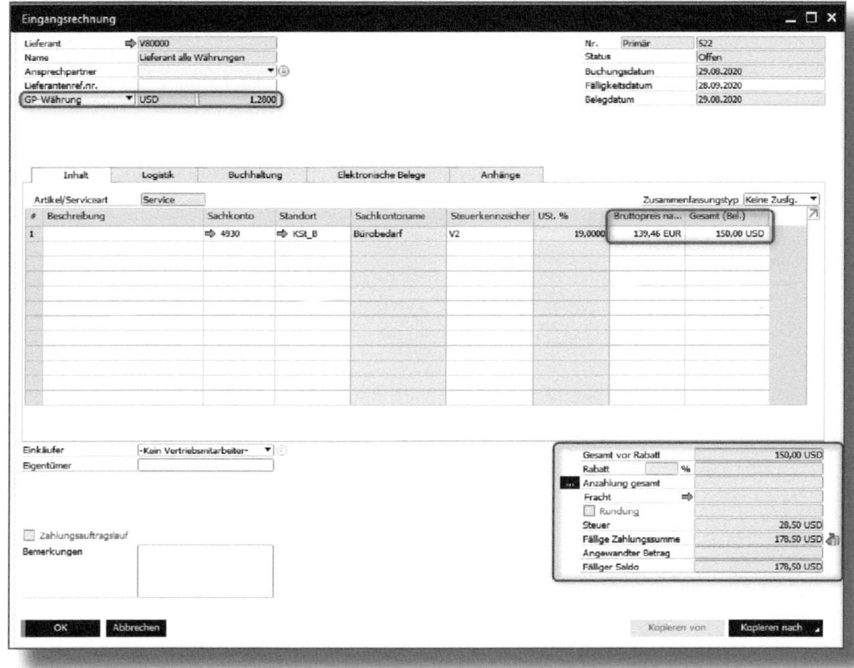

Abbildung 4.19: Eingangsrechnung mit Fremdwährung

4.5.2 Ausgangsrechnung

Für das Beispiel einer Ausgangsrechnung in Fremdwährung wählen wir einen Geschäftspartner mit USD als hinterlegter Währung. Die Geschäftspartnereinstellung bedingt, dass beim Erstellen einer Ausgangsrechnung die Währung *USD* bereits vorgegeben ist. Währung und Kurs können aber auch direkt während der Belegerfassung ausgewählt werden. Ist in der Wechselkurstabelle kein Kurs für dieses Datum hinterlegt, so öffnet SAP Business One auch hier die Tabelle für die Nachpflege des Kurses (Abbildung 4.20). Nach Eingabe und Speicherung kann der Beleg direkt weiterbearbeitet werden.

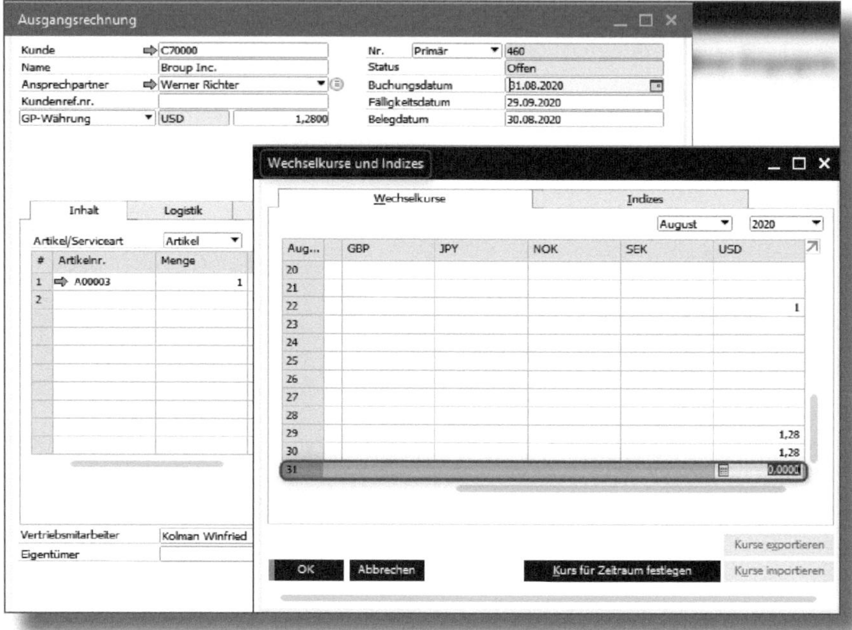

Abbildung 4.20: Ausgangsrechnung/Wechselkursfenster

4.5.3 Journalbuchung in Fremdwährung

Um eine Journalbuchung in Fremdwährung (FW) zu erfassen, müssen Sie zuerst den Haken unten im Fenster FW ANZEIGEN setzen (Abbildung 4.21). Daraufhin erscheinen in der Zeilenebene der Journalbuchung zwei zusätzliche Spalten für die Eingabe in FW (Soll- und Habenspalte).

Geben Sie in der Fremdwährungsspalte den Fremdwährungsbetrag im gewünschten Feld (SOLL oder HABEN) inkl. Währungskürzel ein.

Abbildung 4.21: Journalbuchung – Wechselkursfenster

SAP Business One rechnet anhand des Wechselkurses den Betrag direkt in Hauswährung um und trägt diesen in die Spalten SOLL (FW) oder HABEN (FW) ein. Erneut gilt, dass bei einem fehlenden Kurs in der Wechselkurstabelle SAP Business One die Tabelle »Wechselkurse und Indizes« für die Nachpflege öffnet (Abbildung 4.21) und Sie erst anschließend im Beleg weiterarbeiten können.

Belegfluss in Fremdwährung

Bitte achten Sie bei Buchungen mit Fremdwährungen auch auf den Ausgleich der Belege in Fremdwährung. Sollten Sie eine Rechnung in USD nur mit der Hauswährung ausgleichen, so beträgt der Saldo des Geschäftspartners in der Hauswährung zwar 0 EUR, aber der Fremdwährungssaldo ist nicht ausgeglichen!

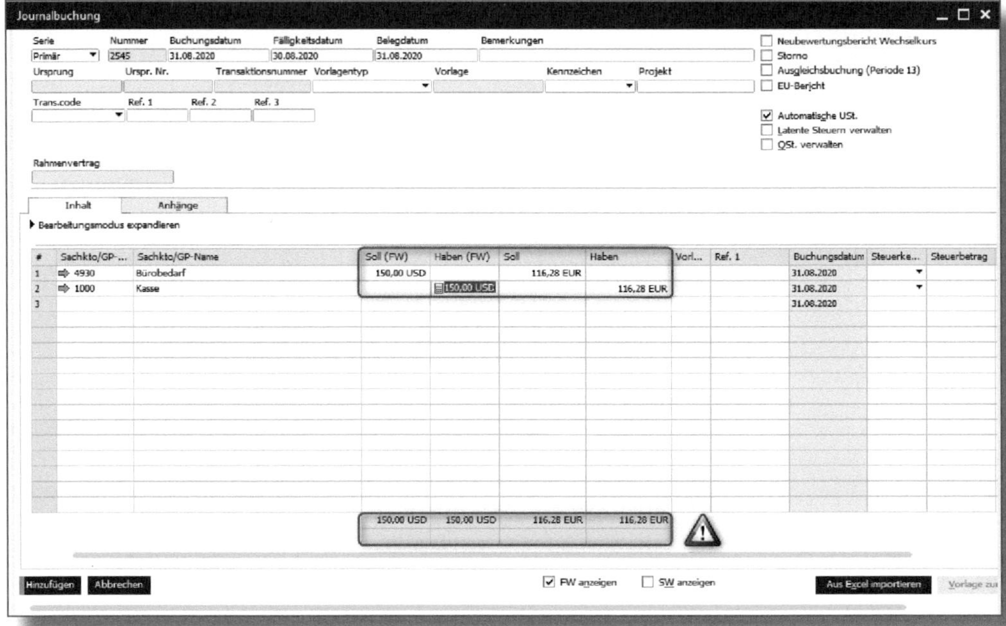

Abbildung 4.22: Journalbuchung – Fremdwährungsanzeige

4.6 Export von Daten nach Excel oder Word

Voraussetzungen für die Exportfunktion nach Excel und Word sind die Zuweisung der entsprechenden Berechtigungen sowie eine vorhandene Installation von Microsoft Office (Word und Excel).

Wenn Sie sich in einer Business-One-Anwendung befinden, erkennen Sie an der Symbolleiste, ob die Exportfunktion aktiv ist (der Button für Word (W) und/oder Excel (PDF) ist weiß).

Klicken Sie auf den Button für das gewünschte Programm.

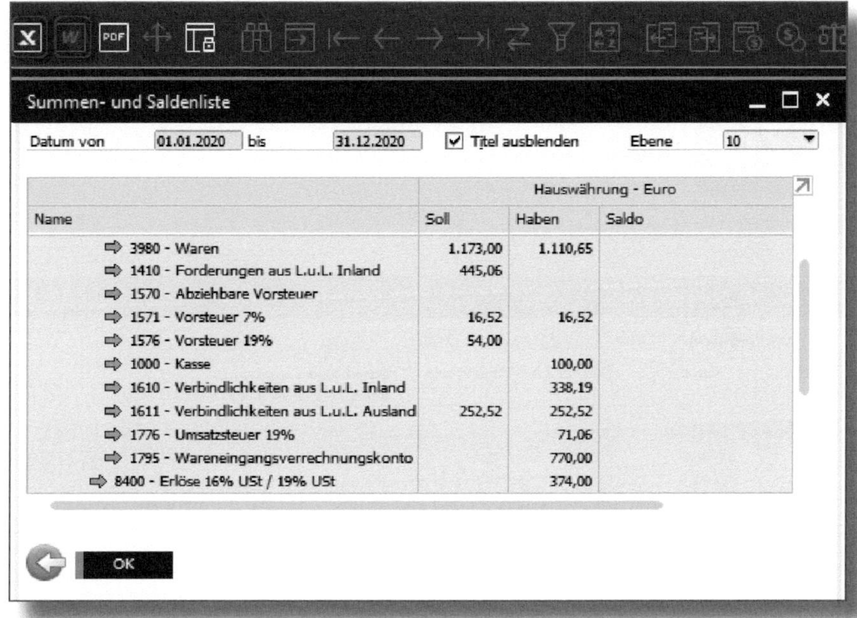

Abbildung 4.23: Bericht Summen- und Saldenliste

Es öffnet sich das Pop-up SPEICHERN UNTER. Wählen Sie den Pfad aus, unter dem Sie Ihre Datei ablegen möchten.

Es folgt eine Systemmeldung, ob und wie Sie die Währungssymbole zu exportieren wünschen:

- Ja, in die gleiche Spalte
- Ja, in eine separate Spalte
- Nein

Markieren Sie Ihre Auswahl und klicken Sie auf OK. Daraufhin wird der Export in Excel oder Word geöffnet. Schließen Sie das Fenster und öffnen Sie die Datei erneut.

Dokumentation für Periodenabschluss

Sie wollen den Periodenabschluss für das Jahr ausführen. Alle nun abzuschließenden Salden möchten Sie zu Dokumentationszwecken in Excel abspeichern (Abbildung 4.24).

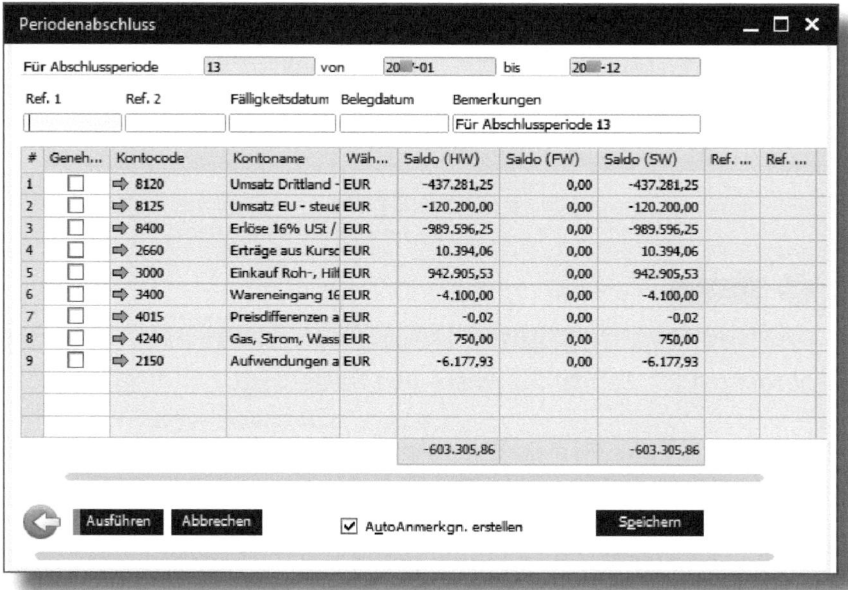

#	Geneh...	Kontocode	Kontoname	Wäh...	Saldo (HW)	Saldo (FW)	Saldo (SW)	Ref. ...	Ref. ...
1	☐	8120	Umsatz Drittland -	EUR	-437.281,25	0,00	-437.281,25		
2	☐	8125	Umsatz EU - steue	EUR	-120.200,00	0,00	-120.200,00		
3	☐	8400	Erlöse 16% USt /	EUR	-989.596,25	0,00	-989.596,25		
4	☐	2660	Erträge aus Kursc	EUR	10.394,06	0,00	10.394,06		
5	☐	3000	Einkauf Roh-, Hil	EUR	942.905,53	0,00	942.905,53		
6	☐	3400	Wareneingang 16	EUR	-4.100,00	0,00	-4.100,00		
7	☐	4015	Preisdifferenzen a	EUR	-0,02	0,00	-0,02		
8	☐	4240	Gas, Strom, Wass	EUR	750,00	0,00	750,00		
9	☐	2150	Aufwendungen a	EUR	-6.177,93	0,00	-6.177,93		
					-603.305,86		-603.305,86		

Abbildung 4.24: Periodenabschluss

Eine noch einfachere Export-Variante bietet die Kopieren-Funktion innerhalb von SAP Business One. Hierfür führen Sie den gewünschten Bericht aus; als Beispiel habe ich eine Summen- und Saldenliste ausgesucht (Abbildung 4.25). Klicken Sie mit der rechten Maustaste auf das obere rechte Feld der Tabelle und wählen Sie im Kontextmenü Tabelle kopieren.

Öffnen Sie Excel und fügen Sie die Daten aus dem Zwischenspeicher mit Einfügen oder Strg + V hinzu (Abbildung 4.26).

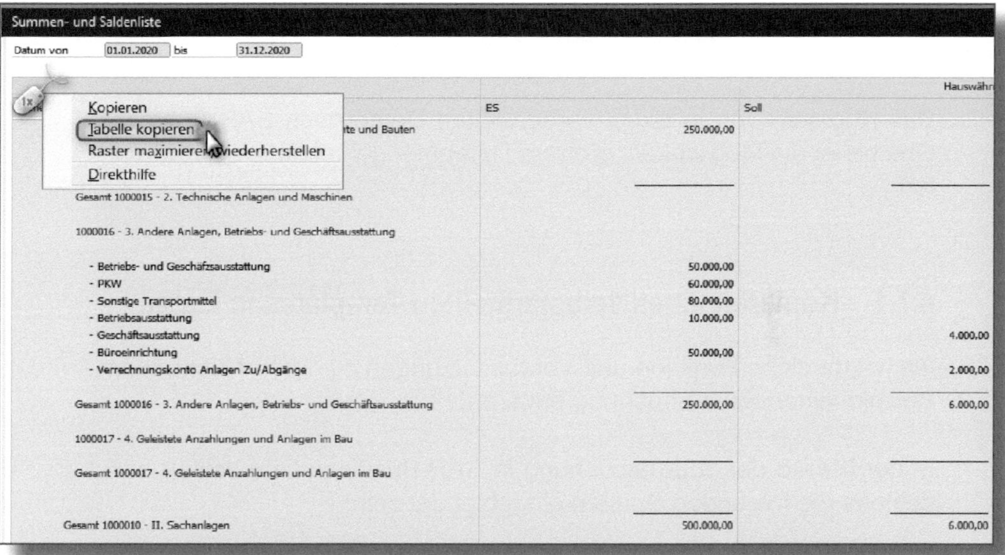

Abbildung 4.25: Summen- und Saldenliste –Tabelle kopieren

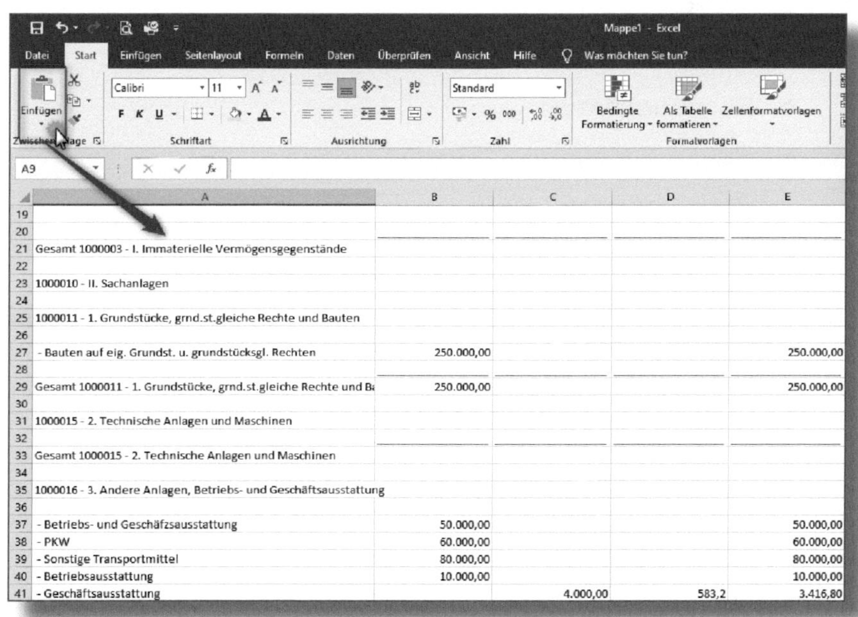

Abbildung 4.26: Einfügen der Daten aus dem Zwischenspeicher

4.7 Datenaustausch zwischen Excel und SAP Business One

Das Kopieren von in Excel vorbereiteten Daten nach SAP Business One bietet die Möglichkeit, größere Datenmengen einfach zu verarbeiten.

4.7.1 Kopieren eines selbsterstellten Templates in Excel

Ich werde diese Funktion und Voraussetzungen zu deren Nutzung am Beispiel einer Journalbuchung erklären.

In der Maske der Journalbuchung in SAP Business One sollten mindestens die folgenden Spalten eingeblendet sein:

- Sachkonto
- Sachkonto/GP-Name
- Soll
- Haben
- Buchungsdatum
- Ref.1
- Bemerkungen
- Steuerkennzeichen (wenn benötigt)

Für die Importfunktion müssen das Sachkonto und der Sachkontenname/GP-Name in den ersten zwei Spalten stehen. Der Sachkontenname darf **nicht** gefüllt werden, da dieser von SAP Business One beim Import automatisch ergänzt wird.

Klicken Sie mit der rechten Maustaste auf die Raute (#) in der linken oberen Ecke der Tabelle (Abbildung 4.27) und wählen Sie im Kontextmenü Tabelle kopieren aus.

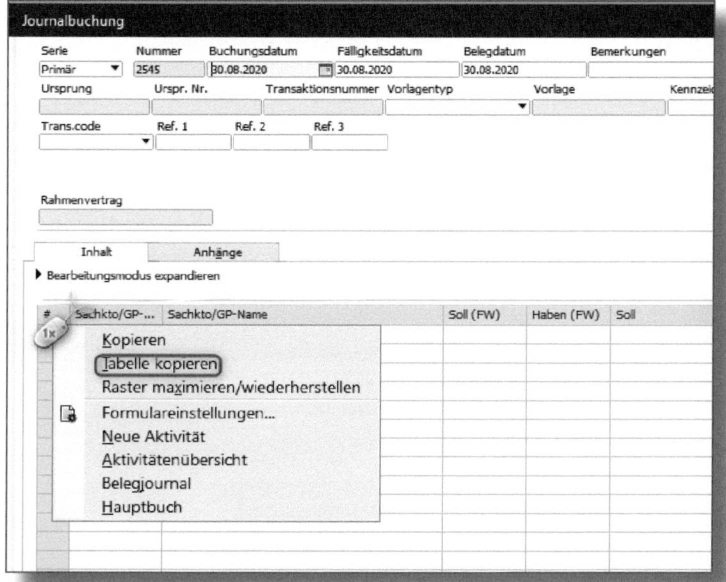

Abbildung 4.27: Journalbuchung – Kontextmenü

Im Anschluss öffnen Sie Excel und setzen mit Strg + V oder START • EINFÜGEN die Kopfzeile in die Excel-Tabelle ein (Abbildung 4.28).

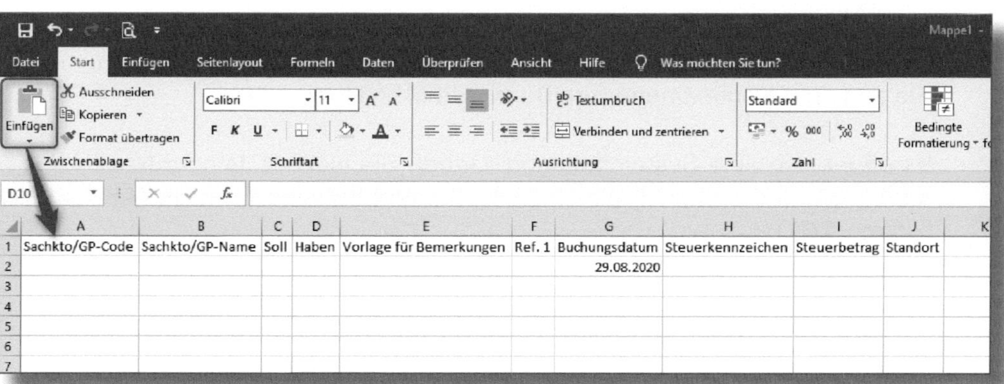

Abbildung 4.28: Microsoft Excel/Einfügen von Daten

Sie können nun Ihre Daten in Excel erfassen. Der Aufbau der Excel-Tabelle ist für den anschließenden Import in SAP Business One korrekt.

4.7.2 Daten nach SAP Business One kopieren

Kopieren Sie im Excel-Blatt (Abbildung 4.29) die zu exportierenden Daten – dies ist entweder mit oder ohne Kopfzeile möglich.

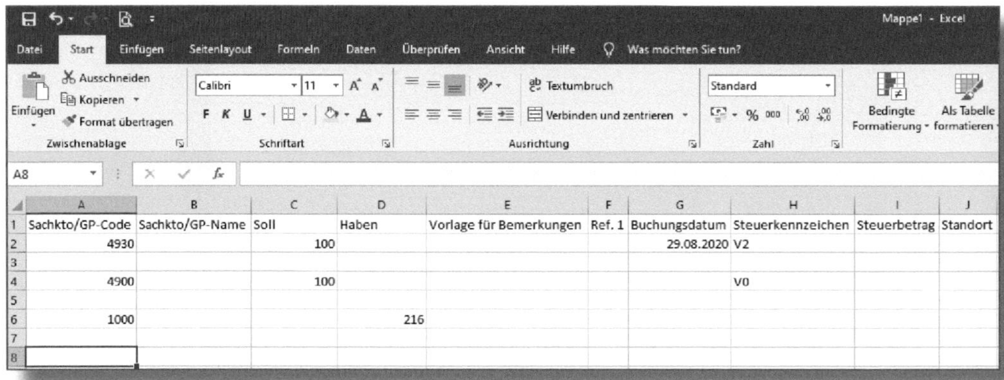

	A	B	C	D	E	F	G	H	I	J
1	Sachkto/GP-Code	Sachkto/GP-Name	Soll	Haben	Vorlage für Bemerkungen	Ref. 1	Buchungsdatum	Steuerkennzeichen	Steuerbetrag	Standort
2	4930		100				29.08.2020	V2		
3										
4	4900		100					V0		
5										
6	1000			216						

Abbildung 4.29: Microsoft-Excel-Blatt

In SAP Business One öffnen Sie die Journalbuchung und klicken in die erste Zeile der Zeilenebene. Mit rechtem Mausklick in die Zeile wählen Sie aus dem Kontextmenü EINFÜGEN aus (Abbildung 4.30).

Es öffnet sich eine Systemmeldung. Geben Sie hier mit JA oder NEIN an, ob Sie in Excel auch die Kopfzeile kopiert haben oder nicht (Abbildung 4.31).

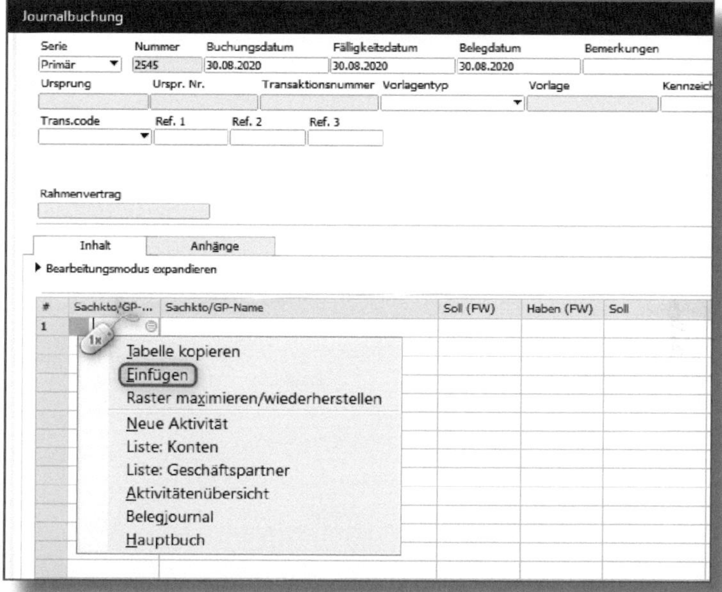

Abbildung 4.30: Journalbuchung – Einfügen von Daten

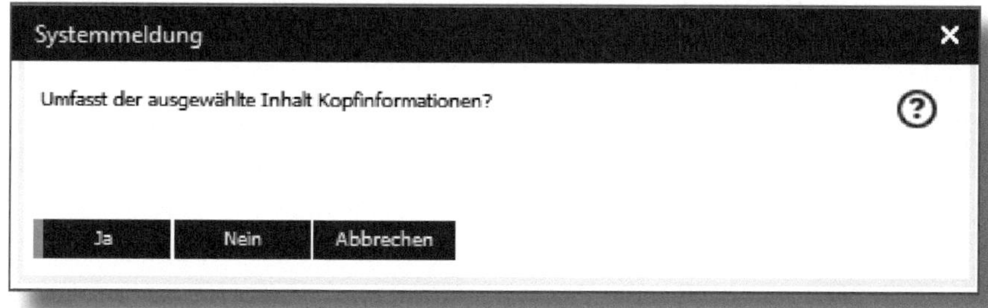

Abbildung 4.31: Journalbuchung – Systemmeldung bei Einfügen

Die Daten werden nun in die Journalbuchung kopiert (Abbildung 4.32).

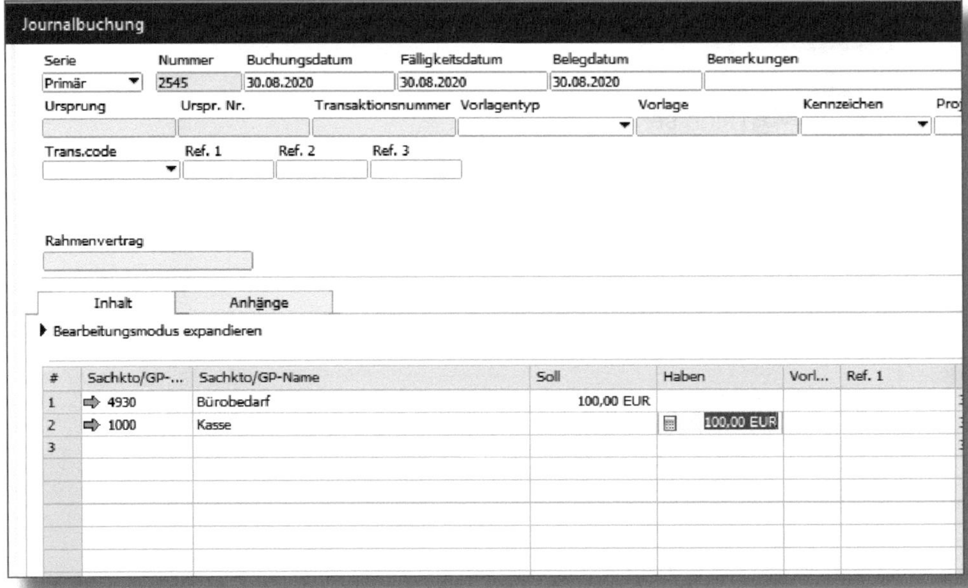

Abbildung 4.32: Journalbuchung mit eingefügten Daten

Bei einer ausgeglichenen Journalbuchung (Soll und Habenseite weisen identische Summen aus), schließen Sie diese mit dem Button Hinzufügen ab.

Kopieren mit Steuerkennzeichen

Bei dem Import einer Zeile mit Angabe eines Steuerkennzeichens lassen Sie bitte die darauffolgende Zeile für die Steuerbuchung im Excel-Template frei. Dies sollten Sie für jedes andere Steuerkennzeichen im Template wiederholen. SAP Business One fügt bei Angabe eines Steuerkennzeichens automatisch eine Zeile für das Steuerkonto/den Steuerbetrag hinzu.

Die Angabe eines Geschäftspartners im Excel-Template ist bei einer Journalbuchung nicht möglich. Die Kopierfunktion kann die Tastenkombination Strg + ↹ von Sachkonto auf GP nicht simulieren.

Kassenbuchungen in der Praxis

Kassenbuchungen lassen sich mit der Kopieren-Funktion sehr schnell in SAP Business One hinzufügen.

Eine weitere Möglichkeit für den Import von Journalbuchungen in SAP Business One finden Sie unter dem Menüpunkt • Administration • Datenimport/-export • Datenimport • Aus Excel importieren.

Wählen Sie bei Datentyp für Import die *Journalbuchung* aus (Abbildung 4.33). In der Zeilenebene sind die Spalten für den Import in SAP Business One vordefiniert, und die Excel-Vorlage muss nach der Vorgabe des Mappings aufgebaut sein. Dies sind die Mindestanforderungen. Eine genaue Anleitung des Dateiaufbaus finden Sie in der Kontexthilfe. Dort hat die SAP ein Beispiel mit allen Feldbezeichnungen etc. hinterlegt.

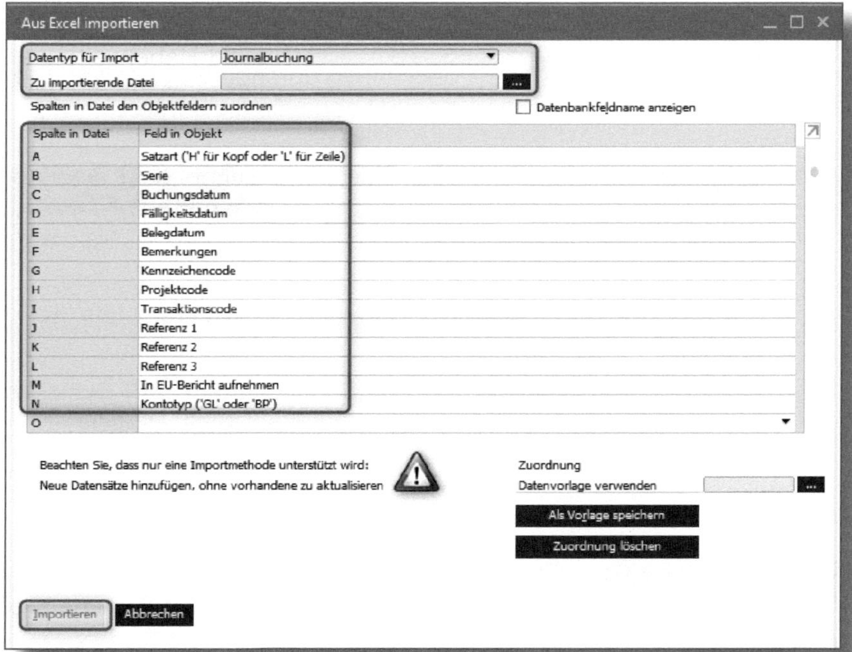

Abbildung 4.33: Fenster aus Excel importieren

Import von Journalbuchungen

Für den Import der Journalbuchungen wird nur die Importmethode »Neue Datensätze importieren, ohne vorhandene zu aktualisieren« unterstützt!

Wählen Sie bei ZU IMPORTIERENDE DATEI die für den Import gewünschte Excel-Datei aus und klicken Sie im Anschluss unten links auf den Button IMPORTIEREN (Abbildung 4.33).

4.8 Abstimmungen

In SAP Business One werden Belege in der Regel automatisch abgestimmt. Wenn Sie z. B. für eine Rechnung über die Funktion KOPIEREN VON/NACH eine Gutschrift erstellen, werden beide Belege vom System verknüpft und miteinander abgestimmt. Unter Umständen kann es aber auch vorkommen, dass Belege erstellt oder Akontozahlungen ohne direkten Bezug auf einen Basisbeleg durchgeführt werden. Diese müssen dann entsprechend manuell abgestimmt werden.

Auch auf Sachkontenebene ist aus buchhalterischer Sicht eine Abstimmung z. B. von manuellen Verrechnungskonten nötig.

4.8.1 Abstimmung von Sachkonten

Sie haben zwei Möglichkeiten, um Ihre Sachkonten in SAP Business One abzustimmen, die ich Ihnen nachfolgend im Detail vorstelle.

Hauptbuchinterne Abstimmungen

Unter FINANZWESEN • INTERNE ABSTIMMUNG • ABSTIMMUNG können Sie hauptbuchinterne Abstimmungen vornehmen und dabei aus drei ABSTIMMUNGSARTEN wählen:

1. Manuell

Geben Sie das ABSTIMMUNGSDATUM sowie das abzustimmende SACHKONTO an (Abbildung 4.34). Als AUSWAHLKRITERIEN können Sie *Buchungsdatum, Fälligkeitsdatum* oder *Belegdatum* zugrunde legen (dies gilt auch für die beiden anderen Abstimmungsarten). Klicken Sie anschließend auf **Abstimmen**.

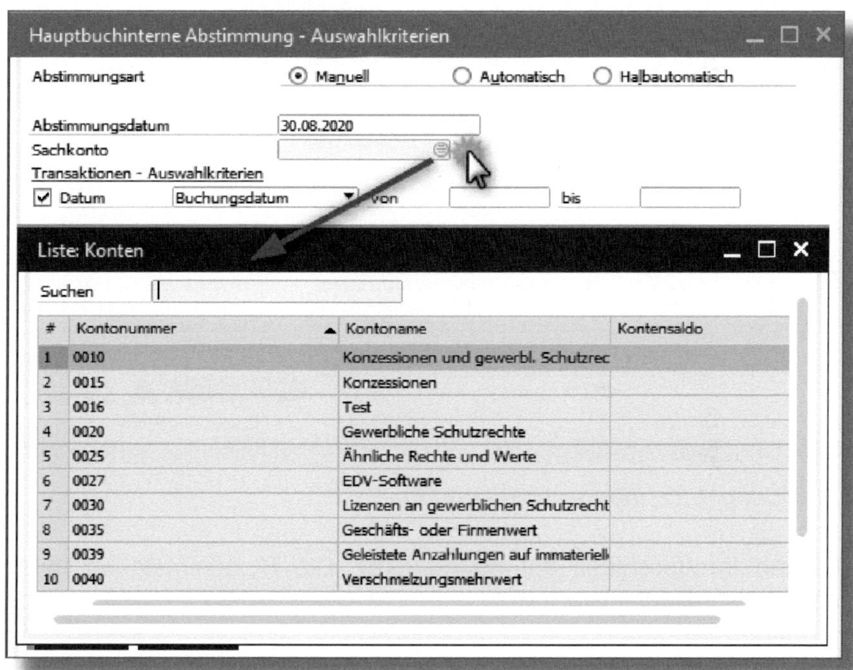

Abbildung 4.34: Hauptbuchinterne Abstimmung – Auswahlkriterien

Es öffnet sich ein weiteres Fenster (Abbildung 4.35). Wählen Sie die miteinander abzustimmenden Zeilen aus, indem Sie diese Zeilen mit einem Haken in der Spalte AUSGEWÄHLT versehen. Sollten die ausgewählten Zeilen zusammen nicht die Summe 0,00 EUR ergeben, passen Sie entweder den abzustimmenden Betrag in der jeweiligen Zeile an oder nehmen eine Anpassungsbuchung mit der Funktion ANPASSUNGEN im unteren rechten Bereich des Fensters vor, über die sich die Journalbuchungsmaske öffnet. Das System gibt Ihnen das

Sachkonto und den Betrag zum Ausgleich der vorherigen Zeilen vor. Wählen Sie ein Gegenkonto aus und legen Sie mit **Hinzufügen** eine Anpassungsjournalbuchung an.

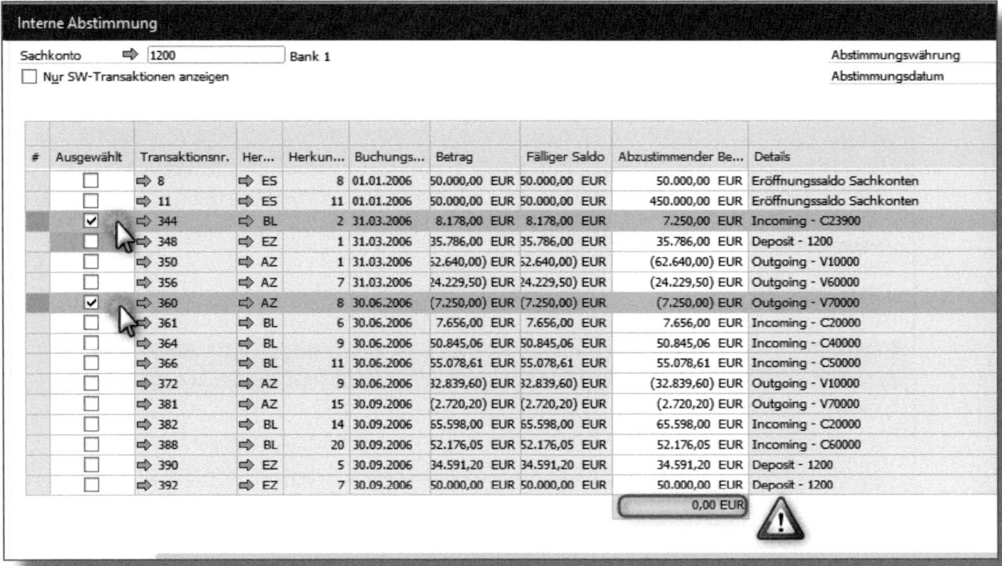

#	Ausgewählt	Transaktionsnr.	Her...	Herkun...	Buchungs...	Betrag	Fälliger Saldo	Abzustimmender Be...	Details
	☐	8	ES	8	01.01.2006	50.000,00 EUR	50.000,00 EUR	50.000,00 EUR	Eröffnungssaldo Sachkonten
	☐	11	ES	11	01.01.2006	50.000,00 EUR	50.000,00 EUR	450.000,00 EUR	Eröffnungssaldo Sachkonten
	☑	344	BL	2	31.03.2006	8.178,00 EUR	8.178,00 EUR	7.250,00 EUR	Incoming - C23900
	☐	348	EZ	1	31.03.2006	35.786,00 EUR	35.786,00 EUR	35.786,00 EUR	Deposit - 1200
	☐	350	AZ	1	31.03.2006	52.640,00) EUR	52.640,00) EUR	(62.640,00) EUR	Outgoing - V10000
	☐	356	AZ	7	31.03.2006	24.229,50) EUR	24.229,50) EUR	(24.229,50) EUR	Outgoing - V60000
	☑	360	AZ	8	30.06.2006	(7.250,00) EUR	(7.250,00) EUR	(7.250,00) EUR	Outgoing - V70000
	☐	361	BL	6	30.06.2006	7.656,00 EUR	7.656,00 EUR	7.656,00 EUR	Incoming - C20000
	☐	364	BL	9	30.06.2006	50.845,06 EUR	50.845,06 EUR	50.845,06 EUR	Incoming - C40000
	☐	366	BL	11	30.06.2006	55.078,61 EUR	55.078,61 EUR	55.078,61 EUR	Incoming - C50000
	☐	372	AZ	9	30.06.2006	32.839,60) EUR	32.839,60) EUR	(32.839,60) EUR	Outgoing - V10000
	☐	381	AZ	15	30.09.2006	(2.720,20) EUR	(2.720,20) EUR	(2.720,20) EUR	Outgoing - V70000
	☐	382	BL	14	30.09.2006	65.598,00 EUR	65.598,00 EUR	65.598,00 EUR	Incoming - C20000
	☐	388	BL	20	30.09.2006	52.176,05 EUR	52.176,05 EUR	52.176,05 EUR	Incoming - C60000
	☐	390	EZ	5	30.09.2006	34.591,20 EUR	34.591,20 EUR	34.591,20 EUR	Deposit - 1200
	☐	392	EZ	7	30.09.2006	50.000,00 EUR	50.000,00 EUR	50.000,00 EUR	Deposit - 1200

Abbildung 4.35: Interne Abstimmung

Klicken im Anschluss auf **Abstimmen**. Die Systemmeldung muss nochmals bestätigt werden.

2. Automatisch

Tragen Sie das ABSTIMMDATUM sowie die abzustimmenden SACHKONTEN VON BIS ein.

Geben Sie ABGLEICHSREGELN für die automatische Abstimmung vor sowie ggf. einen Betrag unter ABSTIMMUNGSDIFFERENZ (siehe Abbildung 4.36). Klicken Sie im Anschluss auf **Abstimmen**. SAP Business One gleicht nun die Konten gemäß Ihren Angaben ab.

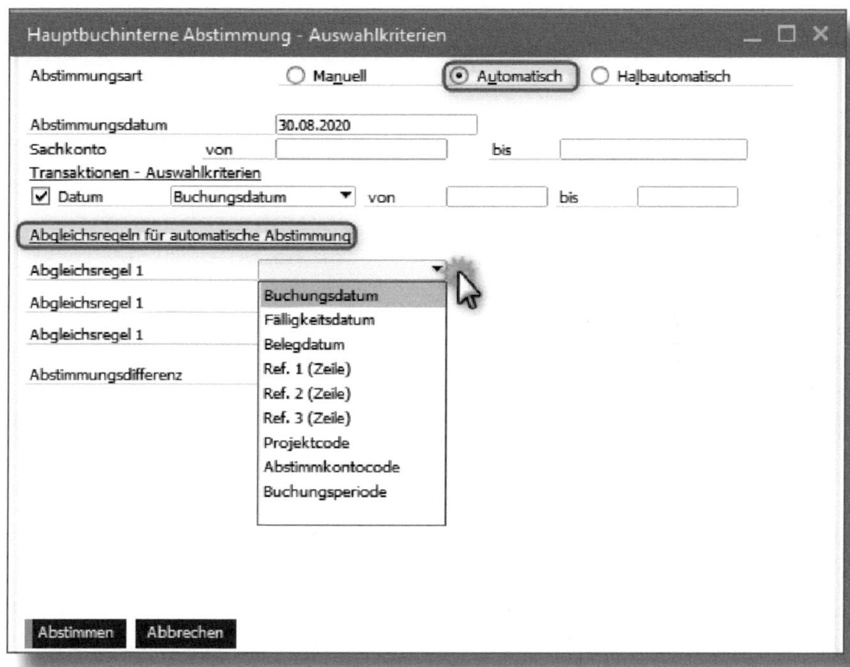

Abbildung 4.36: Hauptbuchinterne Abstimmung – Automatisch

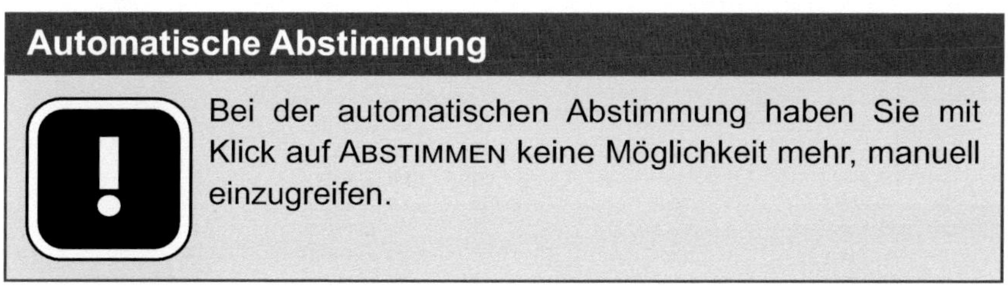

Automatische Abstimmung

Bei der automatischen Abstimmung haben Sie mit Klick auf ABSTIMMEN keine Möglichkeit mehr, manuell einzugreifen.

3. Halbautomatisch

Wiederum sind zunächst das ABSTIMMDATUM sowie das abzustimmende SACHKONTO anzugeben (Abbildung 4.37) und das Auswahlkriterium festzulegen.

Entscheiden Sie sich für die PARAMETER, PRIORISIERUNG und ggf. für eine MAX. ABWEICHUNG.

Hauptbuchinterne Abstimmung - Auswahlkriterien

Abstimmungsart ○ Manuell ○ Automatisch ◉ Halbautomatisch

Abstimmungsdatum 30.08.2020
Sachkonto
Transaktionen - Auswahlkriterien
☑ Datum Buchungsdatum von bis

Parameter		Priorisierung	Max. Abweichung
Betrag		Hoch	
Datum	Buchungsdatum	Mittel	
Referenz	Ref. 1 (Zeile)	Niedrig	

Abbildung 4.37: Hauptbuchinterne Abstimmung – Halbautomatisch

Klicken Sie auf **Abstimmen**.

Es öffnet sich ein Fenster (Abbildung 4.38) mit den offenen Transaktionen, gegliedert nach Soll- und Haben-Buchungen.

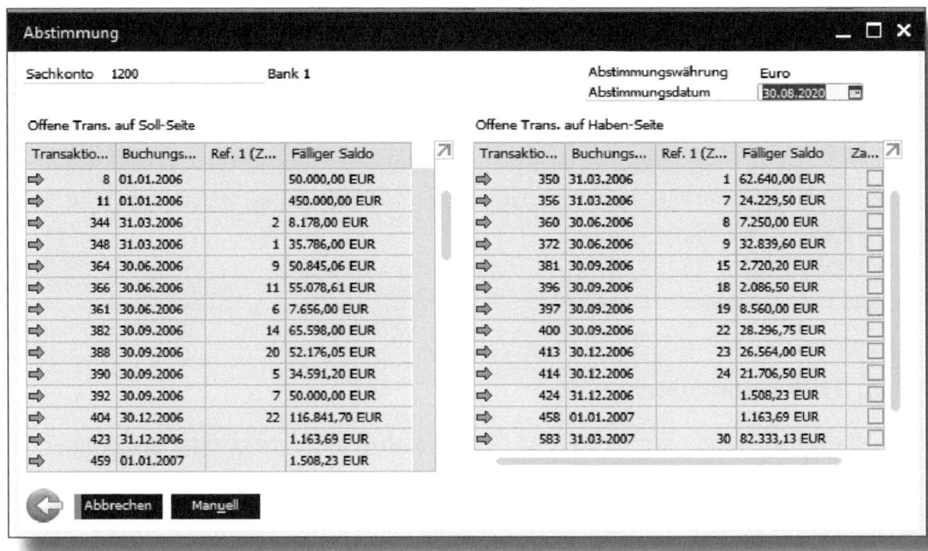

Abstimmung

Sachkonto 1200 Bank 1
Abstimmungswährung Euro
Abstimmungsdatum 30.08.2020

Offene Trans. auf Soll-Seite

Transaktio...	Buchungs...	Ref. 1 (Z...	Fälliger Saldo
8	01.01.2006		50.000,00 EUR
11	01.01.2006		450.000,00 EUR
344	31.03.2006	2	8.178,00 EUR
348	31.03.2006	1	35.786,00 EUR
364	30.06.2006	9	50.845,06 EUR
366	30.06.2006	11	55.078,61 EUR
361	30.06.2006	6	7.656,00 EUR
382	30.09.2006	14	65.598,00 EUR
388	30.09.2006	20	52.176,05 EUR
390	30.09.2006	5	34.591,20 EUR
392	30.09.2006	7	50.000,00 EUR
404	30.12.2006	22	116.841,70 EUR
423	31.12.2006		1.163,69 EUR
459	01.01.2007		1.508,23 EUR

Offene Trans. auf Haben-Seite

Transaktio...	Buchungs...	Ref. 1 (Z...	Fälliger Saldo	Za...
350	31.03.2006	1	62.640,00 EUR	☐
356	31.03.2006	7	24.229,50 EUR	☐
360	30.06.2006	8	7.250,00 EUR	☐
372	30.06.2006	9	32.839,60 EUR	☐
381	30.09.2006	15	2.720,20 EUR	☐
396	30.09.2006	18	2.086,50 EUR	☐
397	30.09.2006	19	8.560,00 EUR	☐
400	30.09.2006	22	28.296,75 EUR	☐
413	30.12.2006	23	26.564,00 EUR	☐
414	30.12.2006	24	21.706,50 EUR	☐
424	31.12.2006		1.508,23 EUR	☐
458	01.01.2007		1.163,69 EUR	☐
583	31.03.2007	30	82.333,13 EUR	☐

Abbrechen Manuell

Abbildung 4.38: Abstimmung – Auswahl der offenen Transaktionen

Klicken Sie auf MANUELL, wenn Sie die Positionen manuell abstimmen wollen. Nehmen Sie die Abstimmung wie unter *1. Manuell* beschrieben vor. Klicken Sie im Anschluss auf **Abstimmen**. Die Systemmeldung muss nochmals bestätigt werden.

Abstimmung über die Sachkontenanzeige im Kontenplan

Über den Menüpfad FINANZWESEN • KONTENPLAN öffnen Sie den Kontenplan.

Wählen Sie das gewünschte Sachkonto im Kontenplan aus und öffnen Sie über die Sprungmarke vor dem Kontensaldo das Kontenblatt (siehe Abbildung 4.39). Dort klicken Sie unten rechts auf **Interne Abstimmung**.

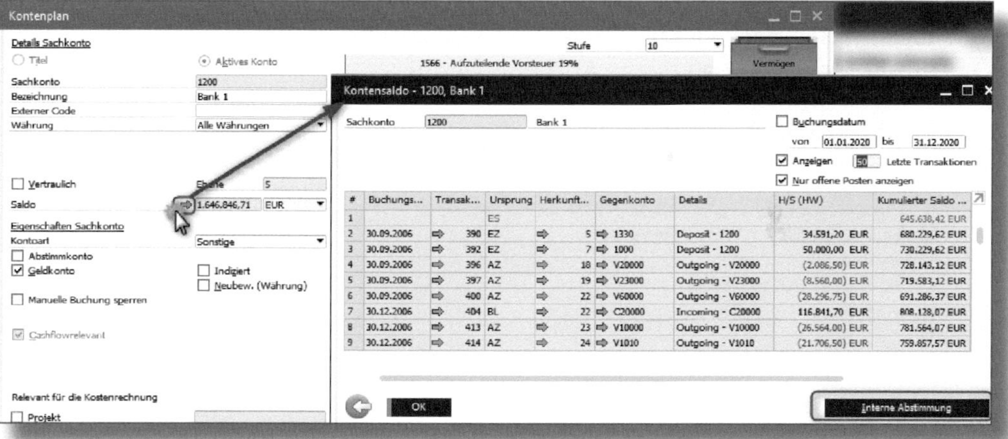

Abbildung 4.39: Kontenplan/Kontensaldo

Sie gelangen in die Funktion der manuellen Abstimmung, die bereits oben beschrieben wurde.

4.8.2 Abstimmung der Geschäftspartner

Für das Abstimmen der Geschäftspartner stehen ebenfalls zwei Möglichkeiten zur Verfügung. Sie werden sehen, dass die Abläufe den in Abschnitt 4.8.1 beschriebenen sehr ähnlich sind.

Interne Abstimmung

Gehen Sie über Menü • Geschäftspartner • Interne Abstimmung und wählen Sie aus den Abstimmungsarten wieder *Manuell*, *Automatisch* oder *Halbautomatisch* aus.

1. Manuell

Geben Sie das Abstimmdatum sowie den abzustimmenden Geschäftspartner an (siehe Abbildung 4.40).

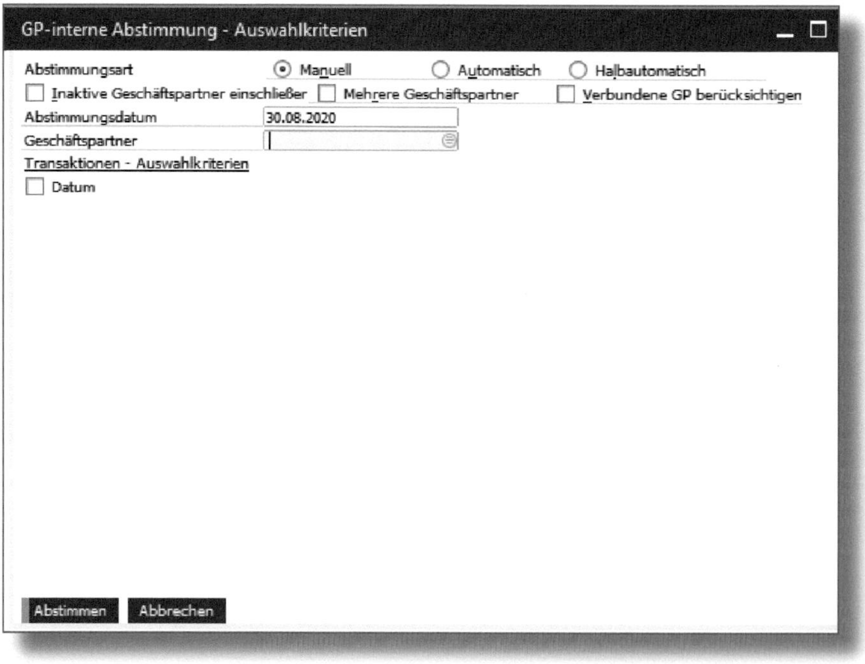

GP-interne Abstimmung - Auswahlkriterien
Abstimmungsart ⦿ Manuell ○ Automatisch ○ Halbautomatisch
☐ Inaktive Geschäftspartner einschließer ☐ Mehrere Geschäftspartner ☐ Verbundene GP berücksichtigen
Abstimmungsdatum 30.08.2020
Geschäftspartner
Transaktionen - Auswahlkriterien
☐ Datum
Abstimmen Abbrechen

Abbildung 4.40: Geschäftspartner interne Abstimmung

Auch mehrere Geschäftspartner können miteinander abgestimmt werden. In diesem Fall geben Sie die GP CODES in der Tabelle an (Abbildung 4.41).

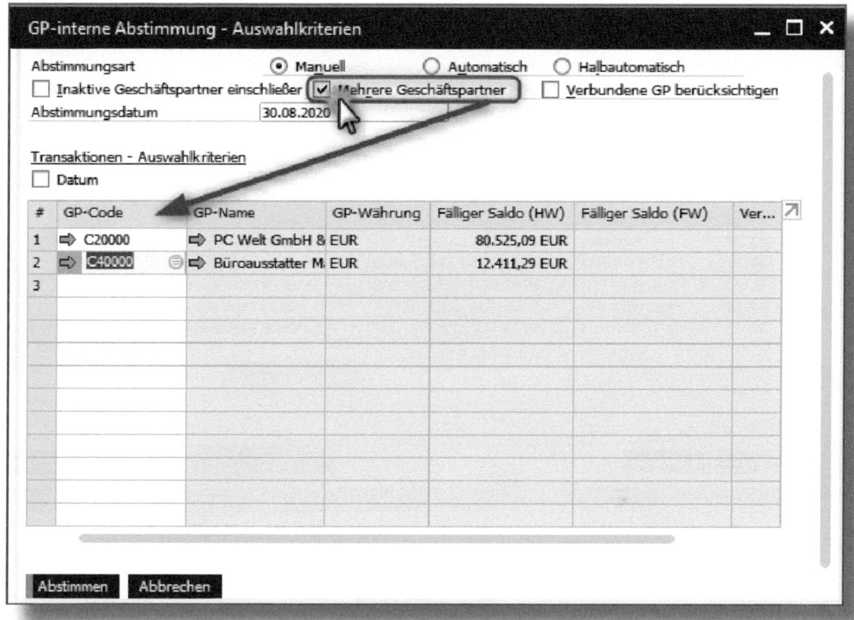

Abbildung 4.41: Geschäftspartner – interne Abstimmung, Auswahl mehrerer Geschäftspartner

Als Auswahlkriterium kann optional zwischen *Buchungsdatum*, *Fälligkeitsdatum* oder *Belegdatum* ausgewählt werden. Klicken Sie dann auf Abstimmen.

Es öffnet sich ein weiteres Fenster (Abbildung 4.42). Wählen Sie die Zeilen aus, die miteinander abgestimmt werden sollen. Das ABSTIMMDATUM ist das aktuelle Tagesdatum und kann überschrieben werden. Die Auswahl der Zeilen erfolgt durch Setzen des Hakens in der Spalte AUSGEWÄHLT. Ergeben die ausgewählten Zeilen in Summe nicht 0,00 EUR, so passen Sie entweder den abzustimmenden Betrag in der jeweiligen Zeile an oder nehmen eine Anpassungsbuchung mit der Funktion ANPASSUNGEN im unteren rechten Bereich des Fensters vor. Bei der Anpassung öffnet sich die Journalbuchungsmaske. Das System gibt dort das GP-Konto und den Betrag zum Ausgleich der vorherigen Zeilen vor. Wählen Sie ein Gegenkonto aus und legen Sie mit Hinzufügen eine Anpassungsjournalbuchung an.

Abbildung 4.42: Interne Abstimmung – Anpassung Geschäftspartner

Klicken im Anschluss auf Abstimmen. Die Systemmeldung muss nochmals bestätigt werden.

2. Automatisch

Geben Sie das ABSTIMMDATUM sowie unter VON … BIS die GP-Codes an, die Sie abstimmen möchten (siehe Abbildung 4.43).

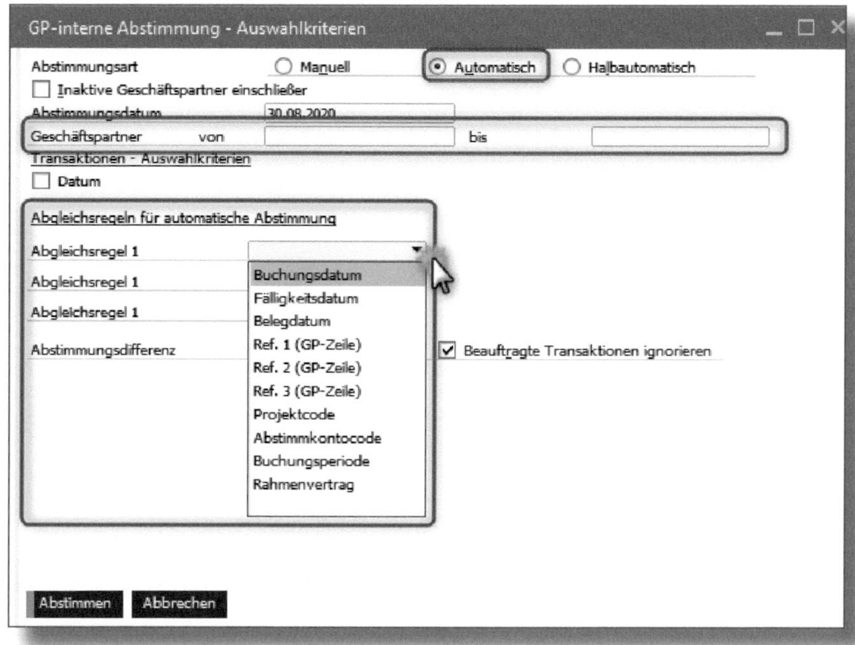

Abbildung 4.43: Geschäftspartner – automatische Abstimmung, Auswahlkriterien

Legen Sie ABGLEICHSREGELN FÜR DIE AUTOMATISCHE ABSTIMMUNG fest sowie ggf. ABSTIMMUNGSDIFFERENZEN als Betrag.

Mit Klick auf Abstimmen erfolgt die Abstimmung der Konten in SAP Business One gemäß den Angaben.

3. Halbautomatisch

Das Vorgehen ist identisch zur Abstimmung von Sachkonten. Daher zeige ich Ihnen nachfolgend nur die auf den Geschäftspartner bezogenen Screenshots.

GP-interne Abstimmung - Auswahlkriterien

Abstimmungsart ○ Manuell ○ Automatisch ◉ Halbautomatisch

☐ Inaktive Geschäftspartner einschließer

Abstimmungsdatum 30.08.2020

Geschäftspartner

Transaktionen - Auswahlkriterien

☑ Datum Buchungsdatum von bis

Parameter		Priorisierung	Max. Abweichung
Betrag		Hoch	
Datum	Buchungsdatum	Mittel	
Referenz	Ref. 1 (GP-Zeile)	Niedrig	

Abbildung 4.44: Geschäftspartner – halbautomatische Abstimmung, Auswahlkriterien

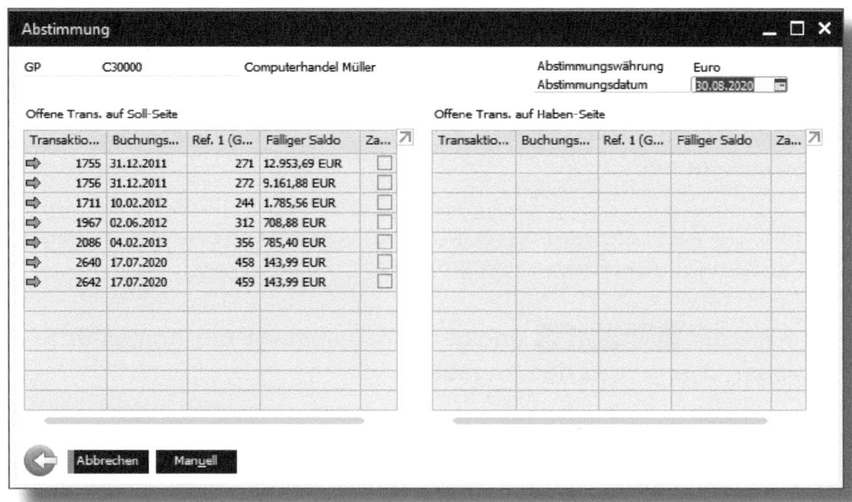

Abstimmung

GP C30000 Computerhandel Müller

Abstimmungswährung Euro

Abstimmungsdatum 30.08.2020

Offene Trans. auf Soll-Seite

Transaktio...	Buchungs...	Ref. 1 (G...	Fälliger Saldo	Za...
1755	31.12.2011	271	12.953,69 EUR	☐
1756	31.12.2011	272	9.161,88 EUR	☐
1711	10.02.2012	244	1.785,56 EUR	☐
1967	02.06.2012	312	708,88 EUR	☐
2086	04.02.2013	356	785,40 EUR	☐
2640	17.07.2020	458	143,99 EUR	☐
2642	17.07.2020	459	143,99 EUR	☐

Offene Trans. auf Haben-Seite

Transaktio...	Buchungs...	Ref. 1 (G...	Fälliger Saldo	Za...

Abbrechen Manuell

Abbildung 4.45: Abstimmung GP – offene Transaktionen

Abstimmung über Geschäftspartnerstammsatz

Unter Menü • Geschäftspartner • Geschäftspartnerstammsatz öffnen Sie den Geschäftspartnerstammsatz.

Wählen Sie den gewünschten Geschäftspartner aus und öffnen Sie über die Sprungmarke vor KONTOSALDO das Kontenblatt (Abbildung 4.46). Im Fenster »Kontensaldo« klicken Sie unten rechts auf Interne Abstimmung. Daraufhin wählen Sie in einem weiteren Fenster die Art der Anpassungsbuchung. Sie können sich entscheiden zwischen JOURNALBUCHUNG • EINGANGSZAHLUNG oder AUSGANGSZAHLUNG (Abbildung 4.47).

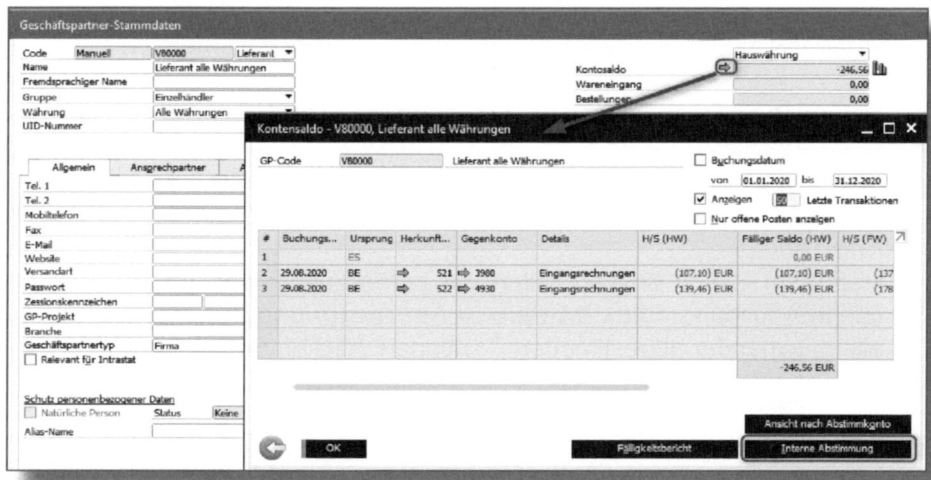

Abbildung 4.46: Geschäftspartnerstammsatz – Kontensaldo

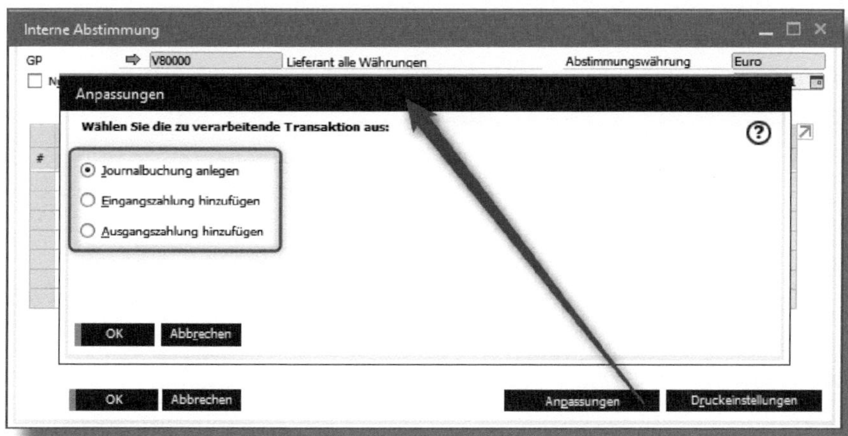

Abbildung 4.47: Auswahl Anpassung GP Buchung

Nachdem Sie die Anpassungsbuchung durchgeführt haben, stimmen Sie die gewünschten Positionen wie bereits beschrieben miteinander ab.

4.8.3 Frühere Abstimmungen verwalten

Abstimmungen, die Sie in SAP Business One wie zuvor beschrieben vorgenommen haben, können wieder zurückgesetzt werden.

Dafür gehen Sie für Geschäftspartner im Menü über GESCHÄFTSPARTNER • ABSTIMMUNGEN • FRÜHERE ABSTIMMUNGEN VERWALTEN und für Sachkonten über FINANZWESEN • ABSTIMMUNGEN • FRÜHERE ABSTIMMUNGEN VERWALTEN.

Markieren Sie in beiden Fällen die zurückzusetzende Abstimmung (siehe Abbildung 4.48). Im Bereich ABSTIMMUNGSDETAILS sehen Sie alle miteinander abgestimmten Positionen. Klicken Sie auf den Button ABSTIMMUNG ZURÜCKSETZEN.

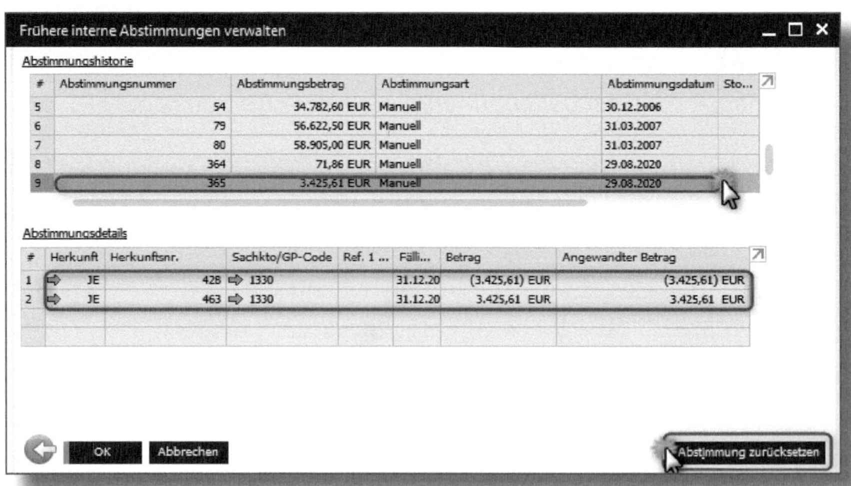

Abbildung 4.48: Frühere interne Abstimmungen verwalten

Abstimmungen, welche systemseitig automatisch, z. B. aufgrund eines Zahlungslaufs, durchgeführt wurden, können nicht manuell zurückgesetzt werden. Hier gilt das *Ursprungsprinzip*, d. h., Stornierungen müssen am Ursprungsbeleg erfolgen.

4.9 Finanzberichte

Unter Finanzwesen • Finanzberichte gibt es eine Vielzahl von Berichten, von denen ich Ihnen nachfolgend die wesentlichen vorstelle.

4.9.1 Elektronische Berichte

Im Ordner der elektronischen Berichte finden Sie den Assistenten zur Erstellung einer *zusammenfassenden Meldung*.

Voraussetzungen für die elektronische Datenübermittlung

SAP Business One unterstützt zur elektronischen Abgabe der zusammenfassenden Meldung ausschließlich das *ELMA5-Verfahren*. Die Teilnahme muss bei den Behörden beantragt werden. Die BZSt-Nummer und die BZSt-ZM-Registrierungs-ID sind unter Administration • Systeminitialisierung • Firmendetails • Buchhaltungsdaten in die entsprechenden Felder einzutragen.

Tragen Sie im ersten Schritt (Abbildung 4.49) das Datum und Jahr, den Meldezeitraum sowie den Code (Steuerkennzeichen) ein. Setzen Sie einen Haken bei Berichtigungsmeldung, wenn es sich um eine korrigierte Meldung handelt. Sollen Belege, die als Service gebucht worden sind, in der Meldung berücksichtigt werden, so muss der Haken bei Servicebelege berücksichtigen gesetzt werden. Geben Sie bei Verarbeitungslauf an, ob es sich um einen *Testlauf* oder um den *Echtlauf* handelt.

Sie können sich die Meldung vorab über den Button VORSCHAU anzeigen lassen.

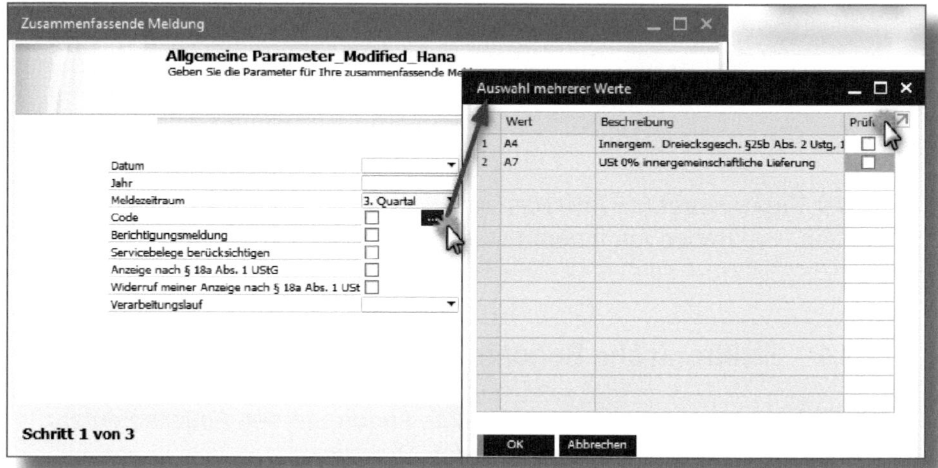

Abbildung 4.49: Zusammenfassende Meldung – Schritt 1

Mit dem Button WEITER kommen Sie zum nächsten Schritt. Dort geben Sie den Dateipfad an (Abbildung 4.50), unter dem die Datei abgespeichert werden soll, und klicken auf Weiter.

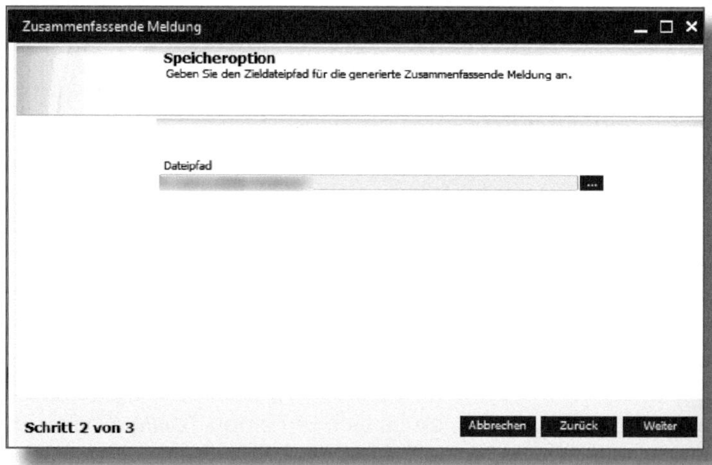

Abbildung 4.50: Zusammenfassende Meldung – Schritt 2

Die Datei wird nun vom System erstellt und abgespeichert. Mit Klick auf den Button PROTOKOLL (Abbildung 4.51) wird Ihnen im dritten Schritt das Protokoll zu der generierten Datei gezeigt.

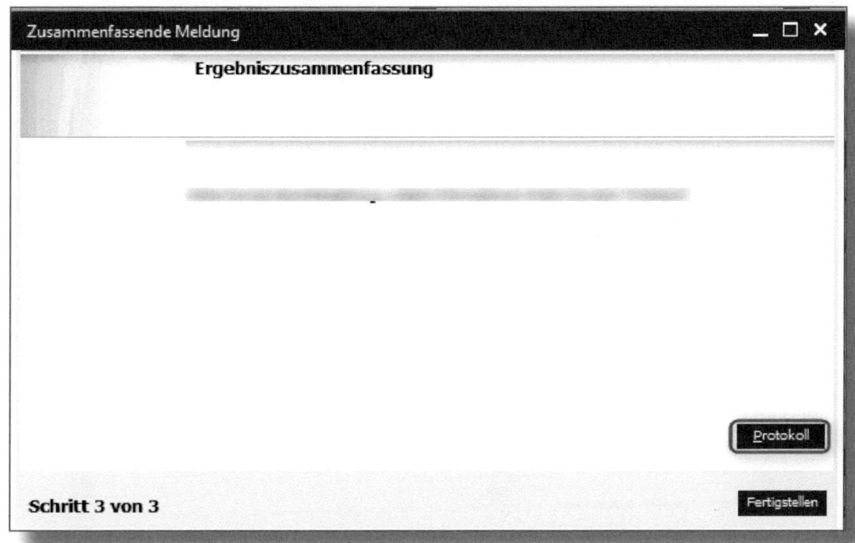

Abbildung 4.51: Zusammenfassende Meldung – Schritt 3

Mit FERTIGSTELLEN beenden Sie den Assistenten.

4.9.2 Buchhaltung

Auch der Ordner BUCHHALTUNG bietet zahlreiche Standardberichte. In diesem Abschnitt gehe ich nur auf einzelne Berichte im Unterordner STEUER ein.

Steuerbericht

Der *Steuerbericht* (Abbildung 4.52) kann nach BUCHUNGSDATUM oder BELEGDATUM erstellt werden. Der Haken sollte bei SUMMEN RUNDEN gesetzt werden, wenn im Bericht die Beträge auf den nächsten vollen Euro gerundet werden sollen.

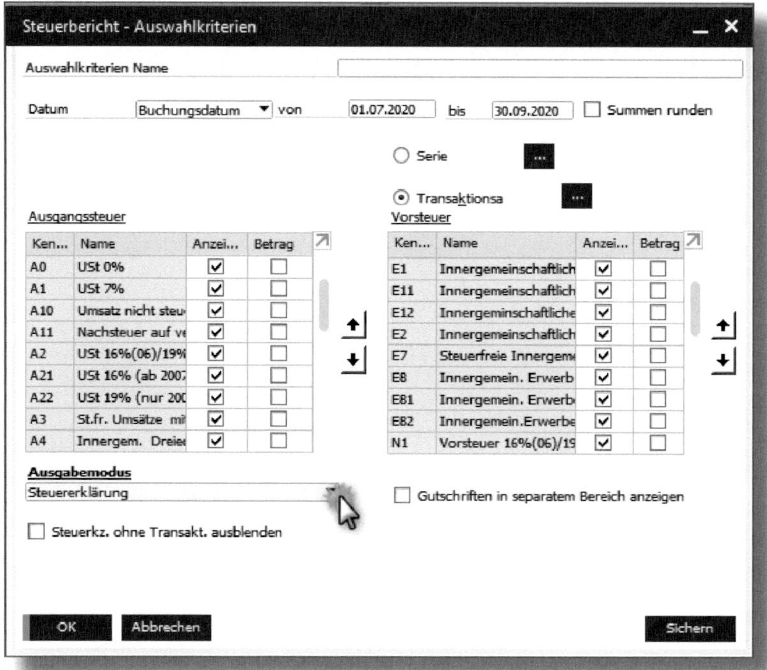

Abbildung 4.52: Auswahlkriterien zum Steuerbericht

Wichtige Felder sind außerdem:

- Serie: Optionale Auswahl einer Belegserie
- Transaktionenart: Filterung nach Belegarten
- Ausgangssteuer und Vorsteuer: Auswahl der Steuerkennzeichen, die im Bericht angezeigt werden sollen
- Gutschriften im separaten Bereich anzeigen: Anzuhaken, wenn Gutschriften im Bericht extra ausgewiesen werden sollen
- Ausgabemodus: Auswahl zwischen *Steuerregister* oder *Steuererklärung*.

Ausgabemodus bei Elstermeldung

Um die Elstermeldung über SAP Business One auszuführen, muss der Ausgabemodus auf *Steuerklärung* gesetzt sein.

Steuerkennzeichen, die im ausgewählten Zeitraum nicht genutzt wurden, können mit der Checkbox STEUERKZ. OHNE TRANSAKT. AUSBLENDEN vom Bericht ausgenommen werden.

Der Steuerbericht ist nach Steuerkennzeichen gegliedert. Mit dem Button EXPANDIEREN werden Ihnen alle Buchungen zu diesen Steuerkennzeichen angezeigt (Abbildung 4.53). Der Button KOMPRIM führt die Anzeige wieder in die kumulierte Ansicht zurück.

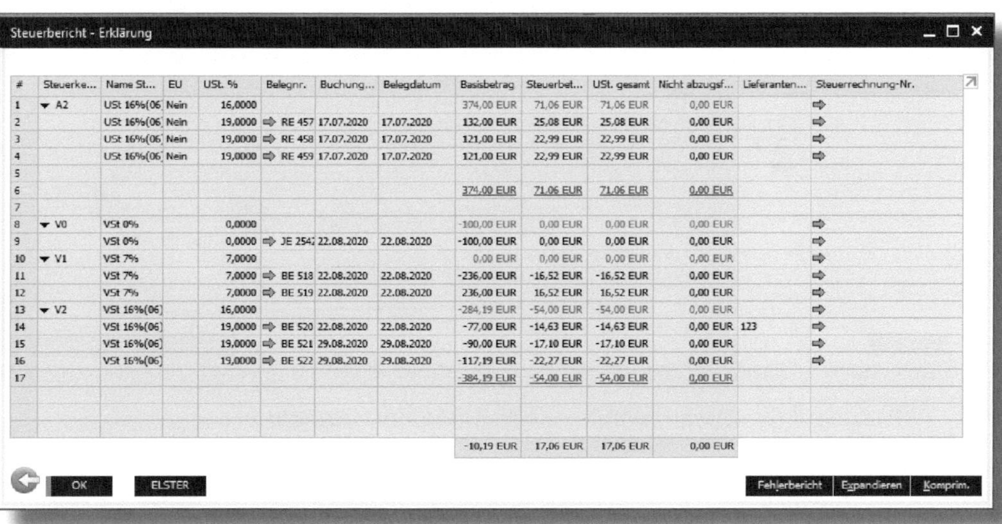

Steuerbericht - Erklärung

#	Steuerke...	Name St...	EU	USt. %	Belegnr.	Buchung...	Belegdatum	Basisbetrag	Steuerbet...	USt. gesamt	Nicht abzugsf...	Lieferanten...	Steuerrechnung-Nr.
1	A2	USt 16%(06	Nein	16,0000				374,00 EUR	71,06 EUR	71,06 EUR	0,00 EUR		
2		USt 16%(06	Nein	19,0000	RE 457	17.07.2020	17.07.2020	132,00 EUR	25,08 EUR	25,08 EUR	0,00 EUR		
3		USt 16%(06	Nein	19,0000	RE 458	17.07.2020	17.07.2020	121,00 EUR	22,99 EUR	22,99 EUR	0,00 EUR		
4		USt 16%(06	Nein	19,0000	RE 459	17.07.2020	17.07.2020	121,00 EUR	22,99 EUR	22,99 EUR	0,00 EUR		
5													
6								374,00 EUR	71,06 EUR	71,06 EUR	0,00 EUR		
7													
8	V0	VSt 0%		0,0000				-100,00 EUR	0,00 EUR	0,00 EUR	0,00 EUR		
9		VSt 0%		0,0000	JE 254	22.08.2020	22.08.2020	-100,00 EUR	0,00 EUR	0,00 EUR	0,00 EUR		
10	V1	VSt 7%		7,0000				0,00 EUR	0,00 EUR	0,00 EUR	0,00 EUR		
11		VSt 7%		7,0000	BE 518	22.08.2020	22.08.2020	-236,00 EUR	-16,52 EUR	-16,52 EUR	0,00 EUR		
12		VSt 7%		7,0000	BE 519	22.08.2020	22.08.2020	236,00 EUR	16,52 EUR	16,52 EUR	0,00 EUR		
13	V2	VSt 16%(06)		16,0000				-284,19 EUR	-54,00 EUR	-54,00 EUR	0,00 EUR		
14		VSt 16%(06)		19,0000	BE 520	22.08.2020	22.08.2020	-77,00 EUR	-14,63 EUR	-14,63 EUR	0,00 EUR	123	
15		VSt 16%(06)		19,0000	BE 521	29.08.2020	29.08.2020	-90,00 EUR	-17,10 EUR	-17,10 EUR	0,00 EUR		
16		VSt 16%(06)		19,0000	BE 522	29.08.2020	29.08.2020	-117,19 EUR	-22,27 EUR	-22,27 EUR	0,00 EUR		
17								-384,19 EUR	-54,00 EUR	-54,00 EUR	0,00 EUR		
								-10,19 EUR	17,06 EUR	17,06 EUR	0,00 EUR		

OK ELSTER Fehlerbericht Expandieren Komprim.

Abbildung 4.53: Steuerbericht – Erklärung

Es empfiehlt sich, den Button FEHLERBERICHT auszuführen, wenn Sie prüfen wollen, ob alle Buchungen des ausgewählten Zeitraums auch tatsächlich im Steuerbericht angezeigt werden. Sollte der Fehlerbericht auf fehlende Buchungen verweisen, rate ich Ihnen, diese zu prüfen.

Zusammenfassende Meldung

Der Bericht für die zusammenfassende Meldung (ZM) (Abbildung 4.54) zeigt die Buchungen gegliedert nach LAND und STEUERNUMMER. Er kann für die manuelle ZM-Meldung verwendet werden, wenn die elektronische Abgabe nach dem ELMA5-Verfahren nicht genutzt wird (siehe Abschnitt 4.9.1).

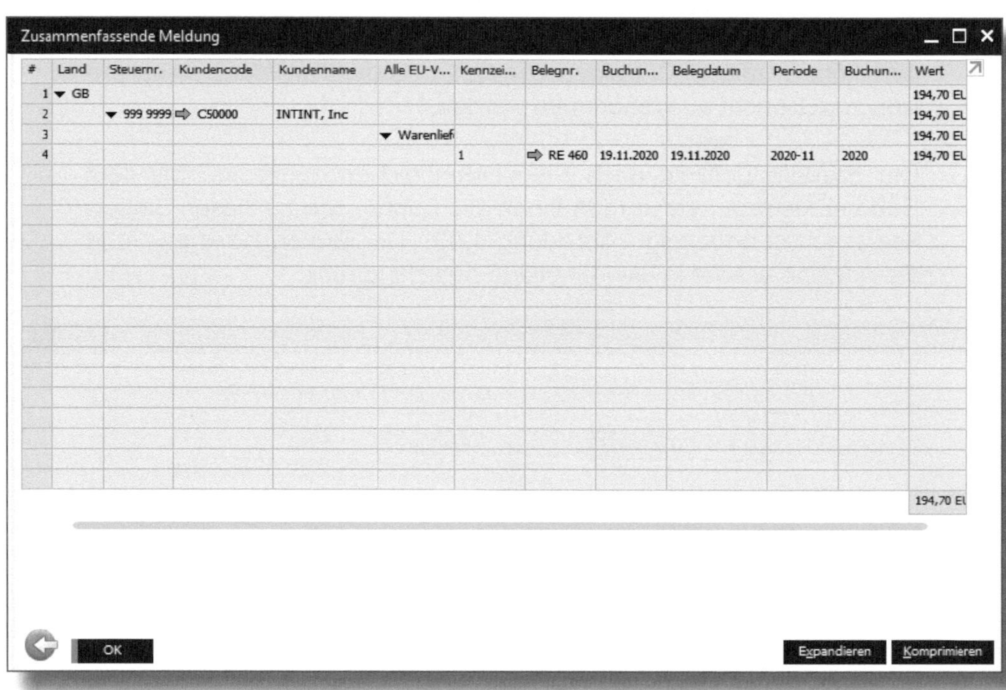

Abbildung 4.54: Zusammenfassende Meldung – Bericht

In diesem Bericht können Sie die Anzeige wie im Steuerbericht über den Button EXPANDIEREN auf die Einzelbuchungsebene erweitern und mittels KOMPRIMIEREN wieder verdichten.

Die Auswahlkriterien für diesen Bericht (siehe Abbildung 4.55) sind annähernd identisch mit denen im elektronischen Bericht (siehe Abschnitt 4.9.1).

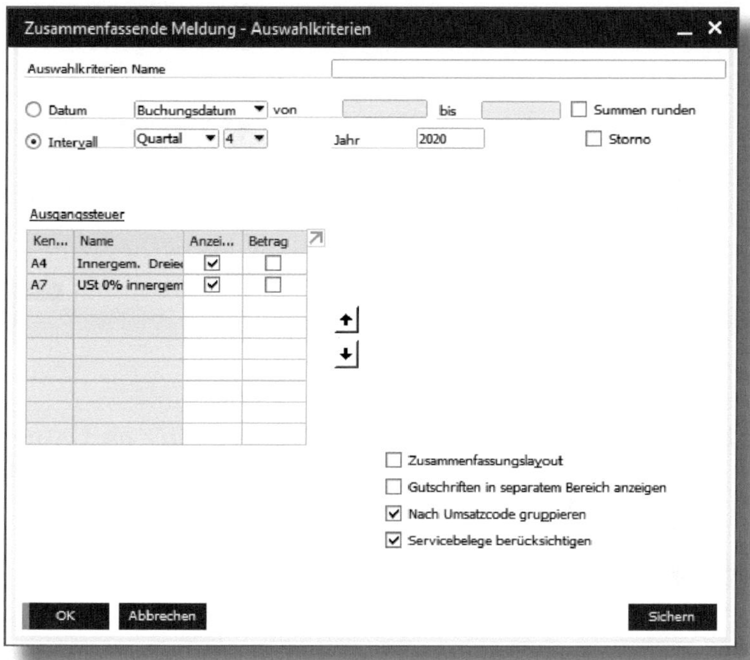

Abbildung 4.55: Zusammenfassende Meldung – Auswahlkriterien

Steuerabstimmbericht

Der *Steuerabstimmbericht* (siehe Abbildung 4.56) gliedert die Buchungen nach den SACHKONTEN und STEUERKENNZEICHEN.

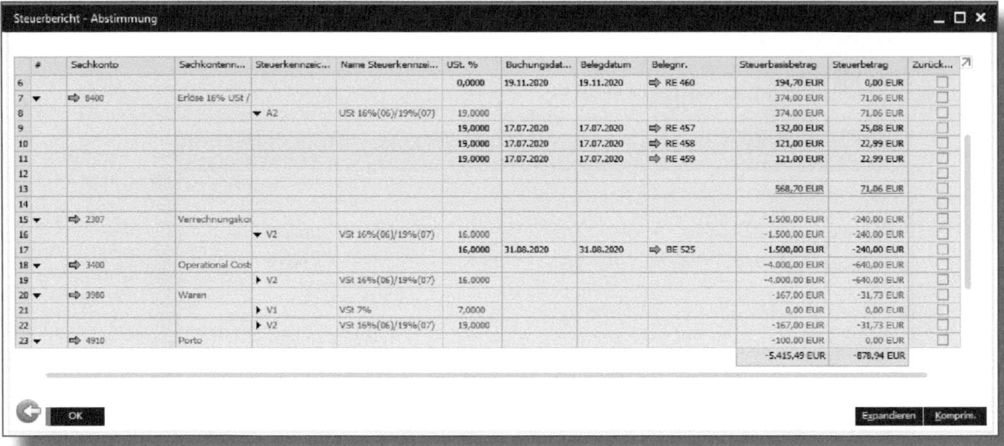

Abbildung 4.56: Steuerabstimmbericht

Mithilfe der erweiterten Auswahlkriterien (Abbildung 4.57) wie Datum, Serie, Transaktionsarten, Steuerkennzeichen, Sachkonten etc. kann der Bericht mehr Details enthalten.

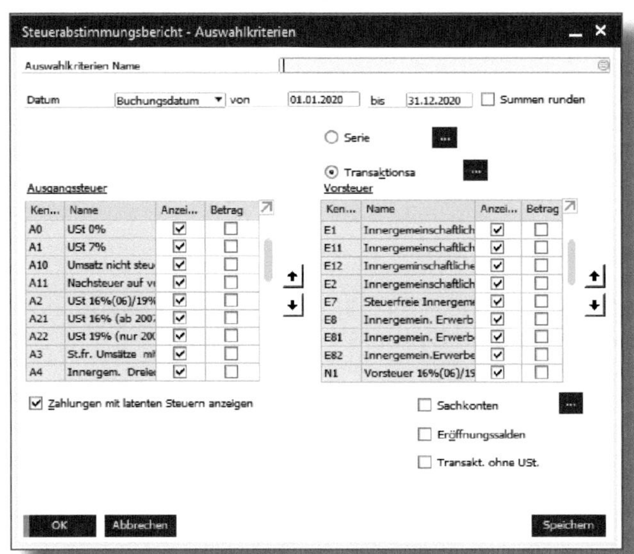

Abbildung 4.57: Auswahlkriterien für den Steuerabstimmbericht

Steuerabstimmbericht

Wenn Sie den DATEV®-Export einsetzen und die Buchhaltungsdaten daher in der DATEV® weiterbearbeitet werden, nutzen Sie den Steuerabstimmbericht, um vor dem Export die Buchungen auf den DATEV®-Automatikkonten (z. B. Erlöse 19 %) zu kontrollieren. Auf diesen Konten dürfen aufgrund der Buchungslogik der DATEV® nur Buchungen mit dem passenden Steuersatz gebucht werden. Da SAP Business One die Steuer nach Steuerkennzeichen errechnet, ist das Sachkonto entsprechend untergeordnet zu betrachten.

4.9.3 Ist-Berichte

Unter FINANZWESEN • FINANZBERICHTE • IST-BERICHTE sind u. a. nachfolgende Berichte aufrufbar.

Bilanz

Ein Bilanzbericht kann nach dem BUCHUNGSDATUM oder dem BELEGDATUM aufgerufen werden (Abbildung 4.58). Wie in Abschnitt 4.2 bereits beschrieben, lassen sich vorerfasste Belege mit einschließen. Als VORLAGE für die Bilanz wird systemseitig der *Kontenplan* vorgeschlagen.

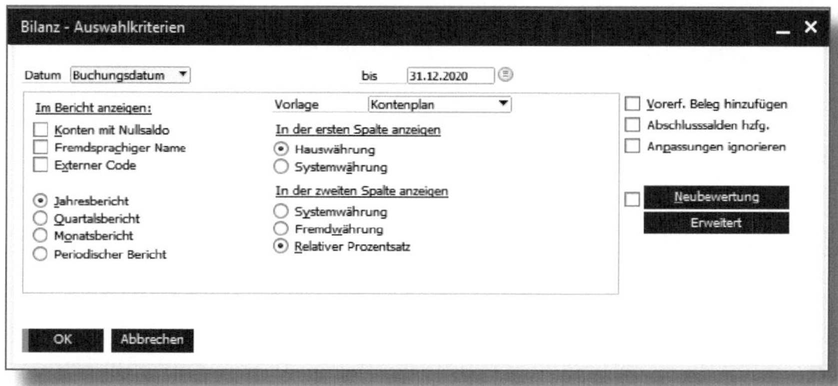

Abbildung 4.58: Bilanz – Auswahlkriterien

Innerhalb des Berichts (siehe Abbildung 4.59) ist eine Anzeige der entsprechenden Ebenen des Kontenplans möglich.

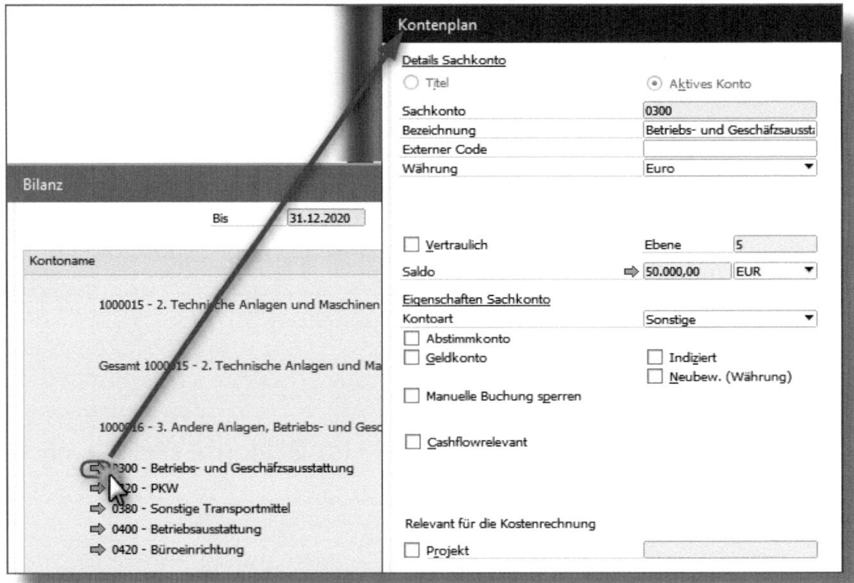

Abbildung 4.59: Bilanzbericht

Dessen Titelebenen blenden Sie mit der Funktion TITEL AUSBLENDEN oben rechts aus (siehe Abbildung 4.60).

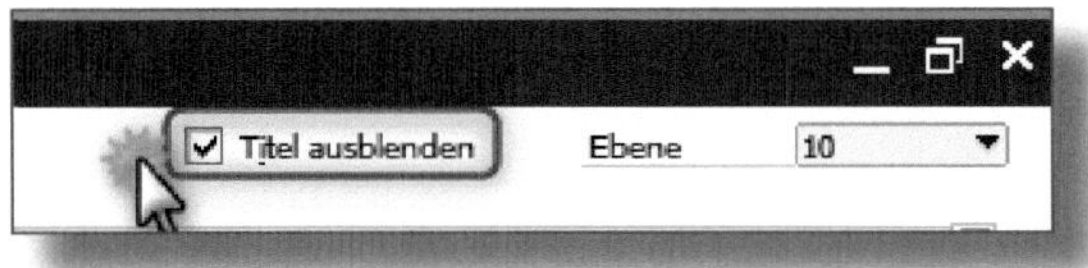

Abbildung 4.60: Titel ein- und ausblenden

Gewinn- und Verlustrechnung

Die Gewinn- und Verlustrechnung können Sie auf dem Buchungs-, Beleg- oder Fälligkeitsdatum aufbauen. Wie in Abschnitt 4.2 bereits beschrieben, lassen sich vorerfasste Belege hinzufügen. Als Vorlage für die Gewinn- und Verlustrechnung wird systemseitig der Kontenplan vorgeschlagen (Abbildung 4.61). Wiederum lassen sich die Titelebenen des Kontenplans über das Feld TITEL AUSBLENDEN ein- oder ausblenden.

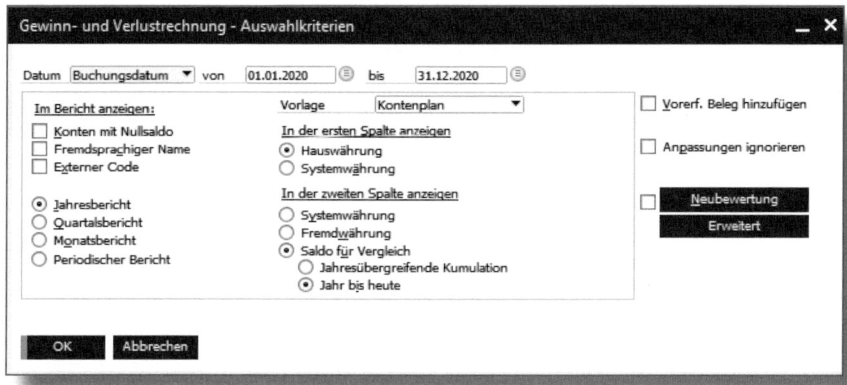

Abbildung 4.61: Gewinn- und Verlustrechnung – Auswahlkriterien

Über die Sprungmarke im Bericht gelangen Sie direkt in den Kontenplan (Abbildung 4.62).

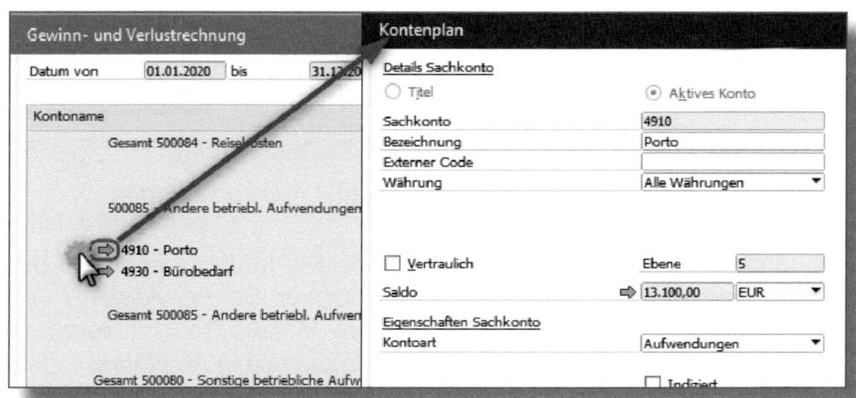

Abbildung 4.62: Gewinn- und Verlustrechnung – Bericht

Summen- und Saldenliste

Für den Bericht zur Summen- und Saldenliste gelten dieselben Aufrufoptionen wie zuvor für die GuV-Rechnung.

Sie selektieren ihn über Geschäftspartner (GP) und wahlweise zusätzlich für SACHKONTEN (Abbildung 4.63).

Abbildung 4.63: Summen- und Saldenliste – Auswahlkriterien

Ein direkter Absprung in den Kontenplan, wie in den vorherigen Berichten beschrieben, ist hier ebenfalls möglich. Bei der Auswahl von Geschäftspartnern können Sie zusätzlich in den Geschäftspartnerstammsatz innerhalb des Berichts abspringen (siehe Abbildung 4.64).

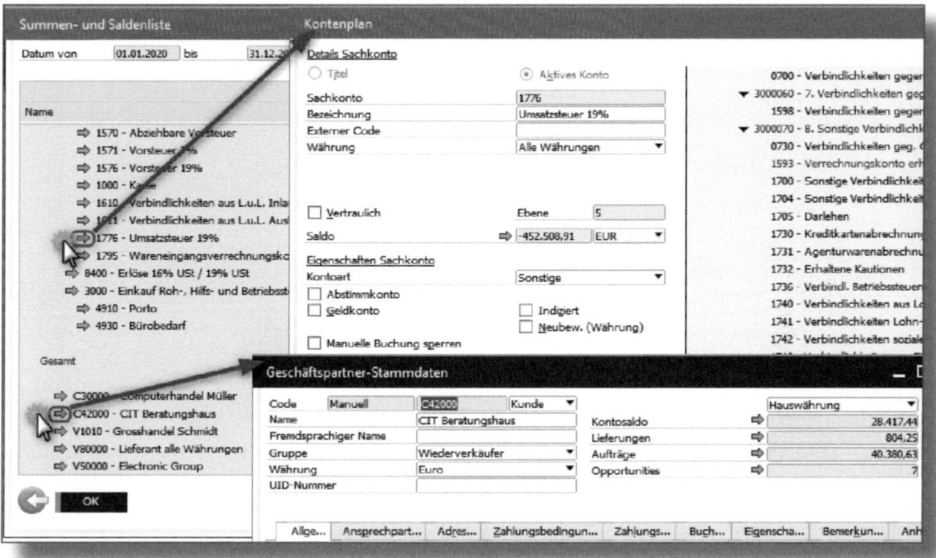

Abbildung 4.64: Summen- und Saldenliste – Bericht

4.9.4 Vergleich

Unter FINANZWESEN • FINANZBERICHTE • VERGLEICH sind die folgenden Berichte aufrufbar:

- Bilanzvergleich (Abbildung 4.65)
- Vergleich Gewinn- und Verlustrechnung (Abbildung 4.66)
- Vergleich Summen- und Saldenliste (Abbildung 4.67)

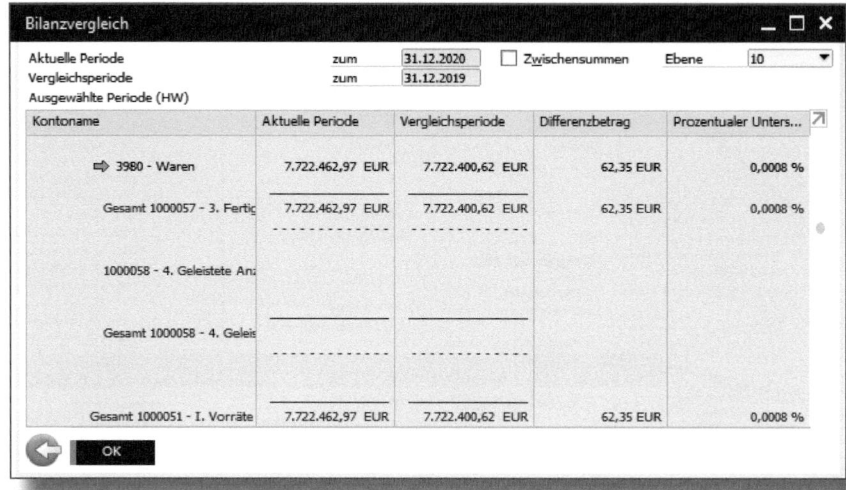

Abbildung 4.65: Bericht »Bilanzvergleich«

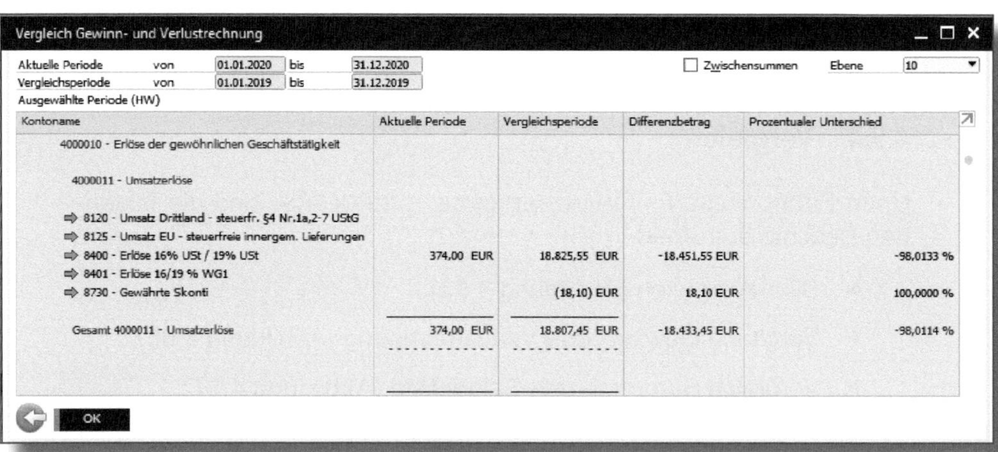

Abbildung 4.66: Bericht »Vergleich Gewinn- und Verlustrechnung«

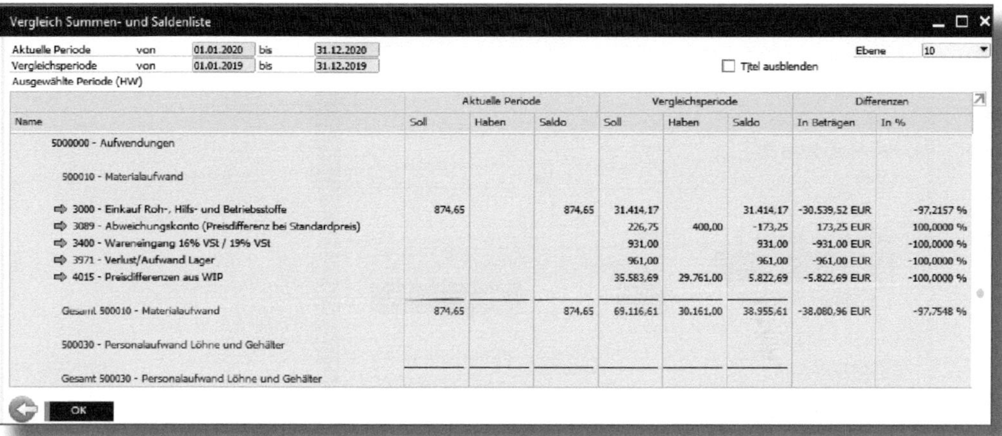

Abbildung 4.67: Bericht »Vergleich Summen- und Saldenliste«

4.10 Geschäftspartnerberichte

Die Berichte *Fälligkeit Kundenforderungen* und *Fälligkeit Lieferantenverbindlichkeiten* finden Sie in SAP Business One an zwei Stellen: unter Finanzwesen • Finanzberichte • Buchhaltung • Forderungen/Verbindlichkeiten oder unter Geschäftspartner • Geschäftspartnerberichte • Forderungen/Verbindlichkeiten.

Beide Berichte sind von den Auswahlkriterien her ähnlich aufgebaut (siehe Abbildung 4.68 und Abbildung 4.69).

Fälligkeit Lieferantenverbindlichkeiten - Auswahlkriter

Gruppieren nach ( ) Lieferant ( ) Einkäufer
Summieren nach [ ] Rahmenvertrag Nr.
Rahmenvertrag Nr. von bis
Code von bis

Lieferantengruppe Alle
Eigenschaften Ignorieren
[ ] Abstimmkonten ... Alle auswählen

Fälligkeitsdatum 30.08.2020
Intervall Tage 30 60 90 120

Buchungsdatum von bis 30.08.2020
Fälligkeitsdatum von bis
Belegdatum von bis

[ ] Führende Währung zum Bezugsdatum Fälligkeit umrechnen
[ ] Lieferanten mit Nullsaldo anzeigen
[ ] Abgestimmte Transaktionen anzeigen
[ ] Zukünftige Fälligkeit ignorieren
[ ] Anzeige in Seiten
[ ] Verbundene Kunden berücksichtigen
OK Abbrechen

Abbildung 4.68: Fälligkeit Lieferantenverbindlichkeit – Auswahlkriterien

Ich möchte noch kurz auf die Bedeutung der Felder beider Berichte eingehen:

- GRUPPIERUNG NACH: LIEFERANT oder EINKÄUFER (Lieferantenbericht) bzw. KUNDE oder VERTRIEBSMITARBEITER (Kundenbericht)
- SUMMIERUNG NACH: Wenn der Haken in der Checkbox gesetzt wird, soll ein Rahmenvertrag berücksichtigt werden
- RAHMENVERTRAG NR.: Eingrenzung auf konkreten Rahmenvertrag

Abbildung 4.69: Fälligkeit Kundenforderungen – Auswahlkriterien

- CODE: Eingrenzung auf Basis der Geschäftspartnernummer
- LIEFERANTENGRUPPE bzw. KUNDENGRUPPE: Eingrenzung des Berichts auf eine bestimmte Gruppe
- EIGENSCHAFTEN: Eingrenzung des Berichts auf Eigenschaften, die im Geschäftspartnerstamm gesetzt wurden
- ABSTIMMKONTEN: Auswahl zur Eingrenzung des Berichts nach Abstimmkonten
- FÄLLIGKEITSDATUM: Eingabe eines Fälligkeitsdatum für den Bericht; dieses wird automatisch in das Feld BUCHUNGSDATUM BIS übernommen

- BELEGDATUM
- INTERVALL: Das Intervall kann auf *Tage, Monate* oder *Perioden* gesetzt werden. Bei Tage ist das Intervall individuell eintragbar. SAP Business One gibt die Gliederung nach 30 Tagen, 60 Tagen, 90 Tagen, 120 Tagen vor. Diese kann überschrieben werden.

Das Fälligkeitsdatum sowie das Buchungsdatum können zusätzlich als Intervall angegeben werden.

Die weiter unten stehenden Checkboxen aktivieren Sie gemäß Ihren individuellen Erfordernissen.

Diese Berichte lassen sich auf eine Fremdwährung oder lokale Währung umstellen (siehe Abbildung 4.70).

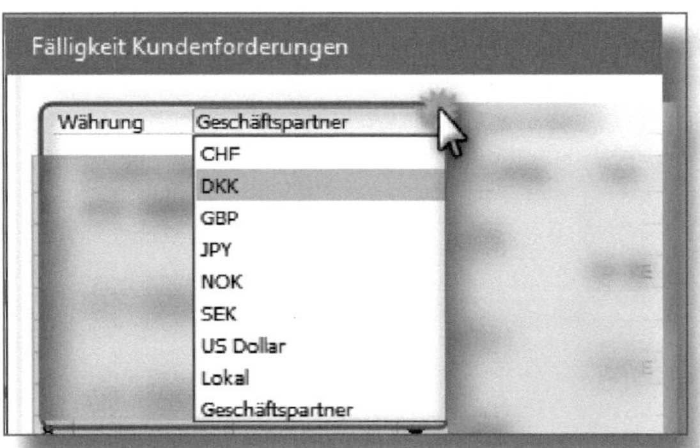

Abbildung 4.70: Änderung der Währung im Bericht

5 Kostenrechnung

In SAP Business One ist eine Kostenrechnungsfunktion integriert. Sie ermöglicht Ihnen die Mitgabe einer Kostenstelle bei jeder Aufwands- oder Ertragsbuchung.

Die Hinterlegung einer Kostenstelle ist nur bei Aufwands- und Ertragskonten möglich. Für Bilanzkonten ist sie nicht vorgesehen.

Im Kontenplan kann eine Kostenstelle pro Dimension hinterlegt werden. Sobald das Konto bei einer Buchung ausgewählt wird, wird die im Kontenplan hinterlegte Kostenstelle automatisch in der Spalte der entsprechenden Dimension gefüllt. Dies ist ein Vorschlagswert, der überschrieben werden kann.

5.1 Dimensionen

Insgesamt stehen in SAP Business One fünf DIMENSIONEN zur Verfügung (Abbildung 5.1). Dies bietet die Möglichkeit, bei einer Aufwands- oder Erlösbuchung auf verschiedene Kostenstellen zu buchen. Entsprechend ist eine Auswertung nach den einzelnen Dimensionen möglich. Eine Kostenstelle wird jeweils einer Dimension zugeordnet.

Dimensionen

Name	Akt.	Beschreibung
Dimension 1	☑	Standort
Dimension 2	☑	Produktgruppe
Dimension 3	☐	Maschinengruppe
Dimension 4	☐	Dimension 4
Dimension 5	☐	Dimension 5

OK Abbrechen

Abbildung 5.1: Definition der Dimensionen

Mehrfachdimensionen

Sie müssen in den allgemeinen Einstellungen im Menü unter ADMINISTRATION • SYSTEMINITIALISIERUNG • ALLGEMEINE EINSTELLUNGEN im Reiter KOSTENRECHNUNG die Funktion »Mehrfachdimensionen« aktivieren, um mehr als nur eine Dimension nutzen zu können.

5.2 Kostenstellen

Eine Kostenstelle ist bei ihrer Anlage für die DIREKTE AUFTEILUNG eingerichtet. Dabei wird für jede Kostenstelle systemseitig eine gleichlautende Aufteilungsregel angelegt (den Einstieg der Definition zeigt Abbildung 5.2), sodass eine Aufteilung der Gesamtkosten von 100 Prozent erzielt wird (siehe Abbildung 5.3).

Kostenstelle - Definition

Kostenstelle: KSt_F
Name: Frankfurt
Verantwortlicher
Sortiercode
Dimension: Standort
Kostenstellenart
Gültig ab 01.01.2012 bis
Aktiv
OK | Abbrechen | Tabelle öffnen

Abbildung 5.2: Definition einer Kostenstelle

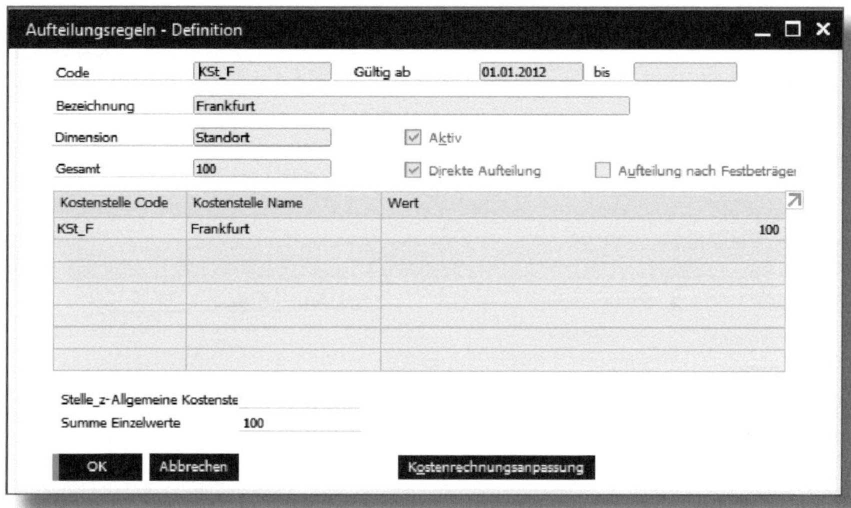

Abbildung 5.3: Definition der Aufteilungsregeln

Zusätzlich können Sie Kostenstellenarten anlegen und durch Auswahl im Feld KOSTENSTELLENART dieser Kostenstelle zuordnen.

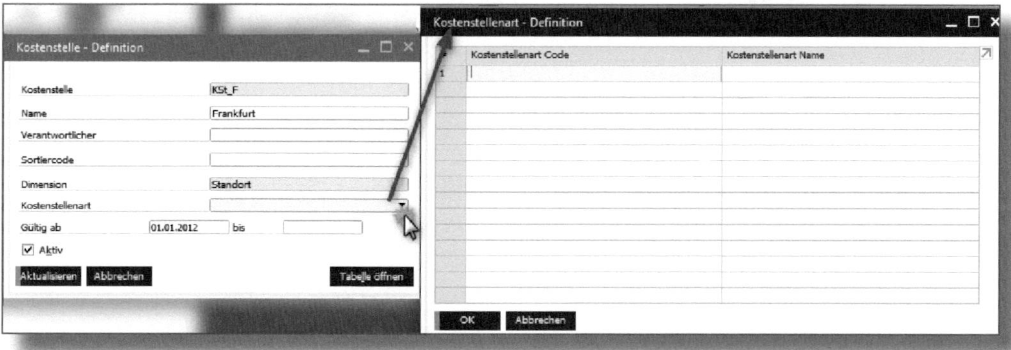

Abbildung 5.4: Kostenstellenart – Definition

5.3 Aufteilungsregeln

Eine *Aufteilungsregel* dient der prozentualen Verteilung von Ausgaben oder Erlösen auf mehrere Kostenstellen, wie etwa in Abbildung 5.5 die Splittung von Fahrzeugkosten auf zwei Standorte eines Unternehmens.

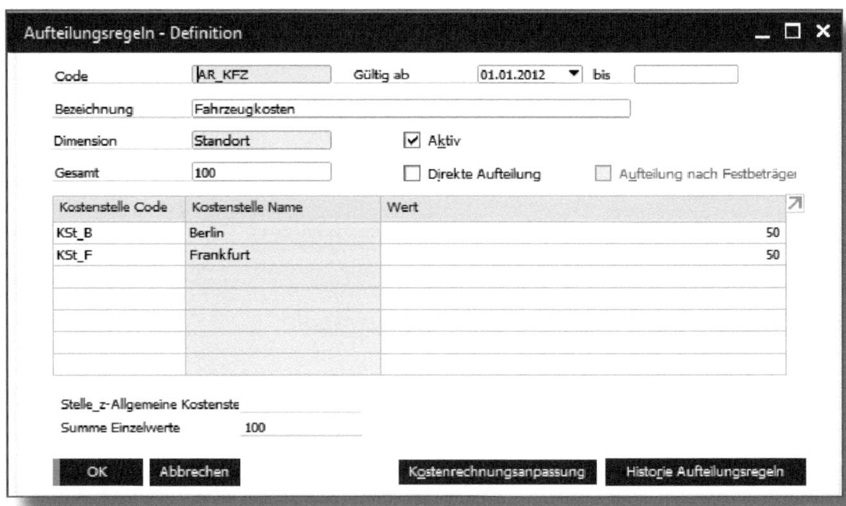

Abbildung 5.5: Aufteilungsregeln Definition

Indem Sie unten rechts auf HISTORIE AUFTEILUNGSREGELN klicken, sehen Sie eine Historientabelle (Abbildung 5.6). Sollte sich in einem Zeitraum die prozentuale Verteilungsregel ändern, so wird dies in der Tabelle hinterlegt.

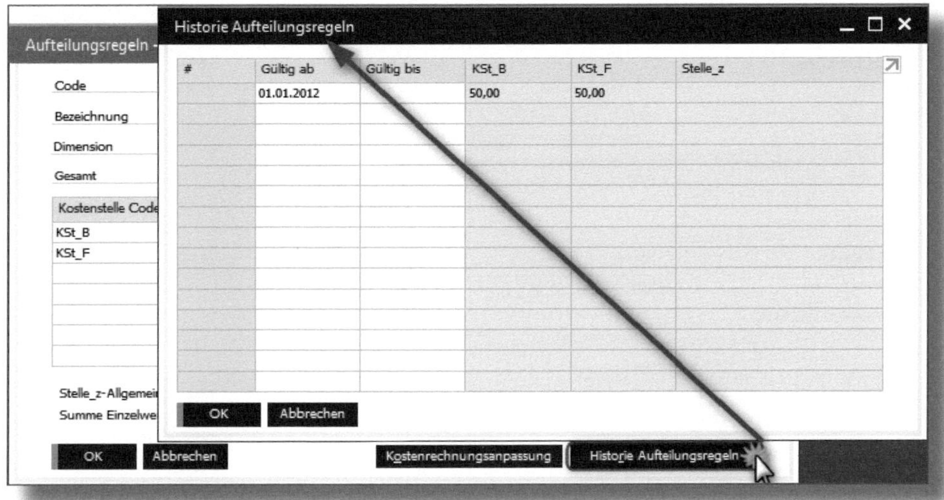

Abbildung 5.6: Aufteilungsregeln – Definition der historischen Aufteilungsregeln

5.4 Kostenrechnungsanpassungen

Neben der Mitgabe von Kostenstellen und Aufteilungsregeln in den Belegen und bei Journalbuchungen können Sie innerhalb der Kostenrechnung Anpassungsbuchungen vornehmen.

5.4.1 Stammdatenpflege

Im Kontenplan ist es möglich, in den Kontendetails ein Konto zu definieren, das ausschließlich für Kostenrechnungsanpassungen genutzt wird (siehe Abschnitt 3.4). Zusätzlich zu der Anlage und Definition eines Sachkontos muss für dieses Konto in den Kontodetails der Haken bei Nur Kostenstellenanpassung gesetzt werden (Abbildung 5.7).

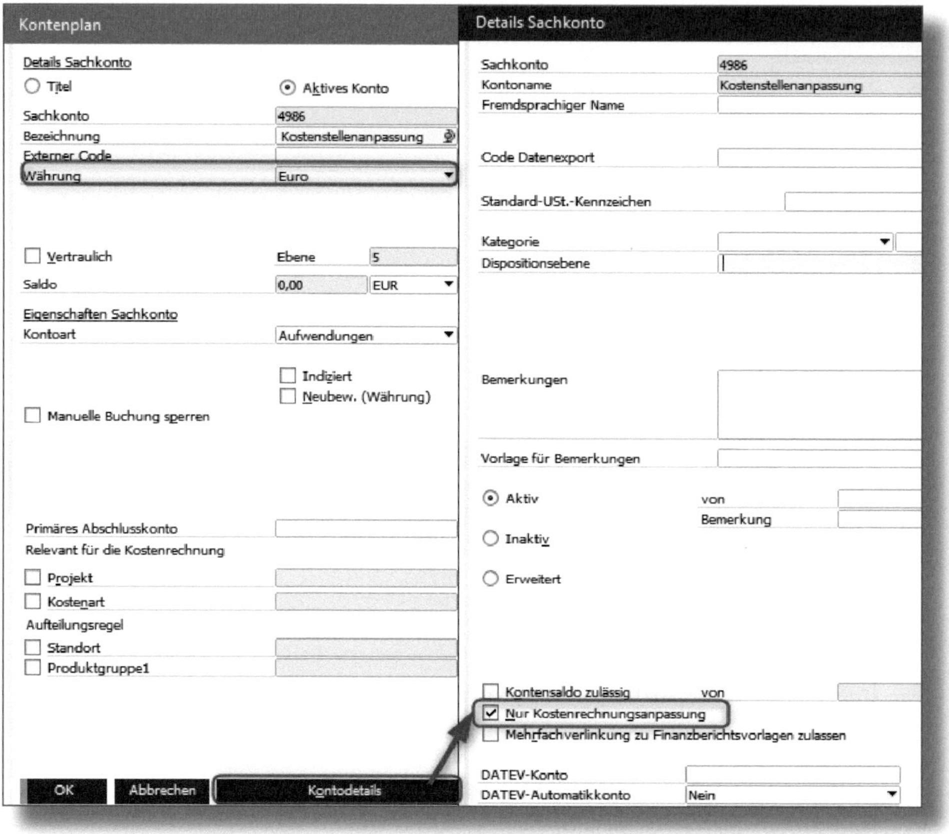

Abbildung 5.7: Kontenplan – Details Sachkonto

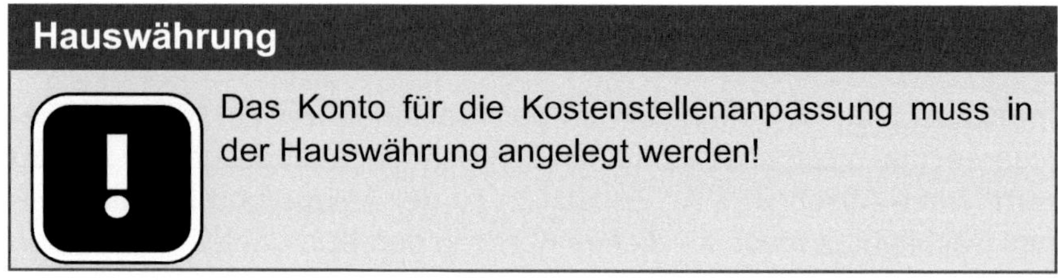

Hauswährung

Das Konto für die Kostenstellenanpassung muss in der Hauswährung angelegt werden!

In den Belegnummernserien für Journalbuchungen muss eine Serie gesondert für die Kostenrechnungsanpassungen definiert werden (Abbildung 5.8).

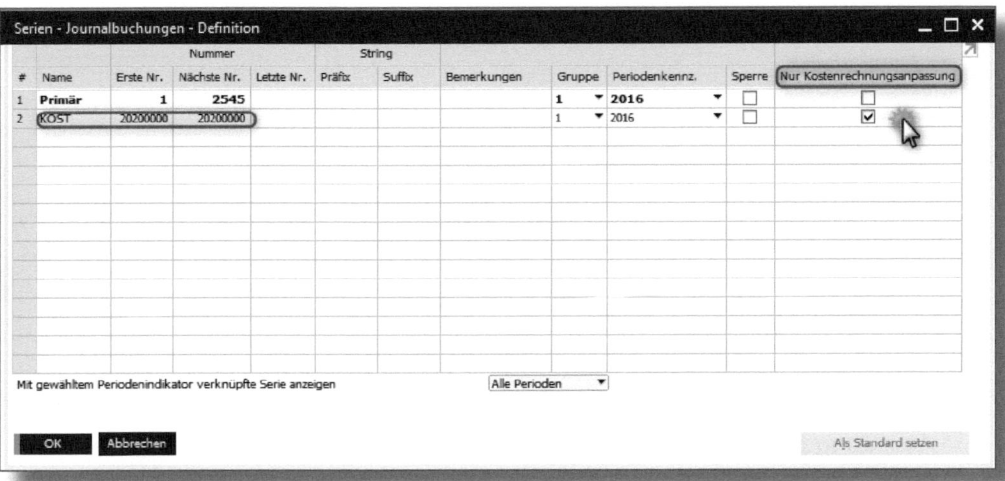

Abbildung 5.8: Belegnummernserie für Journalbuchung

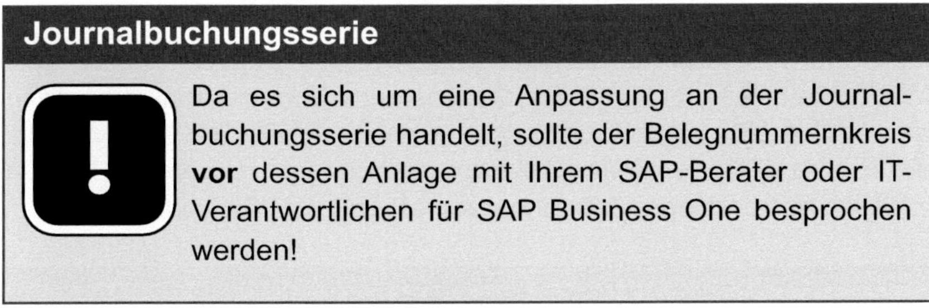

Journalbuchungsserie

Da es sich um eine Anpassung an der Journalbuchungsserie handelt, sollte der Belegnummernkreis **vor** dessen Anlage mit Ihrem SAP-Berater oder IT-Verantwortlichen für SAP Business One besprochen werden!

Anhand einer gesonderten Belegnummernserie lassen sich die Buchungen für die Kostenrechnung genau analysieren.

In den ALLGEMEINEN EINSTELLUNGEN im Reiter KOSTENRECHNUNG definieren Sie die STANDARD(beleg)SERIE sowie das STANDARDSACHKONTO für Buchungen von Kostenrechnungsanpassungen (siehe Abbildung 5.9).

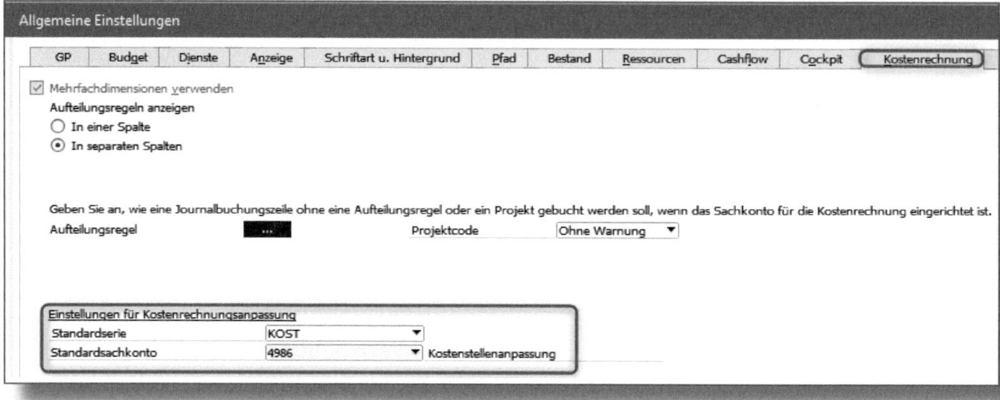

Abbildung 5.9: Allgemeine Einstellungen – Reiter »Kostenrechnung«

5.4.2 Anpassungsbuchungen Kostenrechnung

Im Menü unter Finanzwesen • Vorerfasste Belege haben Sie die Möglichkeit, Transaktionen für die Kostenrechnungsanpassung anzulegen. Wählen Sie unter Journalbuchung zu neuem Beleg hinzufügen die Funktion *Kostenstellenübertragungsbuchung zu neuem Beleg hinzufügen* aus und legen Sie eine neue Mappe an (Abbildung 5.10).

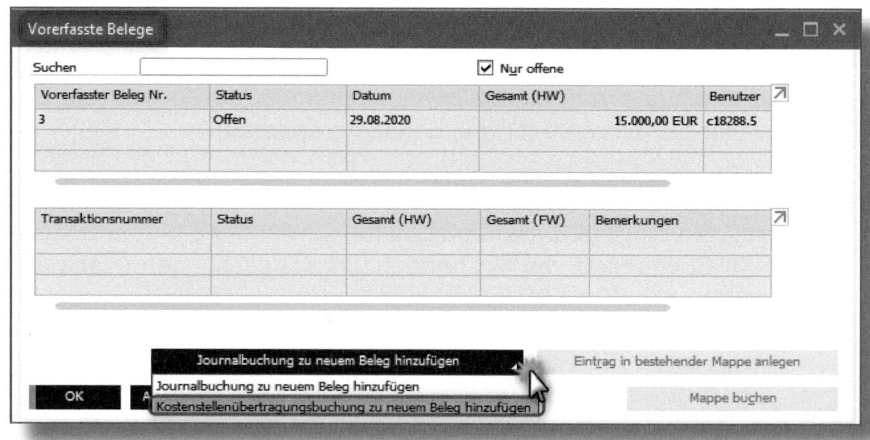

Abbildung 5.10: Vorerfasste Belege

Im Fenster »Vorerfasste Eingabe für Kostenrechnungsanpassungen« (Abbildung 5.11) wird das in den allgemeinen Einstellungen hinterlegte Standardsachkonto für die Anpassungsbuchungen in der Zeilenebene systemseitig vorgeschlagen. Die Eingabe und Verarbeitung der vorerfassten Belege entsprechen dann dem Vorgehen in Abschnitt 4.2.

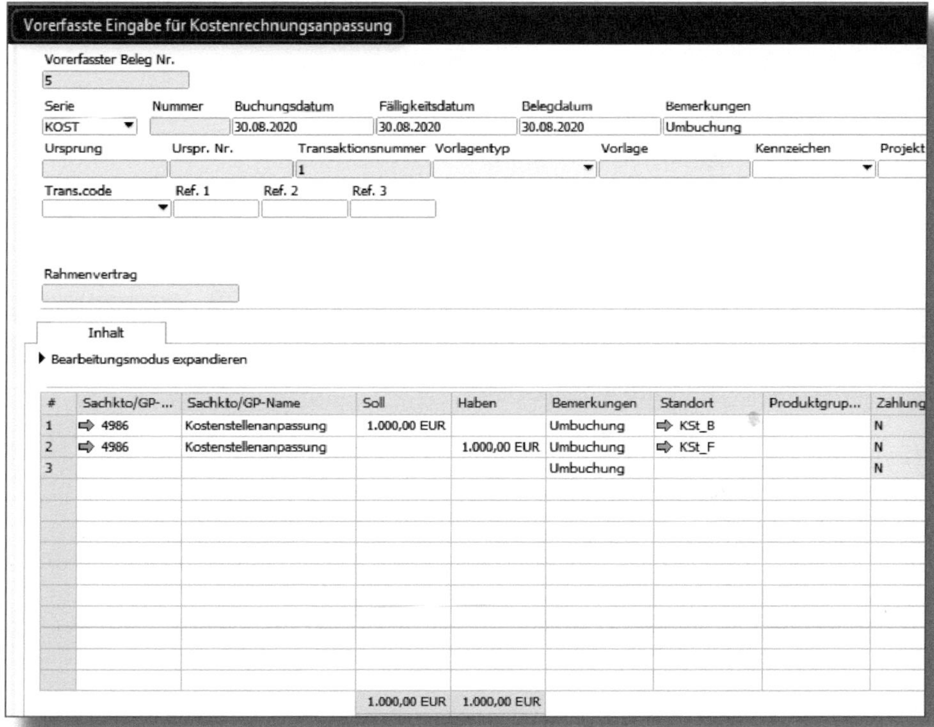

Abbildung 5.11: Vorerfasste Eingabe von Kostenrechnungsanpassung

Im Aufteilungsbericht können Sie unter FINANZWESEN • KOSTENRECHNUNG mit dem Button KOSTENRECHNUNGSANPASSUNG die Kostenanpassungsbuchung auch direkt aus dem Bericht heraus vornehmen (Abbildung 5.12).

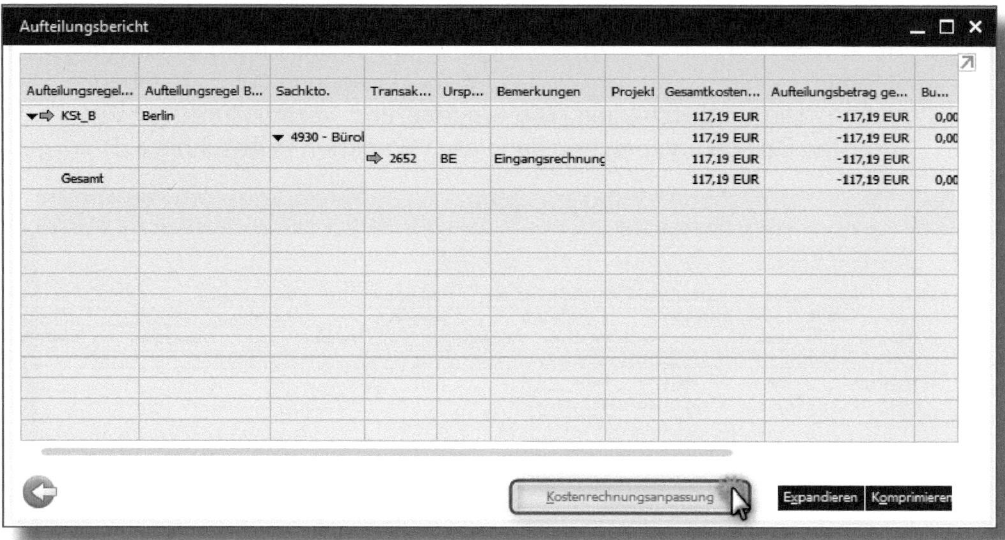

Abbildung 5.12: Aufteilungsbericht

In Abbildung 5.13 sehen Sie die aus einer Kostenrechnungsanpassung resultierende Journalbuchung.

Als dritte Option finden Sie die Funktionalität der Anpassungsbuchung auch direkt in der Definition der Aufteilungsregel, wie in Abbildung 5.14 zu sehen.

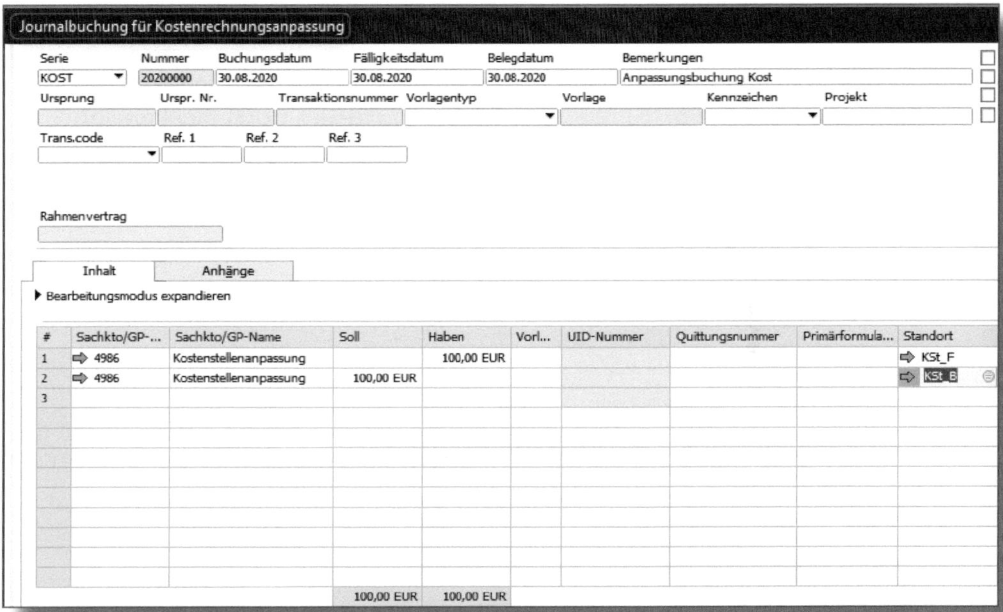

Journalbuchung für Kostenrechnungsanpassung

Serie: KOST | Nummer: 20200000 | Buchungsdatum: 30.08.2020 | Fälligkeitsdatum: 30.08.2020 | Belegdatum: 30.08.2020 | Bemerkungen: Anpassungsbuchung Kost

Ursprung | Urspr. Nr. | Transaktionsnummer | Vorlagentyp | Vorlage | Kennzeichen | Projekt

Trans.code | Ref. 1 | Ref. 2 | Ref. 3

Rahmenvertrag

Inhalt | Anhänge

Bearbeitungsmodus expandieren

#	Sachkto/GP-...	Sachkto/GP-Name	Soll	Haben	Vorl...	UID-Nummer	Quittungsnummer	Primärformula...	Standort
1	4986	Kostenstellenanpassung		100,00 EUR					KSt_F
2	4986	Kostenstellenanpassung	100,00 EUR						KSt_B
3									
			100,00 EUR	100,00 EUR					

Abbildung 5.13: Journalbuchung für Kostenrechnungsanpassung

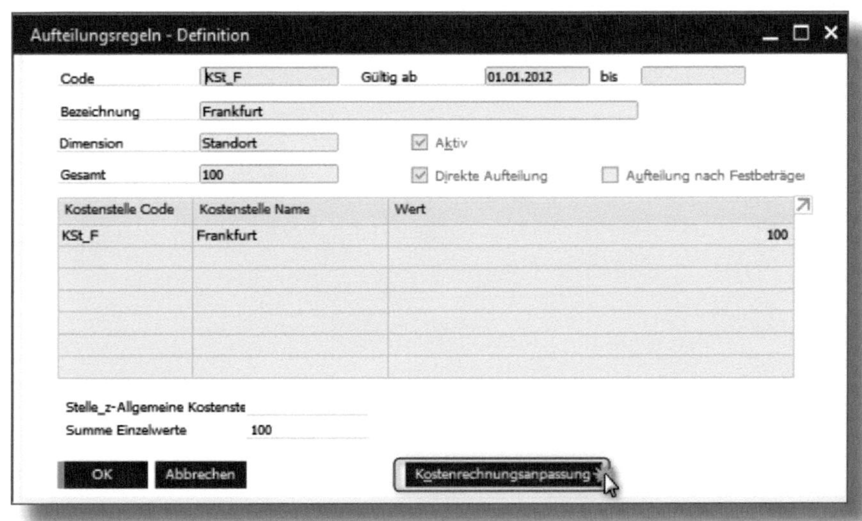

Abbildung 5.14: Aufteilungsregel – Anpassungsbuchung

5.5 Berichte

Auch für die Kostenrechnung steht eine Vielzahl von Berichten zur Verfügung (Abbildung 5.15), auf die ich aber in diesem Buch nicht weiter eingehen möchte.

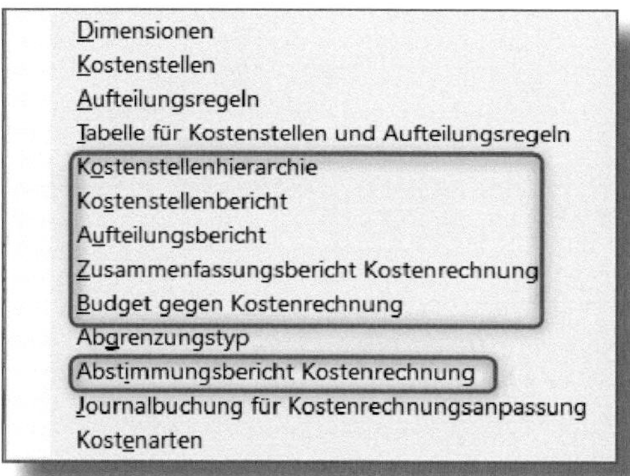

Abbildung 5.15: Berichte der Kostenrechnung

6 Bankenabwicklung

In diesem Kapitel werden die Funktionen in SAP Business One rund um die Themen Zahlungsverkehr, Buchung des Kontoauszugs, Kassenbuch etc. erläutert.

6.1 Stammdaten

Voraussetzung für die Nutzung der *Bankenabwicklung* in SAP Business One ist die Hinterlegung der vom System benötigten Stammdaten, wie schon in den Abschnitten 3.12 bis 3.14 für die Zahlwege, Banken und Hausbanken beschrieben. Für die Verwendung der Kontoauszugsverarbeitung sind zusätzliche Angaben erforderlich.

6.2 Manuelle Eingangs- und Ausgangszahlung

Eine *manuelle* Ein- oder Ausgangszahlung ist die Möglichkeit, im System Zahlungen zu buchen (z. B. Bankkontoauszüge oder Kasse).

Belegkette

In der Praxis werden Zahlungen gerne auch als manuelle Journalbuchung erfasst. Dies ist allerdings nicht empfehlenswert, da hier die Belegkette unterbrochen wird. Eingangszahlungen und Ausgangszahlungen haben in SAP Business One jeweils eine gesonderte Belegart. Diese Klassifizierung ist in vielen Bereichen hilfreich und schließt etwa die Rechnungen bei Zahlung ein.

6.2.1 Eingangszahlung

Die Eingangszahlungen finden Sie im Menü unter BANKENABWICKLUNG • EINGANGSZAHLUNG • EINGANGSZAHLUNGEN.

Im Fenster »Eingangszahlungen« ist standardmäßig KUNDE vorausgewählt (siehe Abbildung 6.1). Sollte eine Eingangszahlung von einem Lieferanten erfolgen oder handelt es sich um eine Sachkontenbuchung, so muss dies oben entsprechend geändert werden.

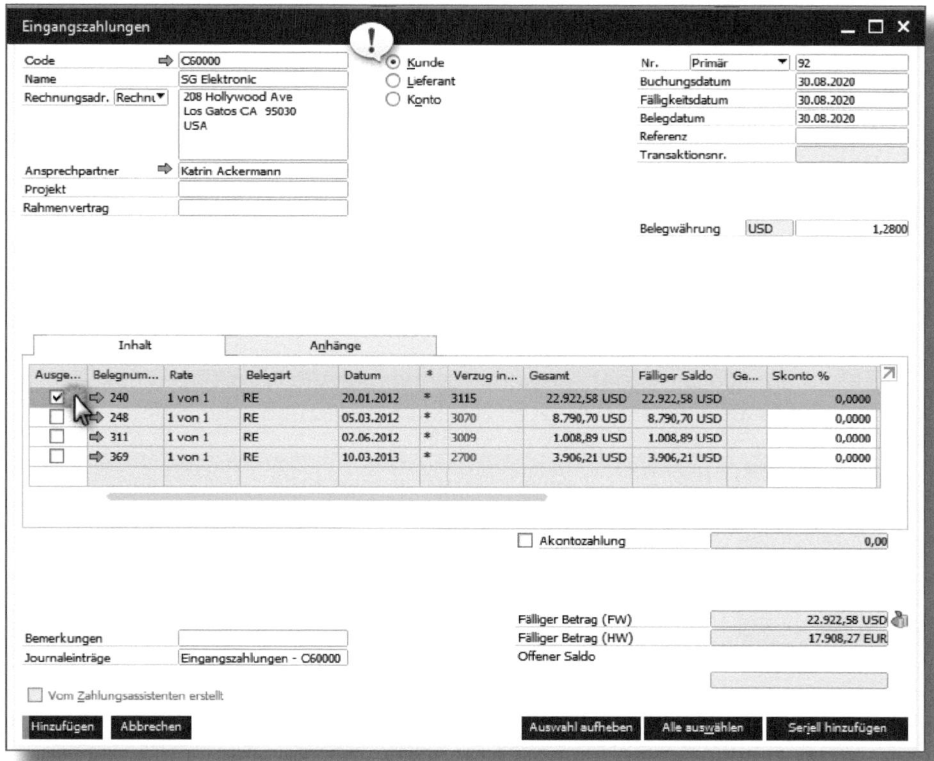

Abbildung 6.1: Eingangszahlungen

Nachdem ein Geschäftspartner in den Feldern CODE bzw. NAME ausgewählt wurde, erscheinen in der Zeilenebene die offenen Posten des Geschäftspartners. Diese werden in der Spalte AUSGEWÄHLT angehakt. Skontoabzüge sind entsprechend in der Spalte SKONTO % einzutragen. Handelt es sich um eine Teilzahlung, kann der Betrag in der Spalte GESAMTZAHLUNGSBETRAG ergänzt werden.

Falls es sich um eine Akontozahlung handelt, markieren Sie unterhalb der Auflistung das gleichnamige Feld und tragen den Betrag ein (siehe Abbildung 6.2).

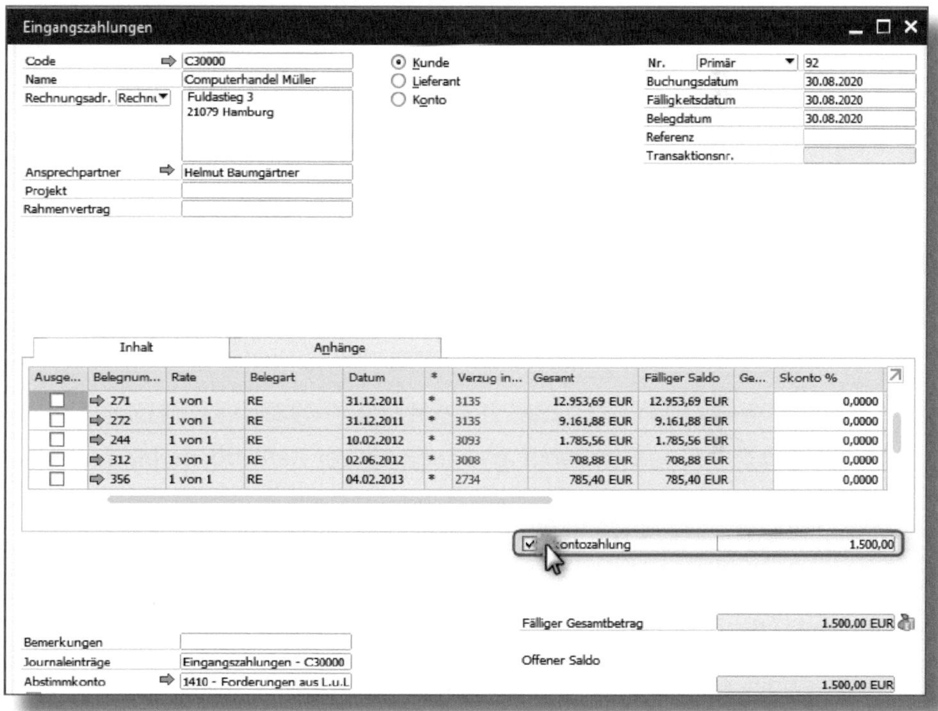

Abbildung 6.2: Eingangszahlung als Akonto markieren

Der nächste Schritt ist die Angabe der Zahlungsmethode (siehe Abbildung 6.3). Im Kontextmenü (rechte Maustaste im Kopfbereich) wählen Sie die ZAHLUNGSMETHODE ❷ aus. Eine Variante wäre ein Klick auf das »Geldsymbol« neben dem FÄLLIGEN GESAMTBETRAG ❸ oder das entsprechende Symbol in der Navigationsleiste ❶.

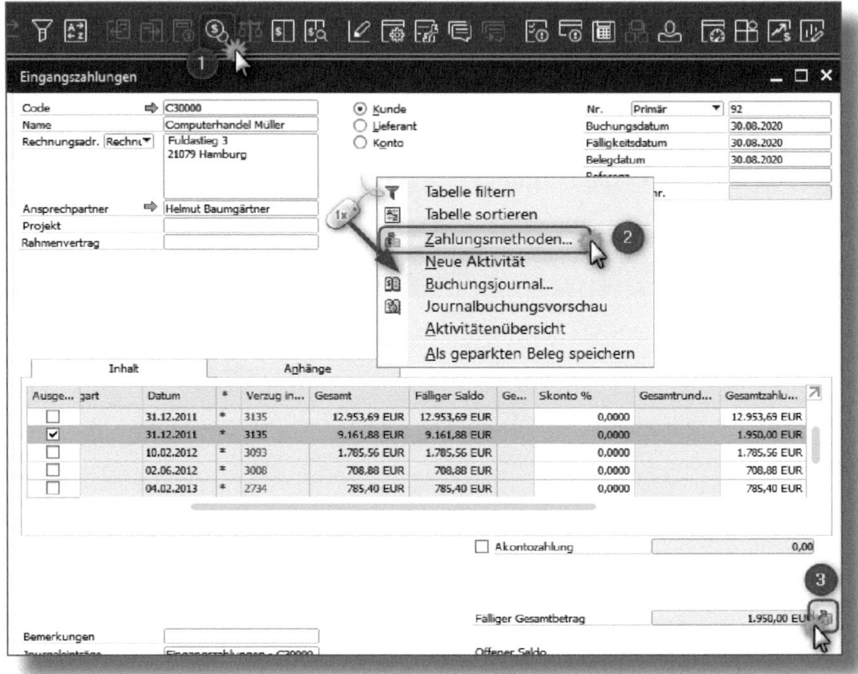

Abbildung 6.3: Eingangszahlung – Auswahl der Zahlungsmethode

Das Fenster »Zahlungsmethode« bietet die Wahl von vier Optionen: SCHECK, ÜBERWEISUNG, KREDITKARTE oder BAR.

Im Reiter SCHECK (Abbildung 6.4) tragen Sie die Daten vom vorliegenden Scheck ein. Das Sachkonto wird anhand der Sachkontenfindung vorgeschlagen und kann überschrieben werden.

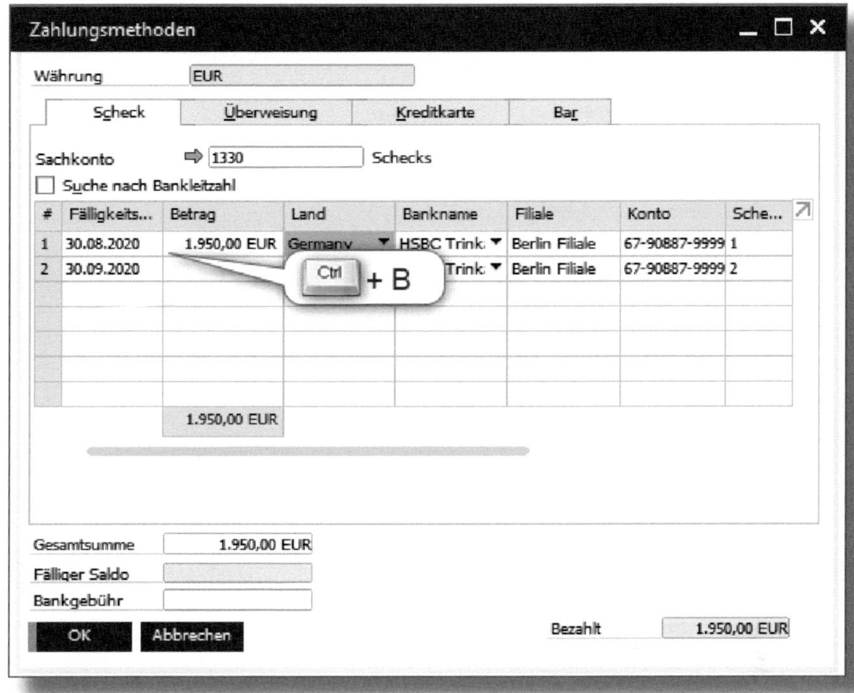

Abbildung 6.4: Zahlungsmethoden – Reiter »Scheck«

Im Reiter ÜBERWEISUNG (siehe Abbildung 6.5) wird im Feld SACHKONTO das Bankkonto ausgewählt. Im Feld GESAMT ist der Zahlbetrag einzutragen.

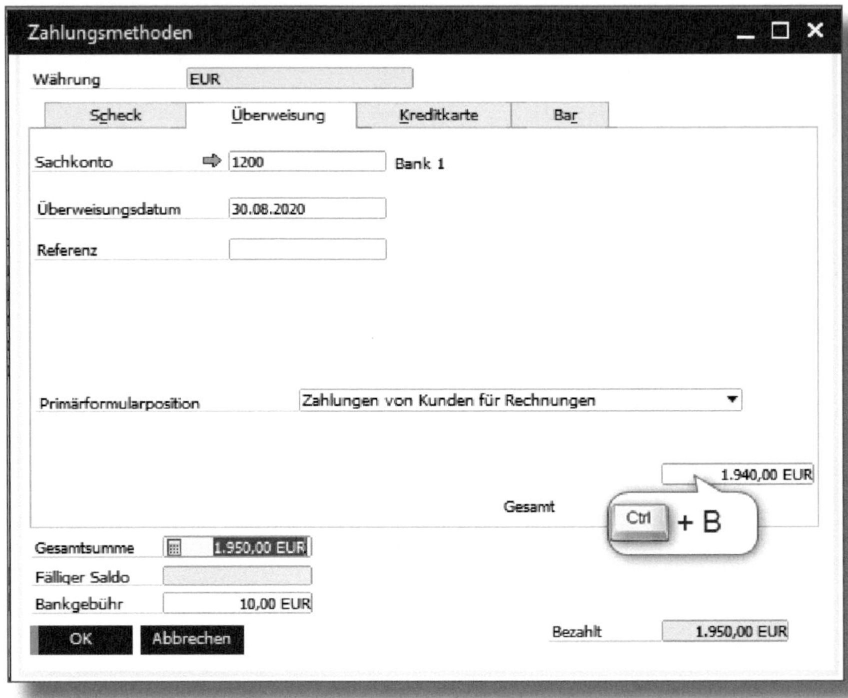

Abbildung 6.5: Zahlungsmethoden – Reiter »Überweisung«

Im Reiter KREDITKARTE (Abbildung 6.6) hinterlegen Sie die Kreditkartenangaben sowie das SACHKONTO und im Feld GESAMT den Zahlungsbetrag.

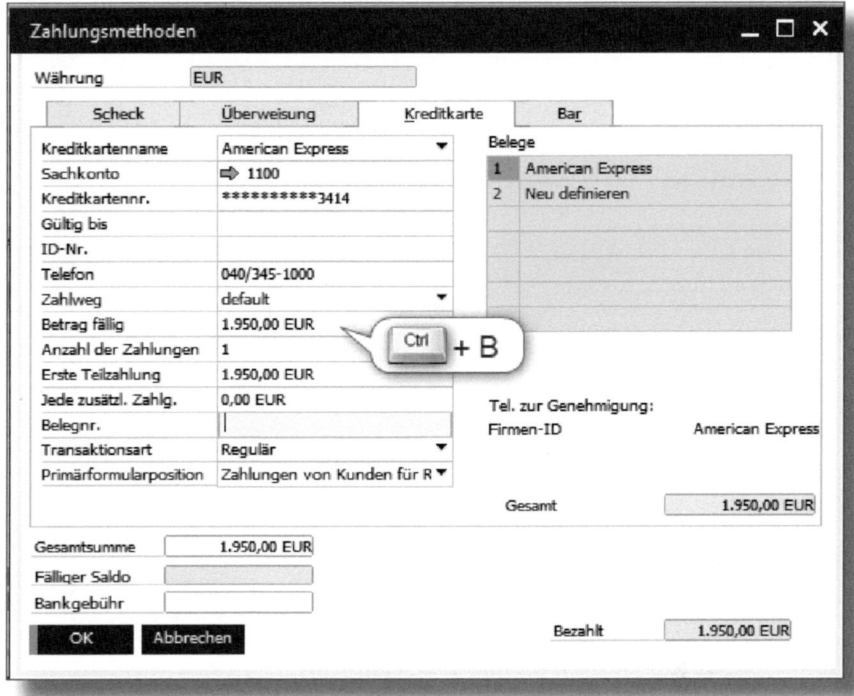

Abbildung 6.6: Zahlungsmethoden – Reiter »Kreditkarte«

Im Reiter BAR (Abbildung 6.7) wird aus der Sachkontenfindung systemseitig das SACHKONTO für die KASSE vorgeschlagen und kann überschrieben werden.

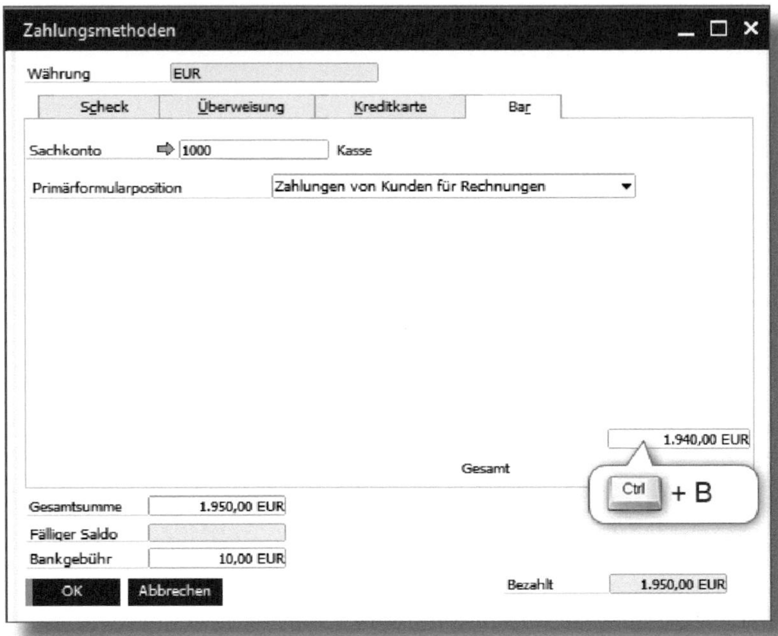

Abbildung 6.7: Zahlungsmethode – Reiter »Bar«

Mit Klick auf den Button OK schließen Sie das Fenster der Zahlungsmethoden.

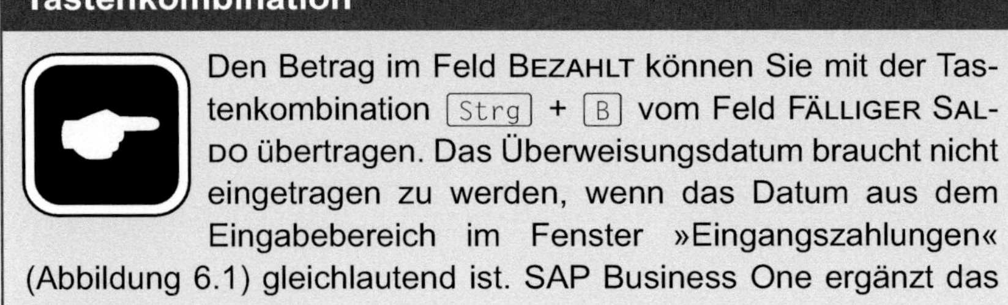

Tastenkombination

Den Betrag im Feld BEZAHLT können Sie mit der Tastenkombination Strg + B vom Feld FÄLLIGER SALDO übertragen. Das Überweisungsdatum braucht nicht eingetragen zu werden, wenn das Datum aus dem Eingabebereich im Fenster »Eingangszahlungen« (Abbildung 6.1) gleichlautend ist. SAP Business One ergänzt das Datum automatisch.

Zurück im Fenster »Eingangszahlungen«, buchen Sie den Geschäftsvorfall mit Klick auf den Button Hinzufügen.

6.2.2 Ausgangszahlung

Die Ausgangszahlung finden Sie im Menü unter BANKENABWICKLUNG • AUSGANGSZAHLUNG • AUSGANGSZAHLUNGEN.

Im Fenster »Ausgangszahlungen« ist standardmäßig der LIEFERANT vorbelegt (Abbildung 6.8). Soll eine Ausgangszahlung für einen Kunden erfolgen oder handelt es sich um eine Sachkontenbuchung, so müssen Sie dies in der Auswahl entsprechend ändern.

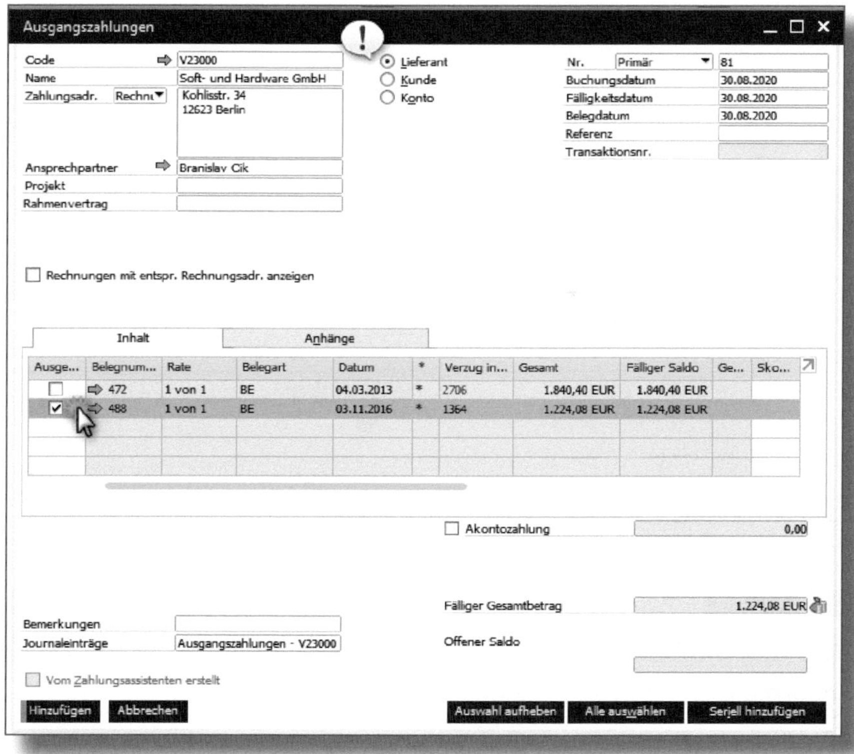

Abbildung 6.8: Ausgangszahlungen

Wie für Eingangszahlungen ist auch hier ein Geschäftspartner auszuwählen, und die zugehörigen offene Posten werden in der Spalte

AUSGEWÄHLT angehakt. Wiederum wurde im Beispiel in Abbildung 6.9 ein Betrag für eine AKONTOZAHLUNG eingetragen.

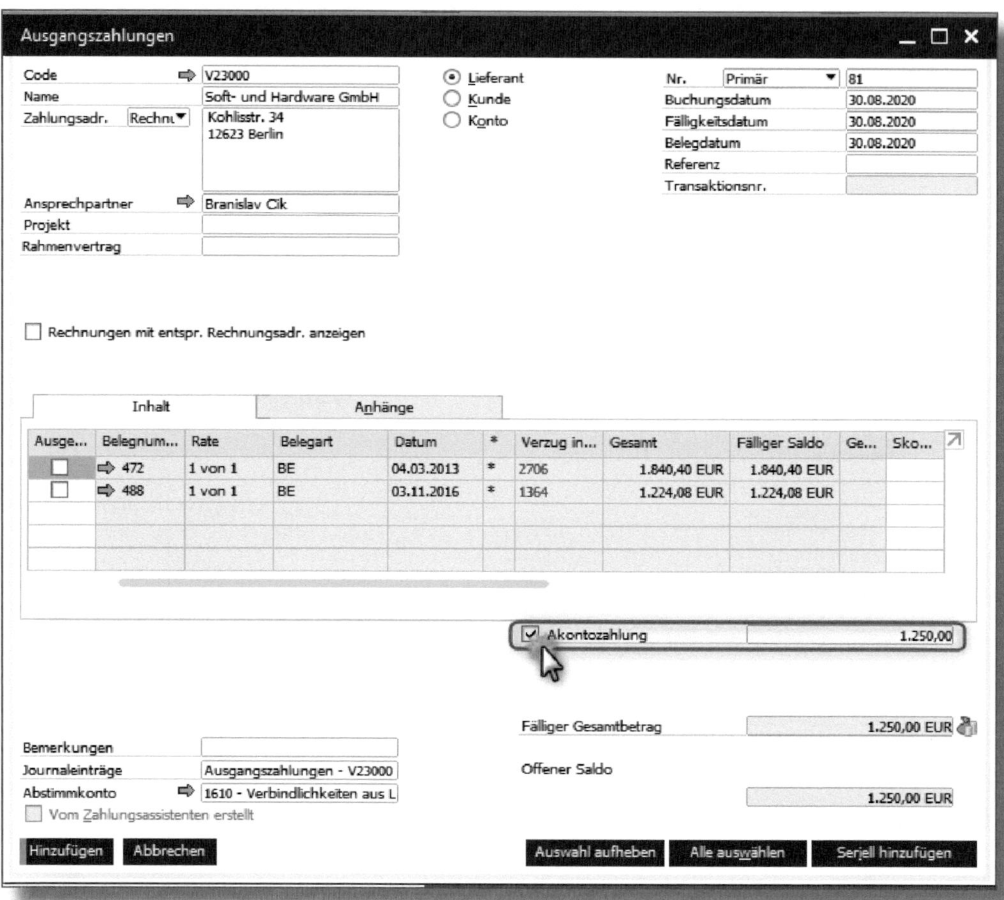

Abbildung 6.9: Akonto-Ausgangszahlung

Ausgangszahlungen erfordern ebenfalls die Angabe der Zahlungsmethode. Da diese den Methoden der Eingangszahlungen entsprechen, gehe ich auf das Procedere nicht erneut ein.

6.3 Kontoauszugsverarbeitung

Die *Kontoauszugsverarbeitung* bietet Ihnen die Möglichkeit, elektronische Bankkontoauszüge zur weiteren Verarbeitung in SAP Business One zu importieren. Für die Einrichtung empfehle ich, einen SAP-Berater hinzuzuziehen.

Um die Kontoauszugsverarbeitung nutzen zu können, ist die Aktivierung dieser Funktionalität unter ADMINISTRATION • SYSTEMINITIALISIERUNG • FIRMENDETAILS auf dem Reiter BASISINITIALISIERUNG notwendig. Erst danach finden Sie einen zusätzlichen Menüpunkt unter MENÜ • BANKENABWICKLUNG • KONTOAUSZÜGE UND EXTERNE ABSTIMMUNGEN.

Systemverhalten

Wenn Sie die Kontoauszugsverarbeitung für den elektronischen Import der Bankkontoauszüge nutzen und schon einen ersten Auszug importiert und gebucht haben, sollten Sie keine manuelle Buchung des Bankauszugs über die Funktionen »Eingangs- oder Ausgangszahlungen« mehr vornehmen! SAP Business One hat hier mehrere technische Plausibilitätsprüfungen, was eine Verarbeitung nur noch über die Kontoauszugsverarbeitung möglich macht.

Nach Klick auf KONTOAUSZUGSVERARBEITUNG wählen Sie oben links die Hausbank aus (Abbildung 6.10), die Sie bearbeiten möchten.

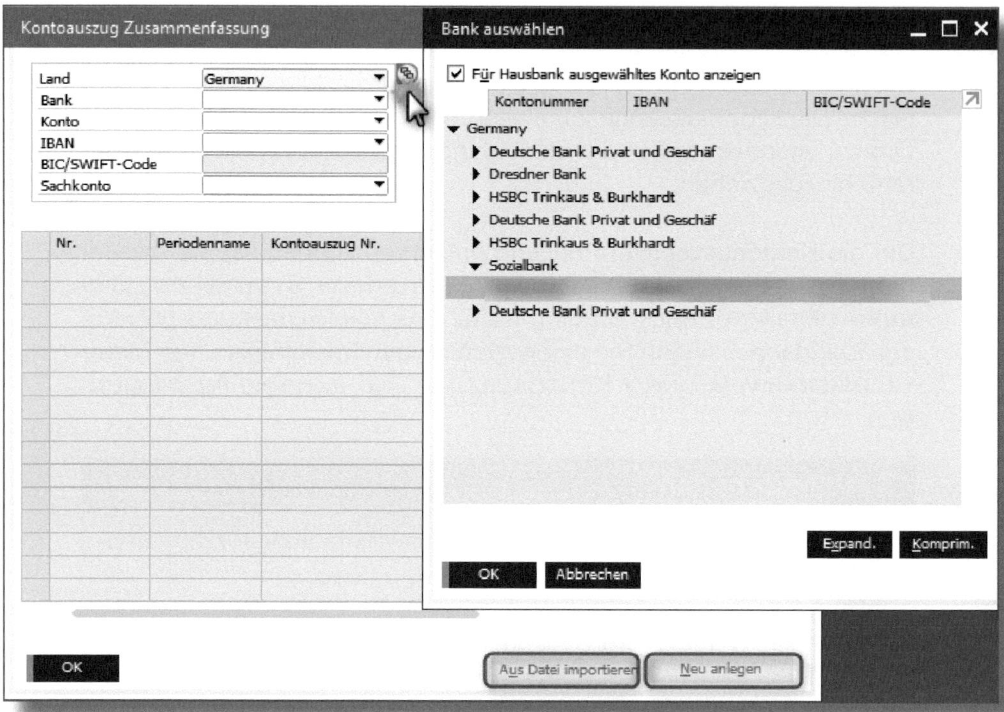

Abbildung 6.10: Kontoauszug Zusammenfassung

Daraufhin werden oben rechts der KONTOSTAND des SACHKONTOS, mit dem die Hausbank verknüpft ist, sowie die SACHKONTOWÄHRUNG angezeigt (siehe Abbildung 6.11).

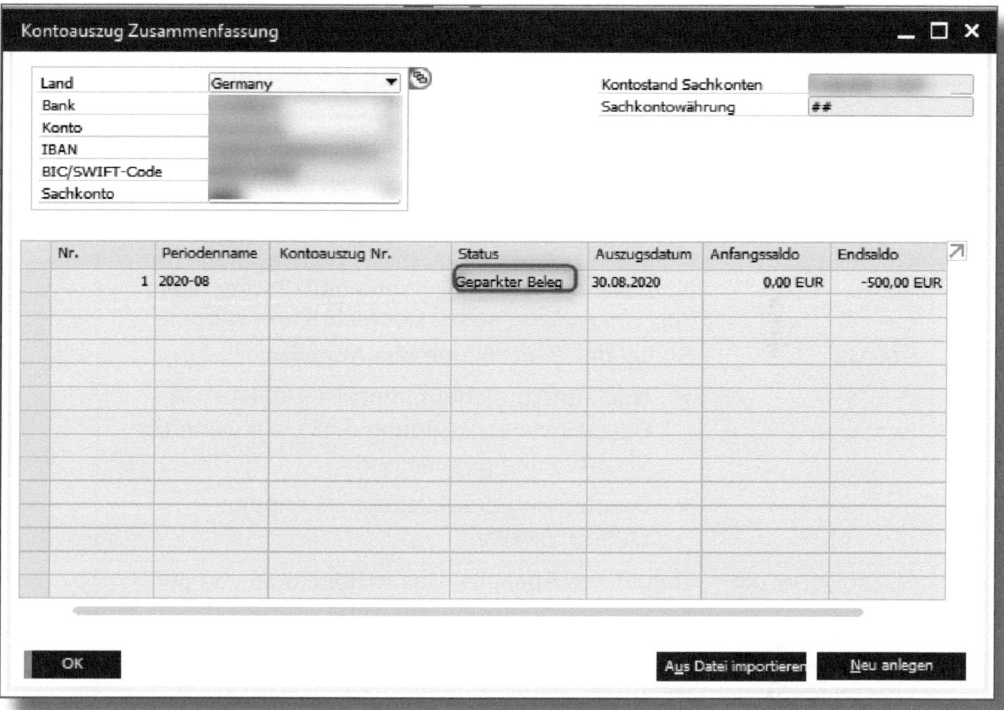

Abbildung 6.11: Kontoauszug Zusammenfassung – importierter Kontoauszug

Währungsanzeige

Wenn das Sachkonto im Kontenplan auf »alle Währungen« eingestellt ist, wird im Währungsfeld ## angezeigt.

In der Zeilenebene werden die bereits importierten Kontoauszüge angezeigt. Die Bedeutung der Spalten zeigt Tabelle 6.1:

Spalte	Bedeutung
NR.	Fortlaufende Nummer der importierten Auszüge
PERIODENNAME	Buchungsperiode des Auszugs
KONTOAUSZUG NR.	Kontoauszugsnummer, die in der Regel mit der Nummer aus der Importdatei gefüllt wird; diese kann im Auszug selbst überschrieben werden
STATUS	Status der Bearbeitung des Auszugs: ▶ Nach erfolgreichem Import = GEPARKTER BELEG (wie in Abbildung 6.11), zur weiteren Verarbeitung gespeichert ▶ Bearbeitung des Auszugs ist erledigt = GESCHLOSSEN
AUSZUGSDATUM	Datum des Auszugs, das in der Regel von der Importdatei übernommen wird
ANFANGSSALDO	Saldo, mit dem der importierte Auszug beginnt
ENDSALDO	Saldo, mit dem der importierte Auszug endet
IMPORTIERT	Wenn der Auszug importiert wurde, ist die Spalte grau hinterlegt und der Haken bei IMPORTIERT ist gesetzt

Tabelle 6.1: Kontoauszug Zusammenfassung – Bedeutung der Spalten

Um einen Auszug zu importieren, klicken Sie unten rechts in Abbildung 6.11 auf AUS DATEI IMPORTIEREN. Es öffnet sich ein Fenster, um die zuvor abgespeicherte Datei auf Ihrem Laufwerk auszuwählen (siehe Abbildung 6.12).

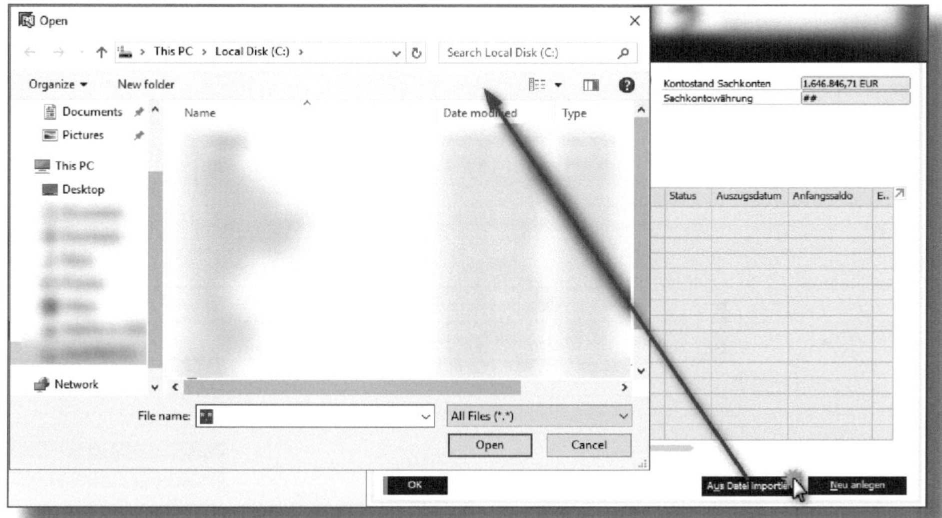

Abbildung 6.12: Datei auswählen

Sobald der Auszug importiert wurde, ist dieser zur weiteren Verarbeitung als *geparkter Beleg* gespeichert. Mit einem Doppelklick auf die Zeile des Auszugs öffnen Sie den Auszug zur weiteren Bearbeitung.

Je nach Customizing der externen und internen Vorgangscodes ist die Spalte INTERNER VORGANGSCODE bereits vorbelegt. Der EXTERNE VORGANGSCODE wird anhand der Informationen in der Datei gefüllt. Ordnen Sie in den Zeilen ohne internen Vorgangscode einen Code zu (siehe Abbildung 6.13).

Klicken Sie anschließend unten rechts auf den Button BUCHUNGSVORSCHLAG FÜR NICHT AUSGEGLICHENE. SAP Business One sucht gemäß den bei der Erstinitialisierung eingerichteten Findungskriterien nach Treffern für die Zeilen. Findet SAP Business One z. B. einen offenen Posten für einen Kunden »Geschäftspartner«, setzt das System den Haken links in der Spalte AUSGE ... (Ausgeglichen/Ausgewählt).

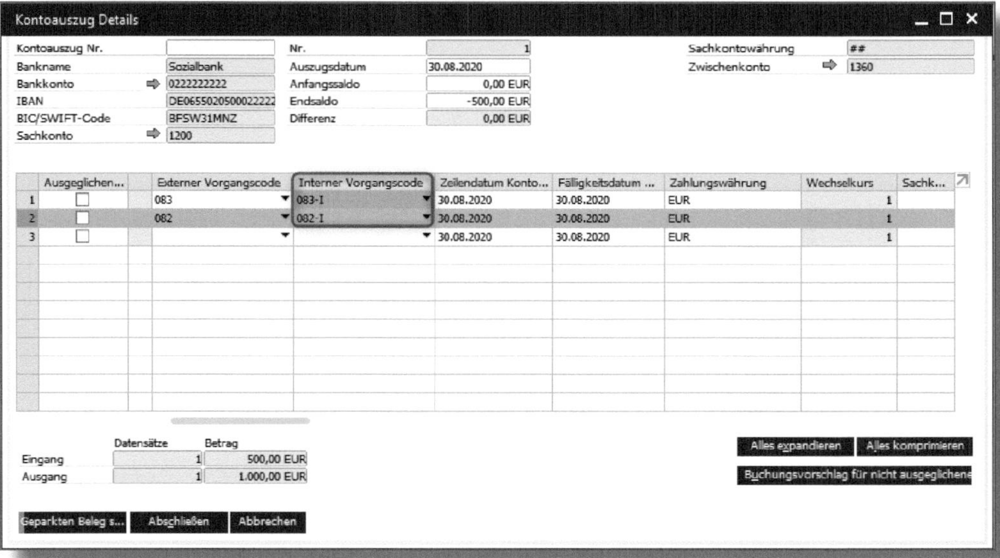

Abbildung 6.13: Kontoauszug interne Vorgangscodes

Bei Zeilen ohne Haken muss die Zuweisung manuell erfolgen. Markieren Sie dazu die Zeile und klicken Sie doppelt auf deren Nummer. Daraufhin öffnet sich das Fenster »Kontoauszugszeile – Details erweitert« (Abbildung 6.14).

Oben links wird der Betrag der Zeile in ZAHLUNGSWÄHRUNG und HAUSWÄHRUNG angezeigt. Die Felder DETAILS, DETAILS2 und REF. sind Informationen, die im Rahmen des Imports automatisch mitgefüllt werden. Wird kein GP-CODE ausgegeben, müssen Sie diesen manuell zuweisen. Klicken Sie auf OFFENE TRANSAKTIONEN HINZUFÜGEN. Es öffnet sich ein Fenster, in dem Findungskriterien zu den offenen Posten hinterlegt werden.

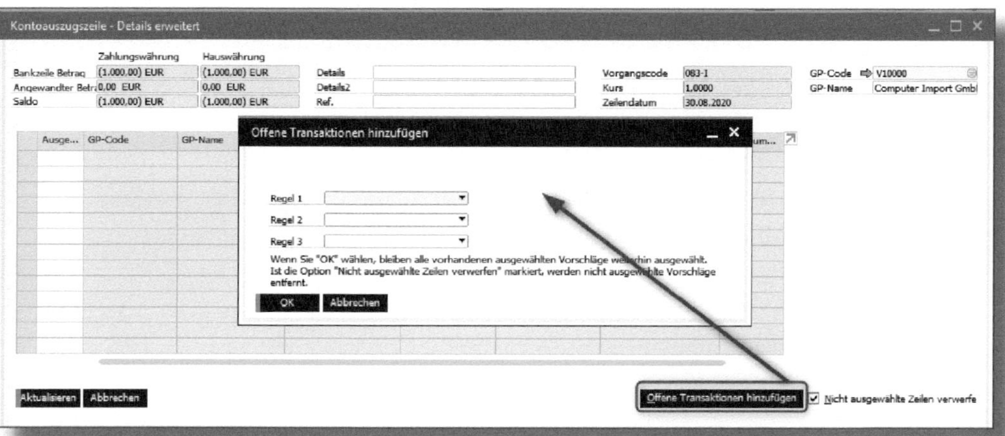

Abbildung 6.14: Kontoauszugszeile – erweitere Details, offene Transaktionen

Nach Klick auf OK werden Ihnen die offenen Posten des ausgewählten Geschäftspartners angezeigt und können für die weitere Bearbeitung ausgewählt werden. Sobald der Zahlungsbetrag zugewiesen wurde, wird der SALDO oben links auf 0,00 EUR gesetzt und der ANGEWANDTE BETRAG zeigt den Zahlungsbetrag. Mit Klick auf OK schließen Sie das Fenster. Die bearbeitete Zeile hat nun einen Haken bei AUSGEGLICHEN...

Führen Sie dies mit jeder Zeile des Auszugs durch, bis alle Posten einen Haken in der ersten Spalte ausweisen (siehe Abbildung 6.15). Nur wenn **alle** Zeilen zugeordnet sind, kann der Auszug abgeschlossen werden!

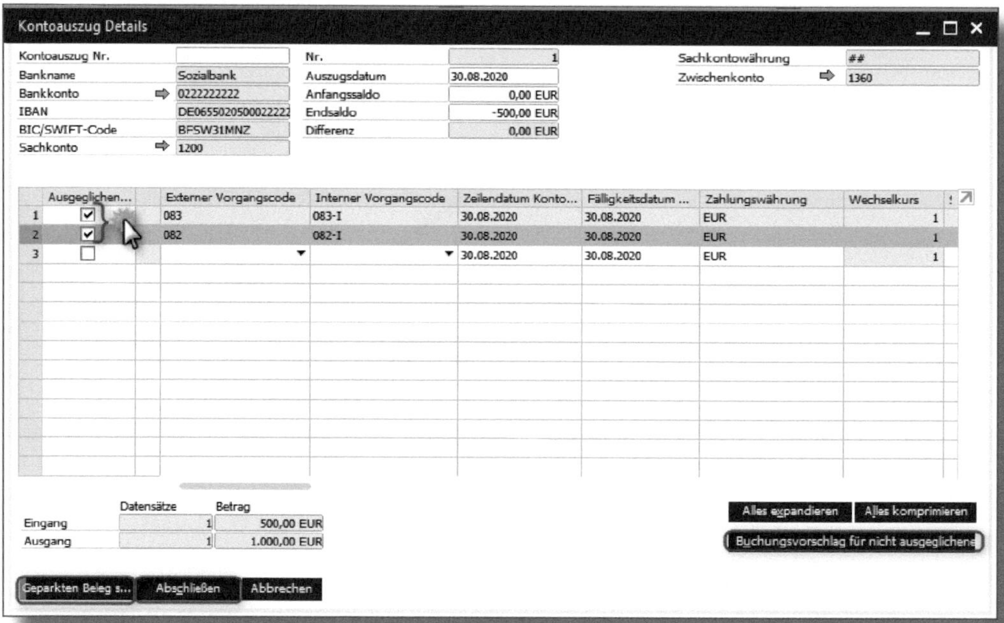

Abbildung 6.15: Kontoauszug – Details

Wenn Sie die Bearbeitung des Auszugs unterbrechen möchten, um vielleicht zu einem späteren Zeitpunkt fortzufahren, klicken Sie unten links auf den Button GEPARKTEN BELEG SPEICHERN. Der Bearbeitungsstand wird gesichert.

Chronologische Folge beachten

Die Kontoauszüge müssen für die Verarbeitung fortlaufend sein, d. h., der ältere Auszug muss abgeschlossen sein, um den darauffolgenden ebenfalls abschließen zu können.

Sollte ein Kontoauszug einmal nicht für den Import zur Verfügung stehen, so können Sie ihn auch mithilfe des Buttons NEU ANLEGEN unten rechts im Fenster »Kontoauszug Zusammenfassung« manuell erstellen und entsprechend verarbeiten.

6.4 Banknebenkosten buchen

In der Kontoauszugsverarbeitung finden Sie zu den verschiedenen Zahlungsmethoden jeweils ein Feld für *Bankgebühren*. Ist in der Sachkontenfindung im Reiter ALLGEMEIN ein BANKSPESENKONTO hinterlegt (siehe Abbildung 6.16), so wird der unter GEBÜHR eingetragene Betrag (siehe Abbildung 6.17) auf das dort hinterlegte Konto gebucht.

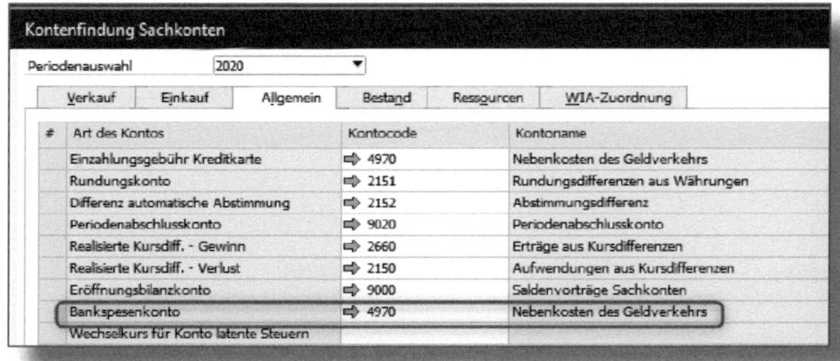

Abbildung 6.16: Kontenfindung Sachkonto – Reiter »Allgemein«

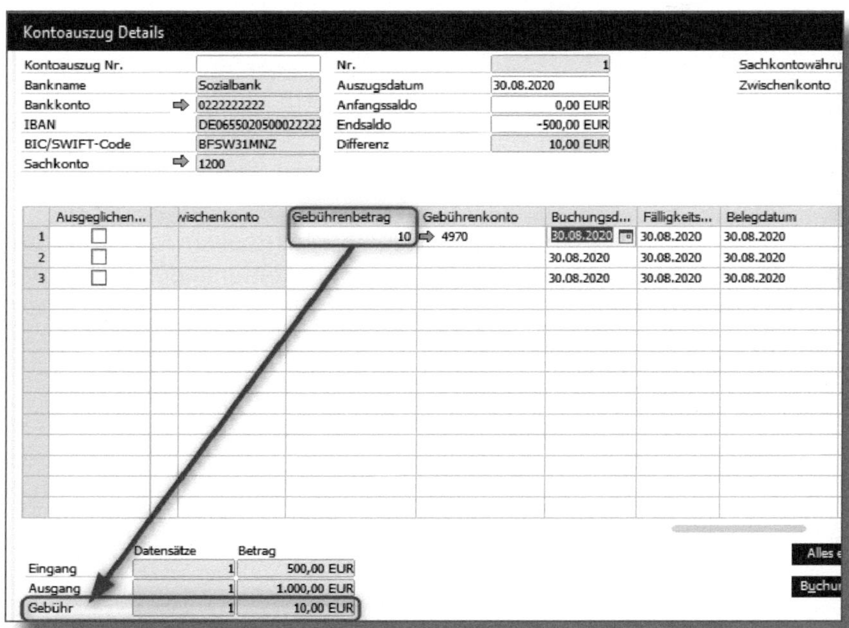

Abbildung 6.17: Kontoauszug Details

Bankgebühren können Sie ebenfalls bei den manuellen Eingangs- und Ausgangszahlungen eintragen (Abbildung 6.18).

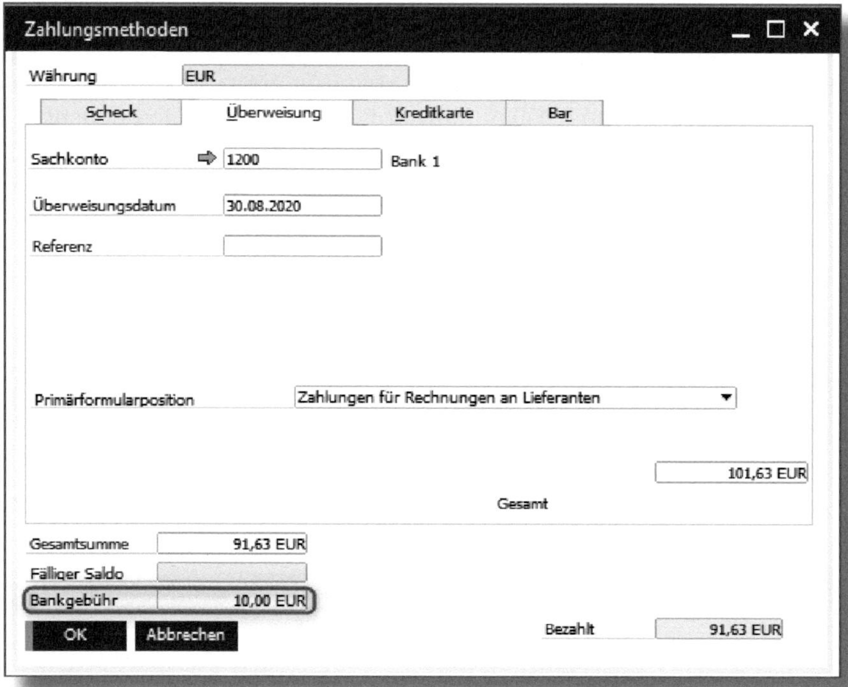

Abbildung 6.18: Manuelle Zahlung mit Bankgebühren

In Abbildung 6.19 sehen Sie die Journalbuchung einer Ausgangszahlung mit Bankgebühren. Auf Basis der Sachkontenfindung wird dies automatisch gebucht.

Abbildung 6.19: Journalbuchung mit Bankgebühren

6.5 Zahlungsassistent

Der *Zahlungsassistent* unterstützt Sie bei der Erstellung von Zahlungen an Lieferanten oder beim Einzug von Kundenforderungen. Er befindet sich im Menü unter BANKENABWICKLUNG • ZAHLUNGSASSISTENT.

Voraussetzung für dessen Nutzung ist die vorherige Stammdatenpflege (wie in den Abschnitten 3.11 bis 3.14 bereits beschrieben). Ebenso müssen die im Geschäftspartnerstamm erforderlichen Daten für die Nutzung des Zahlungsassistenten hinterlegt sein. Dazu gehören der Zahlweg, die Bank des Geschäftspartners und die Zahlungsbedingung.

Der Zahlungsassistent führt Sie in acht Schritten durch die Zahlungserstellung, auch *Zahllauf* genannt.

Schritt 1: Start des Zahlungsassistenten

Im ersten Schritt (siehe Abbildung 6.20) entscheiden Sie, ob ein neuer Zahllauf gestartet oder ein gespeicherter bzw. ein bereits ausgeführter Zahllauf aufgerufen werden soll.

Um direkt in den Empfehlungsbericht eines gespeicherten oder bereits ausgeführten Zahllaufs zu gelangen, setzen Sie den Haken bei ZUM LETZTEN SCHRITT SPRINGEN und klicken auf Weiter. So überspringen Sie die Schritte für die Auswahlkriterien.

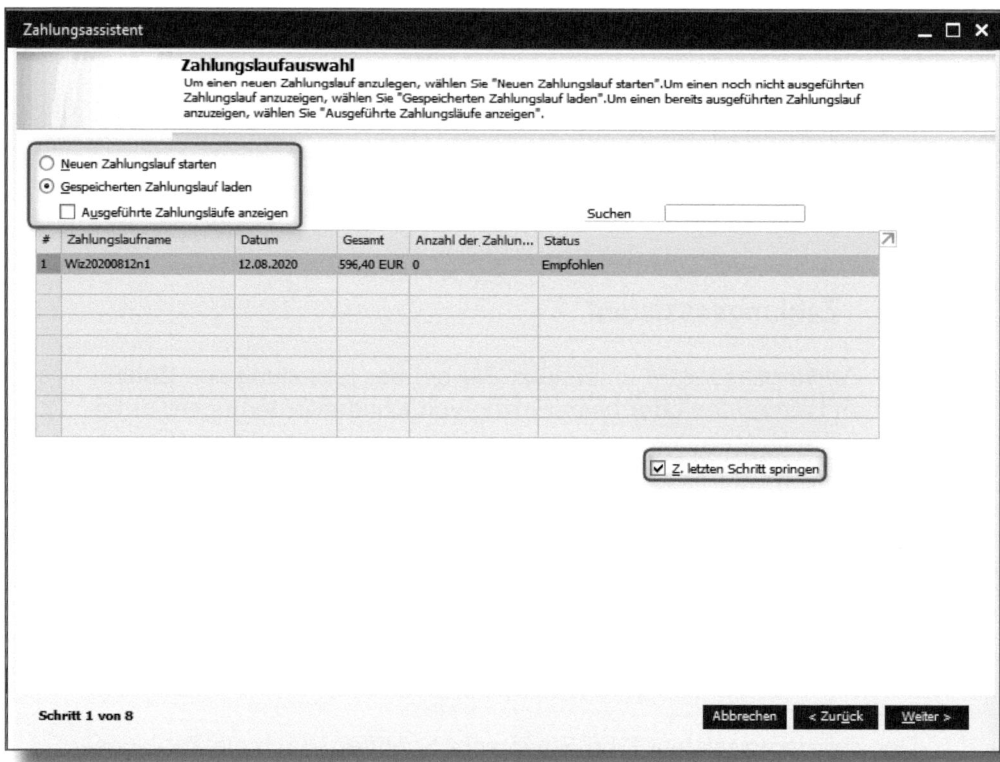

Abbildung 6.20: Zahlungsassistent Schritt 1 – Auswahl

Schritt 2: Allgemeine Parameter festlegen

Wir haben uns für die Anlage eines neuen Zahllaufs entschieden und definieren in Schritt 2 die zugehörigen Parameter.

- Der ZAHLLAUFNAME wird systemseitig vorgeschlagen. Er ist beispielhaft wie folgt aufgebaut: *Wiz*(Wizard)*20190602*(Datum 02.06.2019)*n1*(erster Zahllauf an diesem Tag).
- Als ZAHLLAUFDATUM wird das aktuelle Datum vorgeschlagen.
- Unter NÄCHSTER ZAHLLAUF tragen Sie das Datum ein, zu dem Sie einen neuen Zahllauf beginnen wollen. SAP Business One wird unter Berücksichtigung des Datums für den nächsten Zahllauf nur bis dahin fällige Belege vorschlagen.
- ALS ZAHLUNGSART haben Sie die Wahl zwischen AUSGANG (Lieferantenzahlungen) oder EINGANG (Kundenlastschriften).
- ALS ZAHLUNGSMETHODE stehen SCHECK oder ÜBERWEISUNG zur Auswahl.
- DER MIN. ZAHLUNGSBETRAG ist die optionale Eingabe eines Mindestbetrags für den Eingang oder Ausgang der Zahlung.
- Handelt es sich um eine Kundenlastschrift, ist das Feld SEPA-SEQUENZTYP zu füllen.
- ZAHLUNGSTERMINBESTIMMUNG bietet die Auswahl zwischen ZAHLUNGSLAUFDATUM oder FÄLLIGKEITSDATUM, um den Termin für die Zahlung zu bestimmen.
- Mit einem Haken bei BELEGOPTIONEN: GP-REFERENZNUMMER wird die GP-Referenznummer angezeigt.

Alle Einstellungen sehen Sie in Abbildung 6.21.

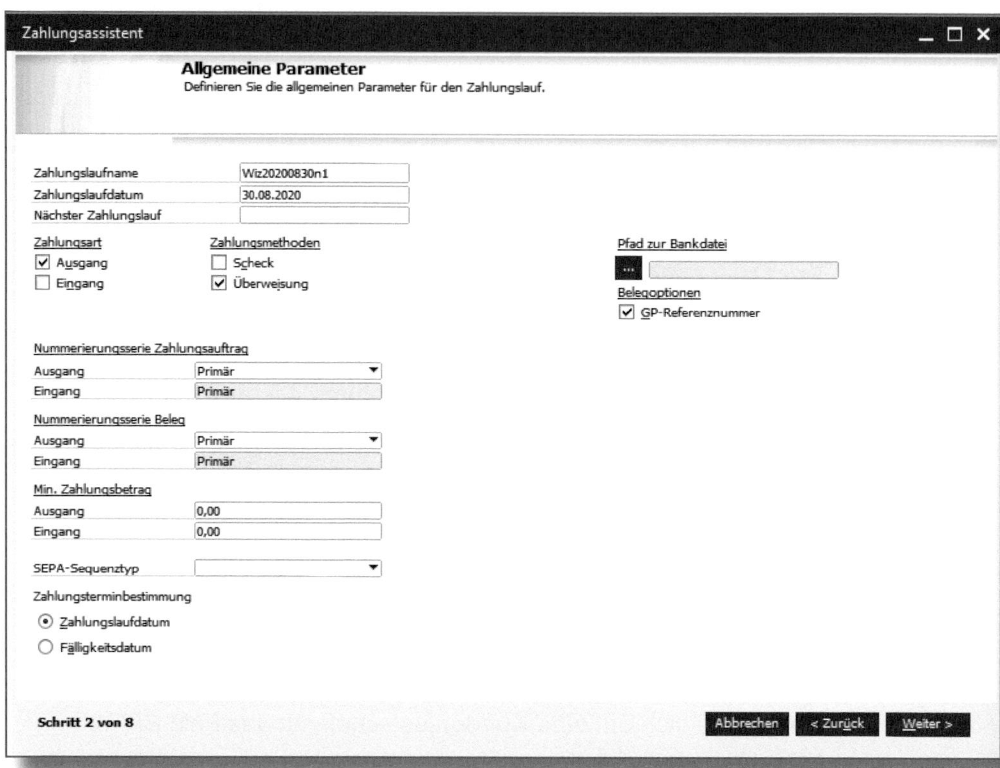

Abbildung 6.21: Zahlungsassistent Schritt 2 – Allgemeine Parameter

Schritt 3: Auswahlkriterien zum Geschäftspartner

Im dritten Schritt bestimmen Sie die Auswahlkriterien für die zu berücksichtigenden Kunden und Lieferanten (siehe Abbildung 6.22).

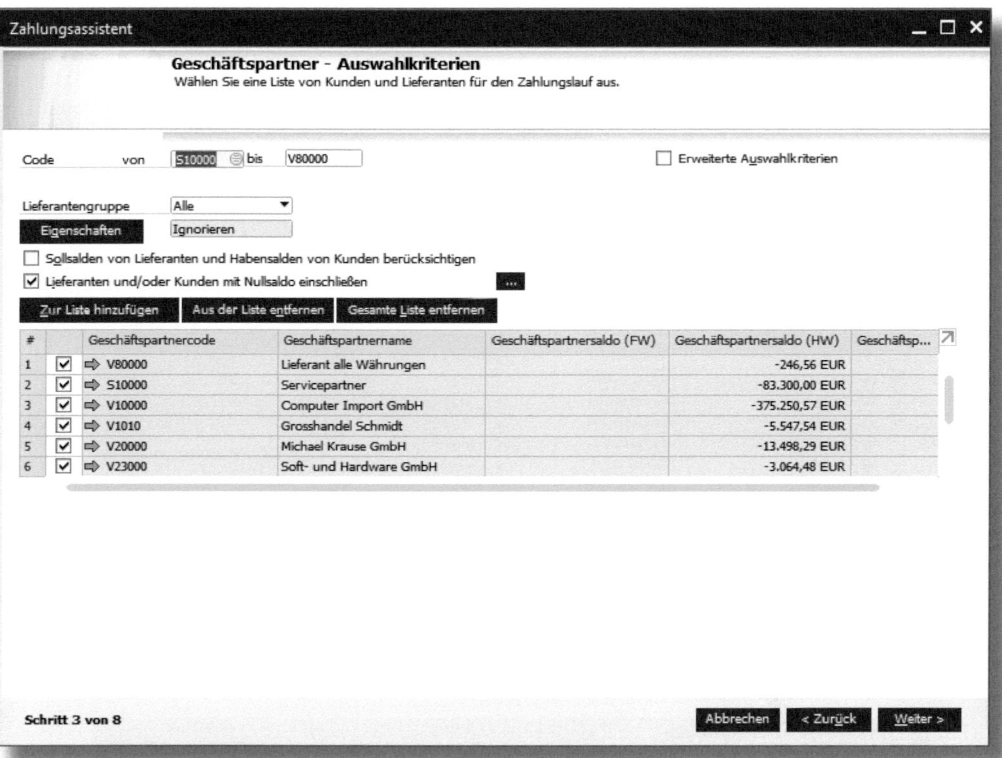

Abbildung 6.22: Zahlungsassistent Schritt 3 – Geschäftspartnerauswahl

Während Sie über das Feld CODE nach einzelnen Geschäftspartnern filtern, ist dies für die Auswahl der Geschäftspartnerzahlung auch aus einer LIEFERANTENGRUPPE oder Kundengruppe möglich.

Um zusätzlich Eigenschaftsfelder, die im Geschäftspartnerstammsatz hinterlegt und aktiv sind, in den Filterungsprozess einzubeziehen, wählen Sie mit Klick auf EIGENSCHAFTEN aus dem sich öffnenden Pop-up die gewünschten Kennzeichen oder geben an, dass Sie die EIGENSCHAFTEN IGNORIEREN wollen (Abbildung 6.23).

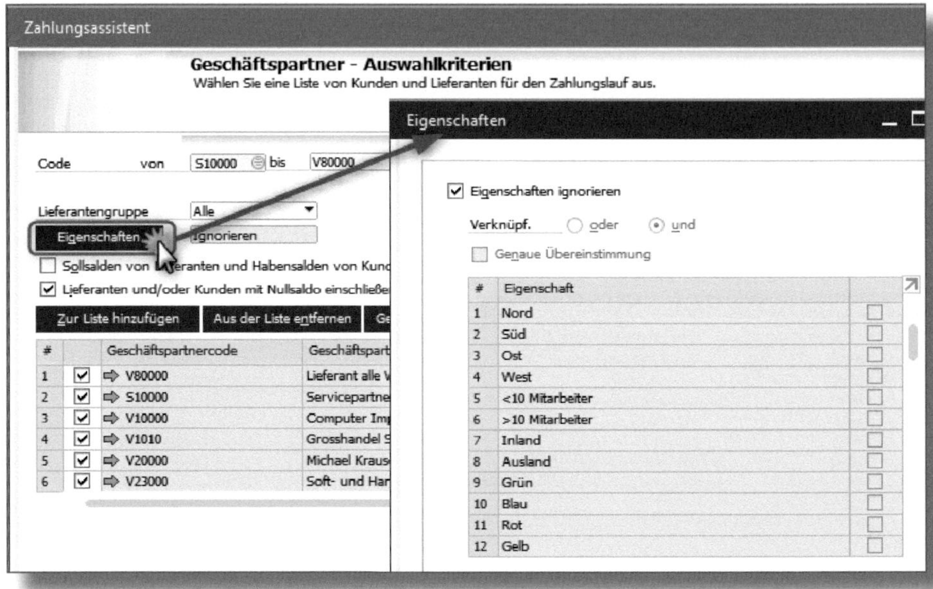

Abbildung 6.23: Zahlungsassistent Schritt 3 – GP-Eigenschaften wählen

Eigenschaften im Zahlungsassistenten nutzen

Für Ihr Unternehmen sind viele Spediteure als Lieferanten tätig, deren Rechnungen immer sofort fällig sind. Im Geschäftspartnerstammsatz haben Sie die Eigenschaft »Spedition« angelegt und diese bei den relevanten Lieferanten markiert. Im Zahlungsassistenten haken Sie in Schritt 3 die Eigenschaft »Spedition« an. Daraufhin werden Ihnen alle Lieferanten mit dieser Eigenschaft und einem Geschäftspartnersaldo > 0 angezeigt. Sie könnten nun einen Zahlungslauf nur mit diesen Lieferanten ausführen.

Die Checkbox SOLLSALDEN VOM LIEFERANTEN UND HABENSALDEN VOM KUNDEN BERÜCKSICHTIGEN sollte markiert werden, wenn der Saldo des Geschäftspartners entsprechend ausgewiesen ist.

Soll- und Habensalden berücksichtigen

Sie haben an einen Lieferanten für ein großes Projekt bereits mehrere Anzahlungen geleistet. Da die Schlussrechnung noch nicht erfolgt ist, stehen die Anzahlungen auf dem Lieferantenkonto im Soll. Sie haben nun von diesem Lieferanten zusätzliche Rechnungen erhalten, die Sie überweisen möchten. Ist der Haken in der Checkbox SOLLSALDEN VOM LIEFERANTEN UND HABENSALDEN VOM KUNDEN BERÜCKSICHTIGEN nicht gesetzt, wird der Zahlungsassistent die fälligen Rechnungen nicht anzeigen, da der Geschäftspartner insgesamt einen Sollsaldo aufweist. In diesem Fall muss also der Haken gesetzt werden!

Mit Klick auf den Button ZUR LISTE HINZUFÜGEN werden die Geschäftspartner gemäß den oben gesetzten Parametern in der Zeilenebene angezeigt. Sind keine Einschränkungen angegeben worden und ist keine Zahlungssperre im Stammsatz gesetzt, werden alle Geschäftspartner mit einem Saldo > 0 dargestellt. In der Zeilenebene werden alle Geschäftspartner mit Haken in der eben genannten Checkbox gezeigt. Diese lassen sich nun entsprechend auswählen oder ausschließen.

Bei Geschäftspartnern, die nicht im Zahlungsassistenten berücksichtigt werden sollen, können Sie entweder den Haken vor dem Geschäftspartner löschen oder direkt im Auswahlfenster auf den Button AUS DER LISTE ENTFERNEN klicken. Mit dem Button GESAMTE LISTE ENTFERNEN (besser zu erkennen in Abbildung 6.22) wird die komplette Zeilenebene getilgt.

Neben den Eigenschaften können Sie noch ERWEITERTE AUSWAHLKRITERIEN für die Auswahl der Geschäftspartner hinzuziehen. Eine Übersicht zeigt Abbildung 6.24.

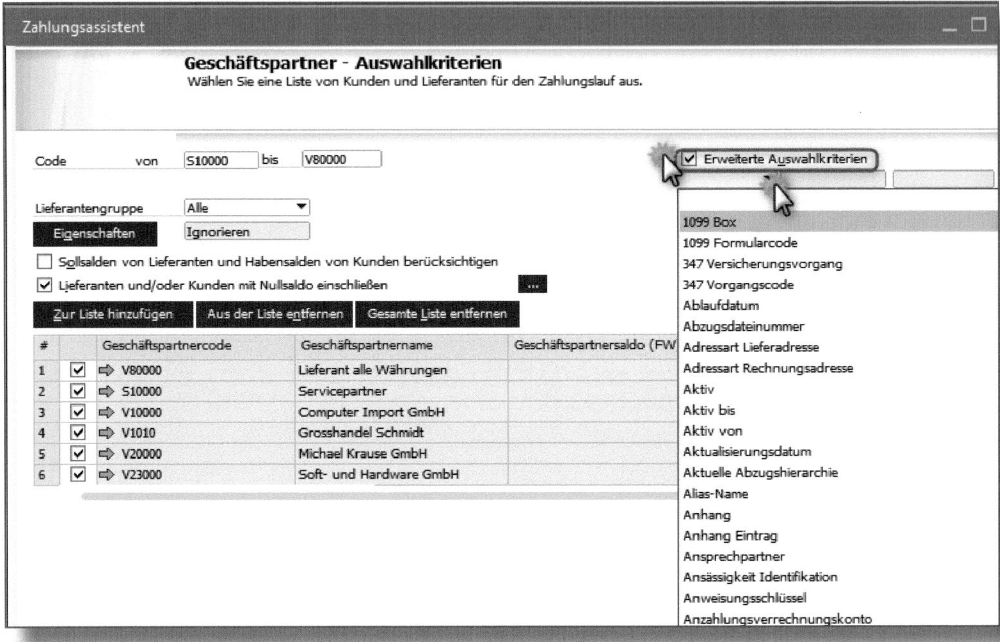

Abbildung 6.24: Zahlungsassistent Schritt 3 – erweiterte Auswahlkriterien

Schritt 4: Belegparameter bestimmen

Über diverse Belegparameter definieren Sie offene Transaktionen, die beim Zahllauf berücksichtigt werden sollen. Die folgende Auflistung beschreibt die möglichen Einflussgrößen:

- AUSWAHLPRIORITÄT: Hier legen Sie fest, welcher Belegparameter die höchste Priorität haben soll, wie z. B. das *Fälligkeitsdatum*, *Buchungsdatum*, *Skonto* oder die *Zahlungsempfängerdetails*.
- BUCHUNGSDATUM: Das Buchungsdatum wird systemseitig anhand der Angabe des Zahlungslaufdatums gesetzt.
- FÄLLIGKEITSDATUM: Geben Sie ein, bis zu welchem Fälligkeitsdatum die offenen Belege angezeigt werden sollen.

- AUF SKONTOTRANSAKTIONEN ANWENDEN: Markieren Sie die Checkbox, wenn das Fälligkeitsdatum auf eine Skontobedingung angewandt werden soll, das sich bereits außerhalb des Skontofälligkeitsdatums befindet.

Eine weitere Filterung nach TOLERANZTAGE, MIN. SKONTO%, BELEGDATUM, FÄLLIGER SALDO und BELEGNUMMER ist in diesem Schritt möglich.

Markieren Sie die Checkbox MANUELLE JOURNALBUCHUNGEN BERÜCKSICHTIGEN, wenn Sie Buchungen für einen Geschäftspartner mit einer manuellen Journalbuchung getätigt haben, die im Zahlungsassistenten berücksichtigt werden sollen.

Die Checkbox NEGATIVE TRANSAKTIONEN IN KUMULIERTEN POSITIVEN GP-SALDEN BERÜCKSICHTIGEN markieren Sie, wenn Sie für einen Geschäftspartner Buchungen berücksichtigen möchten, die den Saldo des Kontos mindern und noch nicht mit anderen Belegen abgestimmt sind.

Alle Parameter sind in Abbildung 6.25 ersichtlich.

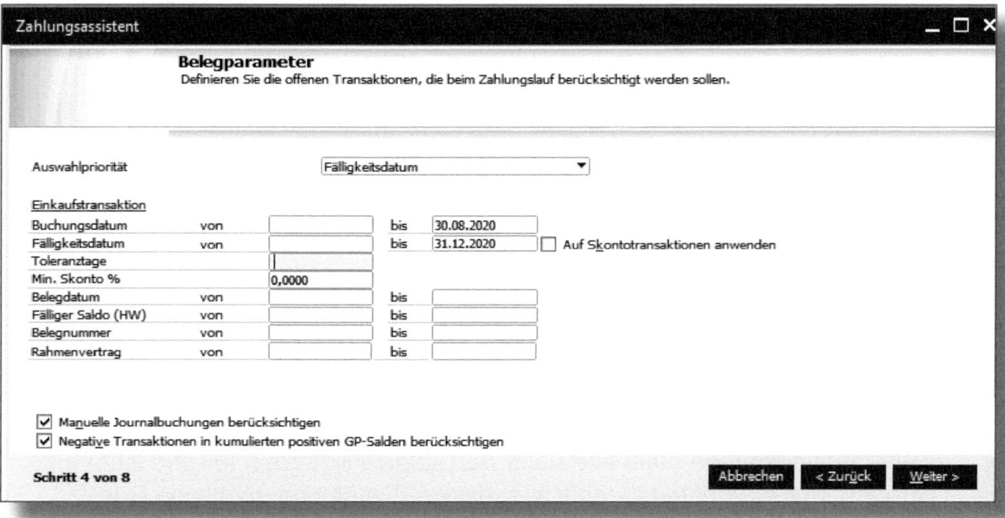

Abbildung 6.25: Zahlungsassistent Schritt 4 – Belegparameter bestimmen

Schritt 5: Zahlweg

Wählen Sie in diesem Schritt den Zahlweg für Ihre Hausbank, über die die Zahlung ausgeführt werden soll. Der aktuelle Saldo des Sachkontos wird Ihnen in der Spalte SACHKONTENSALDO angezeigt (siehe Abbildung 6.26). In der Spalte MAX. AUSGEHENDER BETRAG geben Sie vor, welche Summe der Zahlungsassistent höchstens für den einzelnen Zahlweg nutzen soll.

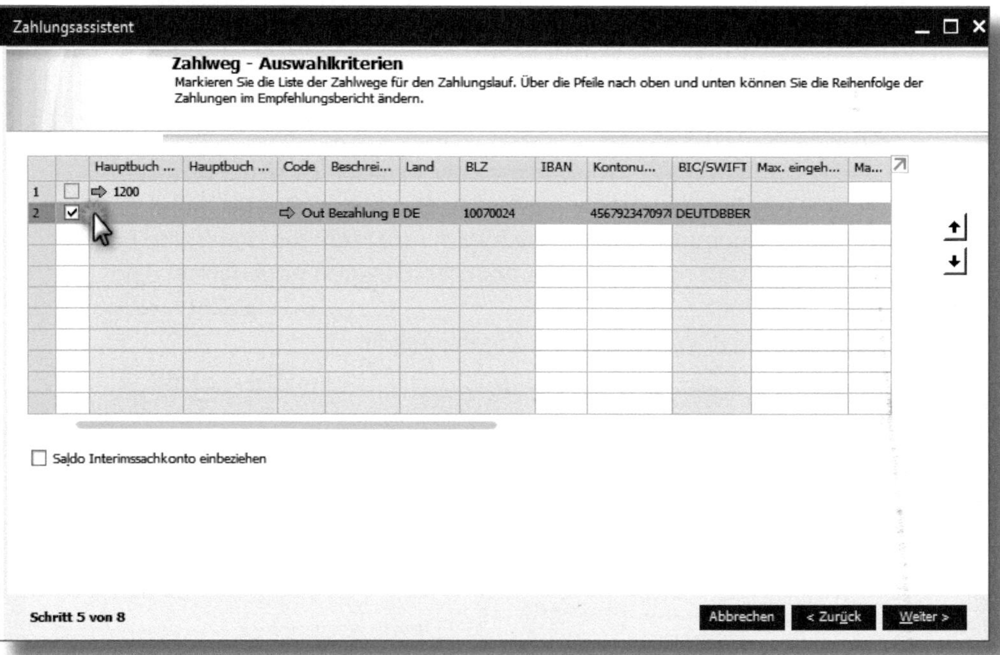

Abbildung 6.26: Zahlungsassistent Schritt 5 – Zahlweg

Schritt 6: Empfehlungsbericht

SAP Business One stellt alle nach den Auswahlkriterien fälligen Zahlungen im *Empfehlungsbericht* zusammen. Dafür sind sämtliche Positionen in der zweiten Spalte markiert. Wenn Sie eine Zahlung dennoch ausschließen wollen, entfernen Sie den Haken. Falls Sie alle Rechnungen einzeln prüfen und erst dann auswählen möchten, entfernen Sie mit Klick auf den Spaltenkopf die gesamten Haken (Abbildung

6.27). Die Summe der Beträge aller markierten Positionen sehen Sie unten rechts im Feld GESAMT.

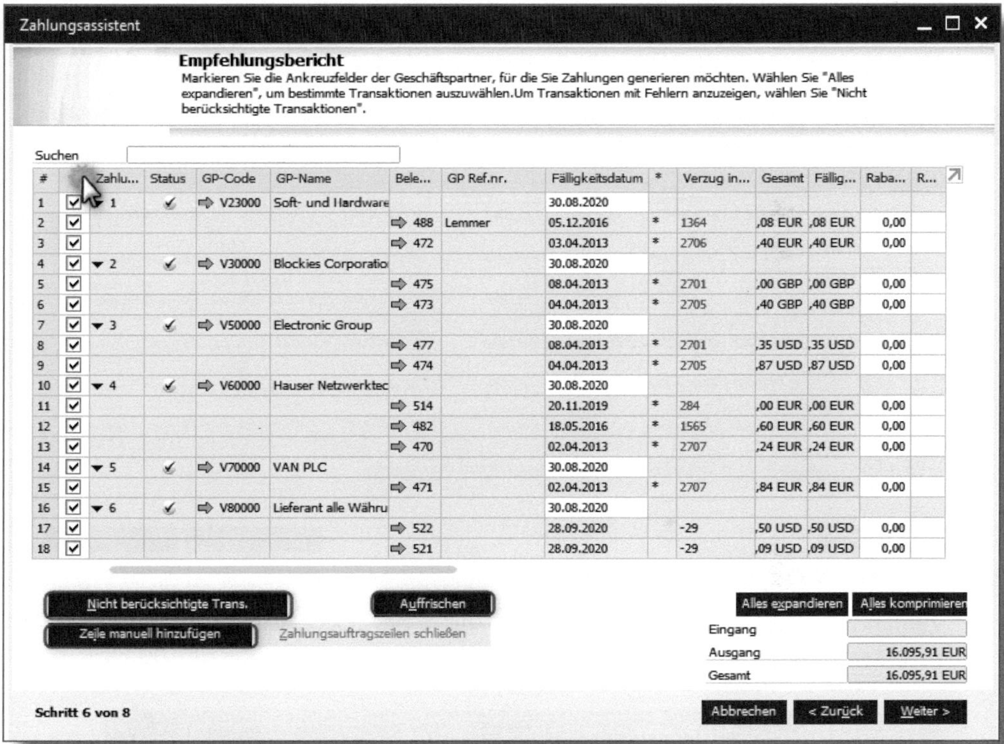

Zahlungsassistent

Empfehlungsbericht

Markieren Sie die Ankreuzfelder der Geschäftspartner, für die Sie Zahlungen generieren möchten. Wählen Sie "Alles expandieren", um bestimmte Transaktionen auszuwählen.Um Transaktionen mit Fehlern anzuzeigen, wählen Sie "Nicht berücksichtigte Transaktionen".

Suchen

#		Zahlu...	Status	GP-Code	GP-Name	Bele...	GP Ref.nr.	Fälligkeitsdatum	*	Verzug in...	Gesamt	Fällig...	Raba...	R...
1	☑	1	✓	V23000	Soft- und Hardware			30.08.2020						
2	☑					488	Lemmer	05.12.2016	*	1364	,08 EUR	,08 EUR	0,00	
3	☑					472		03.04.2013	*	2706	,40 EUR	,40 EUR	0,00	
4	☑	2	✓	V30000	Blockies Corporatio			30.08.2020						
5	☑					475		08.04.2013	*	2701	,00 GBP	,00 GBP	0,00	
6	☑					473		04.04.2013	*	2705	,40 GBP	,40 GBP	0,00	
7	☑	3	✓	V50000	Electronic Group			30.08.2020						
8	☑					477		08.04.2013	*	2701	,35 USD	,35 USD	0,00	
9	☑					474		04.04.2013	*	2705	,87 USD	,87 USD	0,00	
10	☑	4	✓	V60000	Hauser Netzwerktec			30.08.2020						
11	☑					514		20.11.2019	*	284	,00 EUR	,00 EUR	0,00	
12	☑					482		18.05.2016	*	1565	,60 EUR	,60 EUR	0,00	
13	☑					470		02.04.2013	*	2707	,24 EUR	,24 EUR	0,00	
14	☑	5	✓	V70000	VAN PLC			30.08.2020						
15	☑					471		02.04.2013	*	2707	,84 EUR	,84 EUR	0,00	
16	☑	6	✓	V80000	Lieferant alle Währu			30.08.2020						
17	☑					522		28.09.2020		-29	,50 USD	,50 USD	0,00	
18	☑					521		28.09.2020		-29	,09 USD	,09 USD	0,00	

Nicht berücksichtigte Trans. | Auffrischen | Alles expandieren | Alles komprimieren

Zeile manuell hinzufügen | Zahlungsauftragszeilen schließen

Eingang

Ausgang 16.095,91 EUR

Gesamt 16.095,91 EUR

Schritt 6 von 8 | Abbrechen | < Zurück | Weiter >

Abbildung 6.27: Zahlungsassistent Schritt 6 – Empfehlungsbericht

Nicht berücksichtigte Transaktionen

Bevor Sie mit der Bearbeitung des Berichts beginnen, klicken Sie auf den Button NICHT BERÜCKSICHTIGTE TRANSAKTIONEN (Abbildung 6.27). Daraufhin werden Ihnen alle Belege angezeigt, die nicht in der Liste aufgeführt werden, weil z. B. ein Zahlweg im Geschäftspartnerstammsatz nicht gepflegt oder der Beleg aufgrund der Auswahlkriterien ausgeschlossen wurde (siehe Abbildung 6.28). Eventuell sind dort also Belege enthalten, die Sie in diesem Zahllauf doch berücksichtigen möchten. Von diesem Fenster aus können Sie in die Belege oder zum GP abspringen und fehlende Angaben ergänzen. Mit dem Button AUFFRISCHEN übernehmen Sie den Beleg im Anschluss in den Empfehlungsbericht.

Bericht: Nicht berücksichtigte Transaktionen

Belegnummer	Rate	GP-Code	GP-Name	Buchungs...	Fälligkeitsd...	Betrag	Fälliger Saldo	Fehlerbeschreibung
469								
	1	V20000	Michael Krau	02.03.2013	02.04.2013	1.355,69 EUR	1.355,69 EUR	Im Zahlungsauftragslauf w
478								
	1	S10000	Servicepartn	01.02.2013	04.03.2013	71.400,00 EUR	71.400,00 EUR	Im Zahlungsauftragslauf w
479								
	1	S10000	Servicepartn	01.02.2013	04.03.2013	11.900,00 EUR	11.900,00 EUR	Im Zahlungsauftragslauf w
483								
	1	V20000	Michael Krau	18.04.2016	18.04.2016	4.331,60 EUR	4.331,60 EUR	Im Zahlungsauftragslauf w
486								
	1	V20000	Michael Krau	13.06.2016	13.07.2016	7.811,00 EUR	7.811,00 EUR	Im Zahlungsauftragslauf w
494								
	1	V1010	Grosshandel	24.03.2017	24.04.2017	5.172,69 EUR	5.172,69 EUR	Im Zahlungsauftragslauf w
495								

OK Abbrechen Alles expandieren Alles komprimieren

Abbildung 6.28: Empfehlungsbericht – nicht berücksichtigte Transaktionen

Empfehlungsbericht

Wenn Sie einen Empfehlungsbericht zur späteren Weiterbearbeitung abspeichern möchten, lassen Sie die noch zu bearbeitenden Positionen markiert! SAP Business One entfernt mit dem Speichern alle Zeilen ohne Markierung. Wenn der empfohlene Zahlungslauf erneut aufgerufen wird, können Sie im Empfehlungsbericht nur noch Haken entfernen und keine Belege mehr hinzufügen!

Über den Button ZEILE MANUELL HINZUFÜGEN (Abbildung 6.27) haben Sie nachträglich die Möglichkeit, zum Empfehlungsbericht noch manuell Zahlungen an Lieferanten oder Kunden auf ein Sachkonto zu ergänzen (Abbildung 6.29 und Abbildung 6.30).

Abbildung 6.29: Zahlungsassistent Schritt 6 – manuell Zahlungszeile hinzufügen

Zahlungsassistent

Empfehlungsbericht

Markieren Sie die Ankreuzfelder der Geschäftspartner, für die Sie Zahlungen generieren möchten. Wählen Sie "Alles expandieren", um bestimmte Transaktionen auszuwählen.Um Transaktionen mit Fehlern anzuzeigen, wählen Sie "Nicht berücksichtigte Transaktionen".

Suchen

#		Zahlu...	Status	GP-Code	Bele...	GP Ref.nr.	Fälligkeitsdatum	*	Verzug in...	Gesamt	Fälliger Saldo	Raba...	Rabattbet...
3	☑				⇨ 472		03.04.2013	*	2706	1.840,40 EUR	1.840,40 EUR	0,00	
4	☑	▾ 2	✓	⇨ V30000			30.08.2020						
5	☑				⇨ 475		08.04.2013	*	2701	1.037,00 GBP	1.037,00 GBP	0,00	
6	☑				⇨ 473		04.04.2013	*	2705	360,40 GBP	360,40 GBP	0,00	
7	☑	▾ 3	✓	⇨ V50000			30.08.2020						
8	☑				⇨ 477		08.04.2013	*	2701	2.362,35 USD	2.362,35 USD	0,00	
9	☑				⇨ 474		04.04.2013	*	2705	1.593,87 USD	1.593,87 USD	0,00	
10	☑	▾ 4	✓	⇨ V60000			30.08.2020						
11	☑				⇨ 514		20.11.2019	*	284	1.904,00 EUR	1.904,00 EUR	0,00	
12	☑				⇨ 482		18.05.2016	*	1565	4.331,60 EUR	4.331,60 EUR	0,00	
13	☑				⇨ 470		02.04.2013	*	2707	1.423,24 EUR	1.423,24 EUR	0,00	
14	☑	▾ 5	✓	⇨ V70000			30.08.2020						
15	☑				⇨ 471		02.04.2013	*	2707	637,84 EUR	637,84 EUR	0,00	
16	☑	▾ 6	✓	⇨ V80000			30.08.2020						
17	☑				⇨ 522		28.09.2020		-29	178,50 USD	178,50 USD	0,00	
18	☑				⇨ 521		28.09.2020		-29	137,09 USD	137,09 USD	0,00	
19	☑	▾ 7	✓	⇨ 70004			30.08.2020						
20	☑									1.000,00 EUR	1.000,00 EUR	0,00	

Abbildung 6.30: Zahlungsassistent Schritt 6 – Empfehlungsbericht mit manuell hinzugefügter Zeile

Schritt 7: Speicheroption wählen

In diesem Schritt wählen Sie die Verarbeitungsmethode für die Ergebnisse des Zahlungsassistenten aus. Abbildung 6.31 zeigt die zur Verfügung stehenden Speicheroptionen. Diese haben folgende Bedeutung:

Nur Auswahlkriterien speichern: SAP Business One sichert nur die von Ihnen bestimmten Auswahlkriterien.

Empfehlung speichern: Es erfolgt die Speicherung des Empfehlungsberichts nebst allen getroffenen Auswahlkriterien. Der empfohlene Zahlungslauf kann zu einem späteren Zeitpunkt erneut aufgerufen und weiterbearbeitet werden (siehe Schritt 1 des Zahlungsassistenten).

Zahlungsauftragslauf ausführen: SAP Business One führt den Zahlungsassistenten direkt aus und generiert im Anschluss eine Zahlungsdatei (siehe Kapitel 8). Mit dieser Option werden systemseitig keine offenen Posten ausgeglichen. Es wird ausschließlich eine Datei für die weitere Bearbeitung im Onlinebankingprogramm erstellt!

Zahlungslauf ausführen: Mit dieser Option wird der Zahlungslauf ausgeführt, und die offenen Posten werden gemäß den ausgewählten Positionen im Empfehlungsbericht ausgeglichen. Die Gegenbuchung erfolgt gemäß der Definition der Hausbank auf ein Interimskonto oder direkt auf das hinterlegte Bankkonto.

Zahlungslauf auf dem Server ausführen: Diese Option erlaubt das Einplanen der Ausführung des Zahlungslaufs auf dem Server. Diese erfolgt dann zum hinterlegten Datum und der gewählten Uhrzeit.

Abbildung 6.31: Zahlungsassistent Schritt 7 – Speicheroptionen

Nachdem Sie eine der Optionen ausgewählt und auf WEITER geklickt haben, öffnet sich ein Hinweisfenster (Abbildung 6.32), das bestätigt werden muss, bevor der Zahlungsassistent ausgeführt wird.

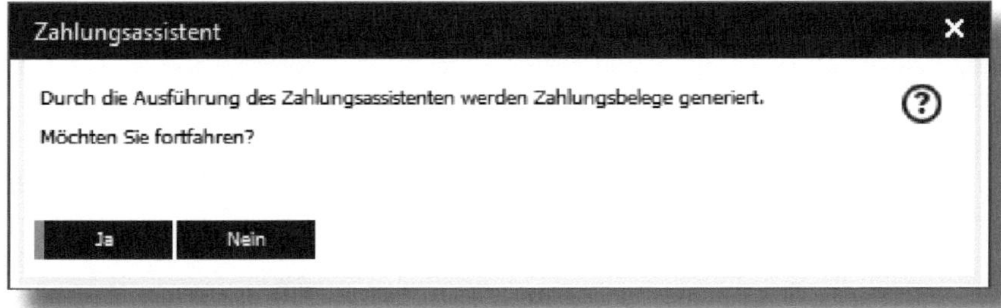

Abbildung 6.32: Zahlungsassistent Schritt 7 – Ausführung bestätigen

Wurde der Zahlungsassistent erfolgreich ausgeführt, erhalten Sie eine entsprechende Systemmeldung (siehe Abbildung 6.33).

Abbildung 6.33: Zahlungsassistent Schritt 7 – Systemmeldung

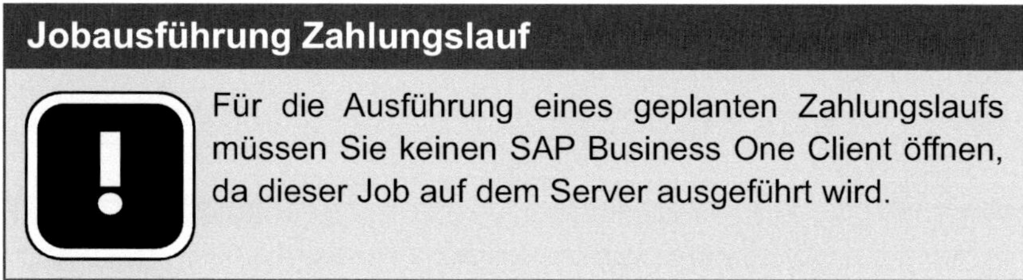

Nach erfolgreich geplantem Zahlungslauf wird dieser im Zahlungsassistenten im Status »geplant« angezeigt.

Schritt 8: Zahlungsdatei erstellen

Mit Auswahl einer der Optionen ZAHLUNGSAUFTRAGSLAUF AUSFÜHREN bzw. ZAHLUNGSLAUF AUSFÜHREN in Schritt 7 (Abbildung 6.31) und Klick auf WEITER gelangen Sie zu Schritt 8 des Zahlungsassistenten. In diesem letzten Schritt finden Sie die Zusammenfassung zum Zahlungslauf sowie die Druckoptionen für die Erzeugung der Zahlungsdatei (siehe Abbildung 6.34).

Je nach der in Schritt 7 gewählten Speicheroption wird eine entsprechende Zusammenfassung von Belegen und Belegarten zum Zahllauf erstellt. Sie können zudem auf der rechten Seite des Fensters aus einer Vielzahl von Auswertungen wählen und diese anzeigen lassen oder drucken.

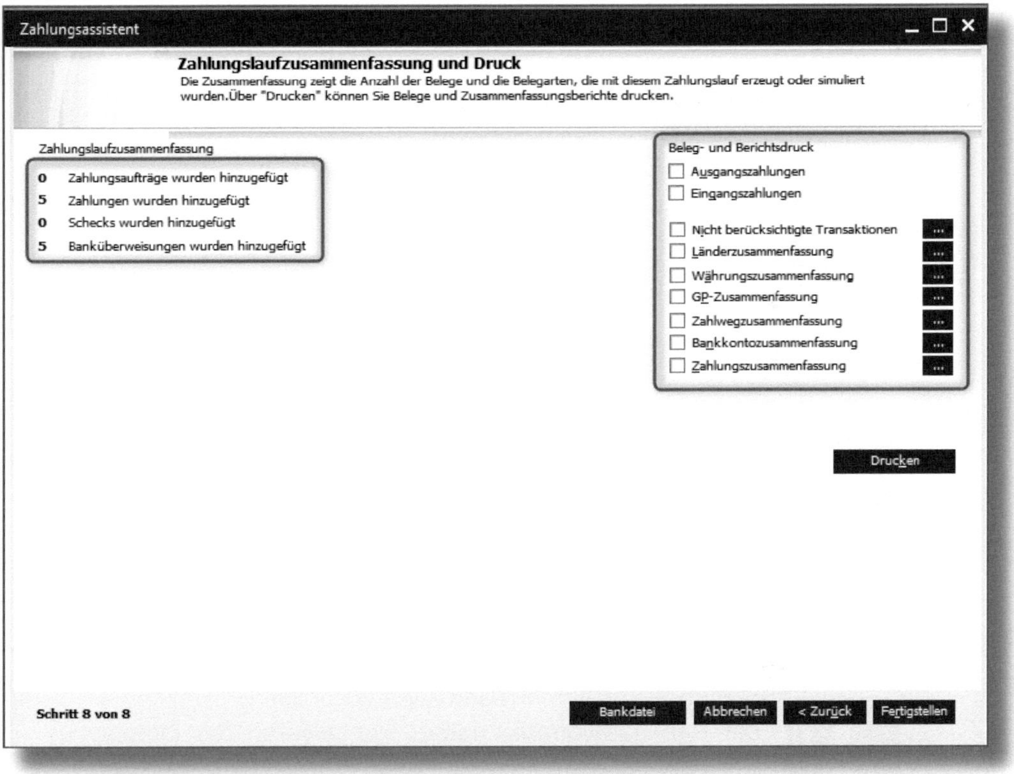

Abbildung 6.34: Zahlungsassistent Schritt 8 – Zahlungslaufzusammenfassung und Druck

Für die abschließende Erstellung der Zahlungsdatei (Bankdatei) wird das Add-on »Payment« benötigt. Im Menü unter ADMINISTRATION • ADDONS • ADDON MANAGER sehen Sie alle installierten, ausstehenden und fehlgeschlagene Add-ons. Auf dem Reiter INSTALLIERTE ADDONS sollten Sie das Add-on »Payment« finden. Bitte kontrollieren Sie dessen Status. Für die Generierung der Zahlungsdatei sollte es bereits *gestartet* sein. Wird der Status *Verbindung unterbrochen* angezeigt, führen Sie das Add-on aus, indem Sie es markieren und auf den Button STARTEN klicken.

Sollte sich das Add-on im Status *Fehlgeschlagen* oder gar nicht auf dem Reiter INSTALLIERTE ADDONS befinden, kontaktieren Sie den für

SAP Business One zuständigen IT-Mitarbeiter im Hause oder Ihren SAP-Berater.

Add-on zur Bankdatei

Starten Sie das Payment-Add-on, **bevor** Sie mit dem Zahlungsassistenten beginnen!

Payment-Add-on obsolet ab SAP Business One 9.3

Ab der Version SAP Business One 9.3 wird das Payment-Add-on nicht mehr benötigt, sofern das Bankdateiformat mit dem EFM (Electronic File Manger) definiert und mit der Zahlungsmethode verknüpft ist.

Bankdateiformat

Sollten Sie weitere Fragen zur eventuellen Umstellung der Bankdateiformate haben, kontaktieren Sie Ihren SAP-Berater.

Klicken Sie nun auf den Button BANKDATEI (Abbildung 6.35).
Es öffnet sich ein Fenster, in dem Sie den Laufwerkpfad auswählen, auf dem die Zahlungsdatei abgelegt werden soll (siehe Abbildung 6.36).

Die Erstellung der Zahlungsdatei wird zunächst als TESTLAUF ausgeführt. Erst nachdem dieser erfolgreich absolviert wurde, wechselt SAP Business One von TESTLAUF auf ECHTLAUF. Starten Sie die Erstellung erneut. Wurde auch der Echtlauf erfolgreich durchlaufen (siehe Systemmeldung in Abbildung 6.37), ist die Bankdatei unter dem angegebenen Pfad gespeichert und kann nun zur weiteren Bearbeitung in ein entsprechendes Onlinebanking-Tool importiert werden.

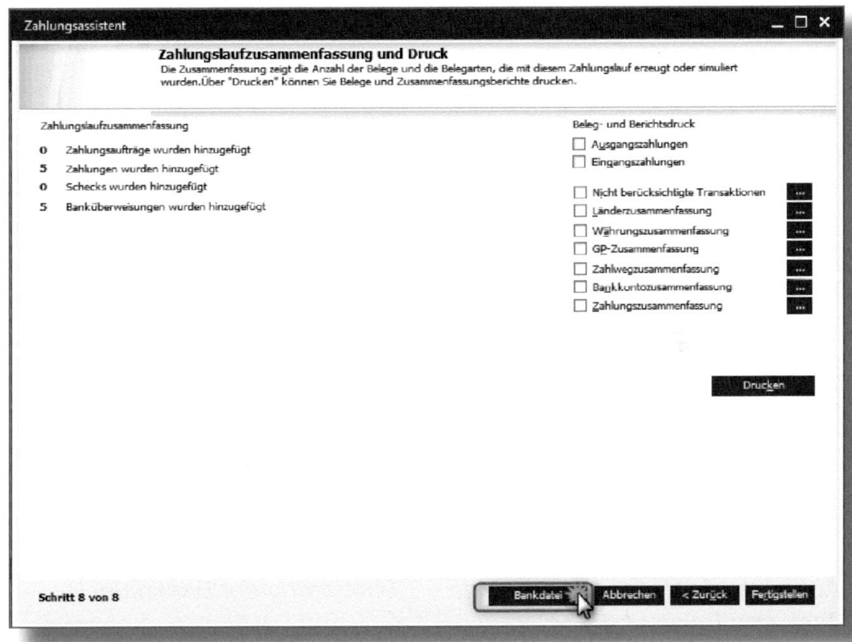

Abbildung 6.35: Zahlungsassistent Schritt 8 – Erstellung Bankdatei

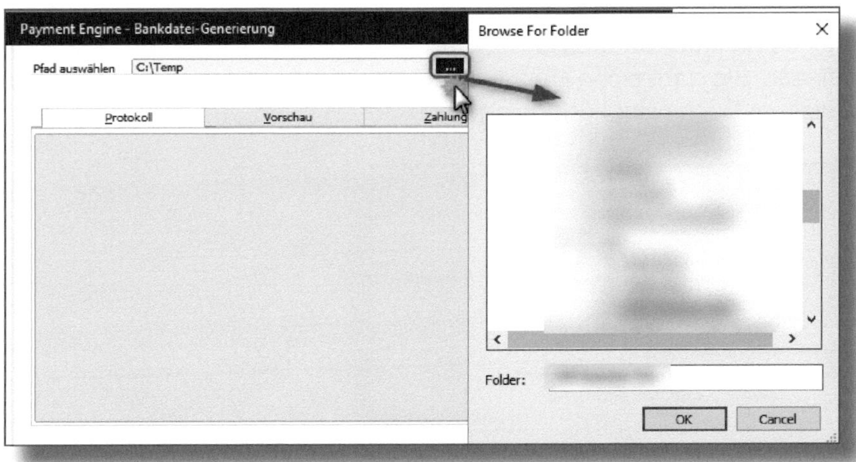

Abbildung 6.36: Dateipfad auswählen

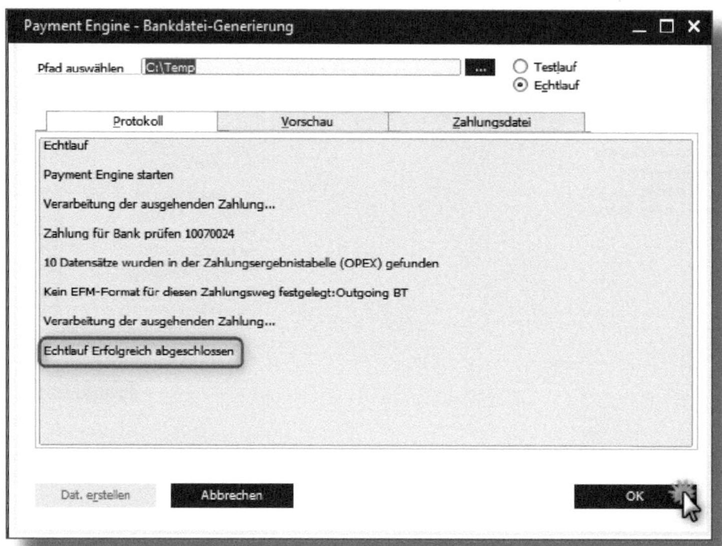

Abbildung 6.37: Payment Engine – Generierung der Bankdatei in Test- und Echtlauf

6.6 Berichte

Im Menü unter Bankenabwicklung • Bankberichte (Abbildung 6.38) finden Sie zahlreiche Berichte zur Bankenabwicklung, auf die ich in diesem Buch nicht näher eingehe.

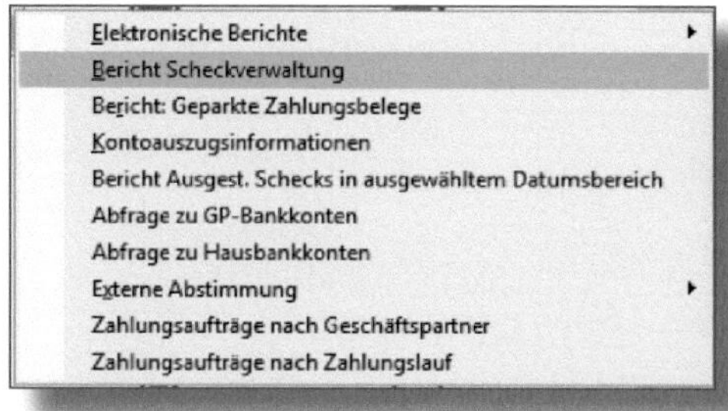

Abbildung 6.38: Menüpunkt »Bankberichte«

7 Add-ons für SAP Business One (deutsche Lokalisation)

Neben dem bereits in der Bankenabwicklung angesprochenen Add-on »Payment« werden für SAP Business One noch weitere Hilfsprogramme zur Verfügung gestellt. In der deutschen Lokalisation sind dies die Add-ons DATEV® und ELSTER; beide werden wir uns in diesem Kapitel ansehen.

7.1 DATEV®

Die SAP hat mit dem Business-One-Release 9.3 auch eine neue Version des DATEV®-Add-ons zur Verfügung gestellt, die wir im Weiteren betrachten wollen.

Die Buchungslogiken von SAP Business One und der DATEV® unterscheiden sich grundlegend. Während SAP Business One in der Journalbuchung für jede Sachkontenbuchung eine neue Zeile im Nettoverfahren anlegt, wird bei DATEV® in einer Zeile mit dem Bruttobetrag gebucht. Auf Basis der bei DATEV® mitgegebenen Steuerschlüssel wird aus dieser Zeile die Steuer errechnet und auf die Steuerkonten gebucht.

Mit dem DATEV®-Add-on werden die Journalbuchungen mit X Zeilen und Nettobeträgen in DATEV®-konforme Buchungen umgewandelt. Die vom Add-on konvertierten Daten können anschließend in die DATEV®-Software importiert werden.

7.1.1 Stammdatenpflege

Grundvoraussetzung für die Nutzung des DATEV®-Add-ons ist die Konfiguration der nachfolgenden Stammdaten.

Systemkonfiguration

Die Systemkonfiguration für das DATEV®-Add-on sollte nur ein für SAP Business One geschulter IT-Administrator oder SAP-Berater vornehmen! Aus diesem Grund wird auf diese Einstellungen nicht näher eingegangen.

Sachkontenmapping

Im Menü unter Finanzwesen • Kontenplan werden in den Kontendetails die aktiven Konten für die DATEV® gemappt. Hinterlegen Sie im Feld DATEV® Konto die Sachkontennummer des DATEV®-Kontenplans. Sofern es sich bei einigen DATEV®-Konten um Automatikkonten handelt, wählen Sie im Feld DATEV-Automatikkonto *JA*.

Automatikkonten

Stimmen Sie sich mit Ihrem Steuerberater ab, welche Konten in der DATEV® als Automatikkonten klassifiziert sind, um ein vollständiges Mapping in SAP Business One vornehmen zu können.

Automatikkonten/Steuerkennzeichen

Wenn Sie ein Automatikkonto im Kontenplan mappen, so darf der Haken bei Anderes USt.-Kennz. erlauben **nicht** gesetzt sein! Das Steuerkennzeichen muss im Feld Standard USt. Kennzeichen hinterlegt werden (siehe Abbildung 7.1).

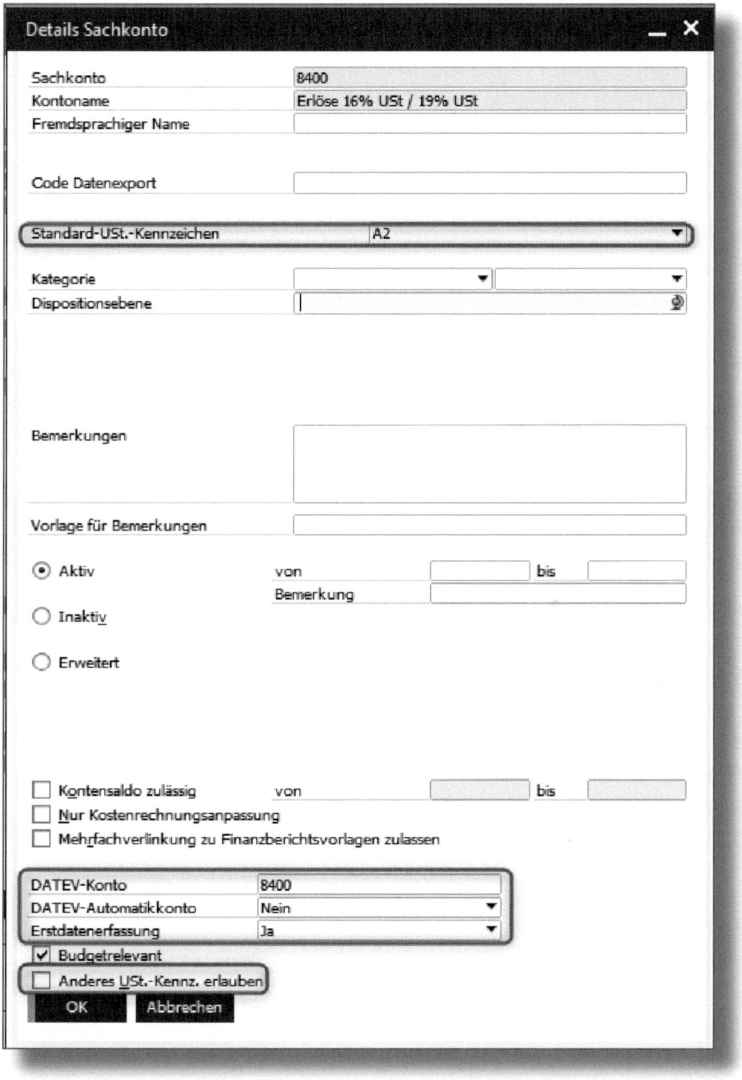

Abbildung 7.1: Details Sachkonto – DATEV-Einstellungen

Mapping der Geschäftspartnerstammdaten

In den Geschäftspartner-Stammdaten finden Sie im Reiter Buchhaltung, Registerblatt Steuer das Feld DATEV®-Konto (siehe Abbildung 7.2). Tragen Sie in dieses Feld die DATEV®-konforme Debitoren- oder Kreditorennummer ein. Dies dient dem Mapping zwischen beiden Softwareprodukten. Das Feld Erstdatenerfassung steht im Standard auf *Ja*. Dies bedeutet, dass der Stammsatz beim DATEV®-Export mitgegeben wird. Sobald der Export abgeschlossen ist, wird das Feld systemseitig automatisch auf *Nein* umgestellt, und der Stammsatz wird beim nächsten Export nicht mehr exportiert. Sollten Sie für die DATEV® relevante Änderungen an diesem Stammsatz vornehmen, so sollte das Feld wieder auf *Ja* umgestellt werden, um den Stammsatz erneut exportieren zu können.

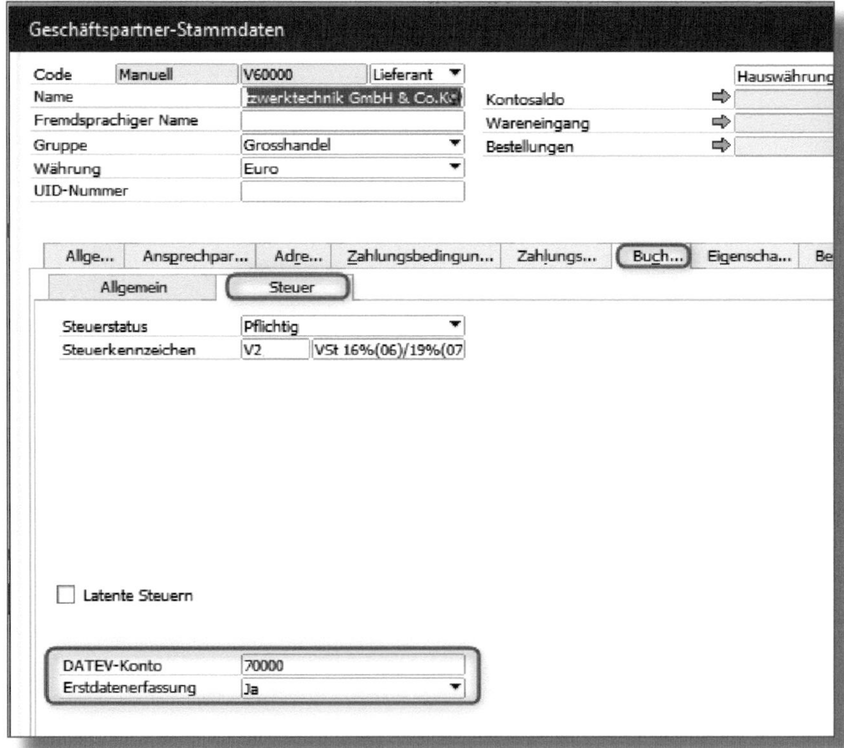

Abbildung 7.2: Geschäftspartnerstammsatz – Reiter »Buchhaltung«

Mapping der Steuerkennzeichen

Unter dem Menüpfad Administration • Definition • Finanzwesen • Steuer • Steuerkennzeichen finden Sie die Definition der Steuerkennzeichen.

Die aktiven Steuerkennzeichen müssen mit dem DATEV®-Buchungsschlüssel gemappt werden. Öffnen Sie hierfür mittels Doppelklick auf die Zeilennummer des jeweiligen Steuerkennzeichens ein weiteres Fenster, in das Sie in der Spalte DATEV® Kennzeichen den entsprechenden Buchungsschlüssel der DATEV® eintragen (siehe Abbildung 7.3). Sollte es sich um ein Steuerkennzeichen handeln, welches einen 13b-Sachverhalt abhandelt, so muss die Spalte Sachverhalte L+L ebenfalls gefüllt werden (Abbildung 7.4).

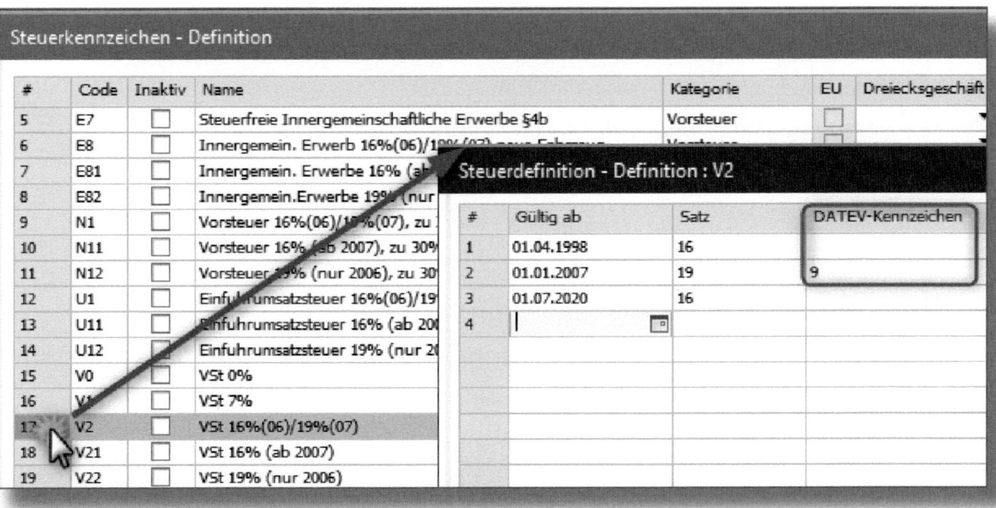

Abbildung 7.3: Steuerkennzeichen – erweiterte Definition

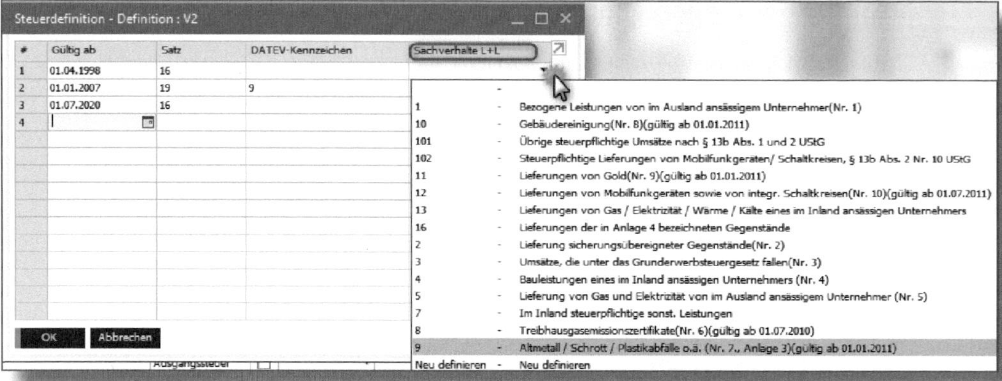

Abbildung 7.4: Steuerkennzeichen – erweiterte Definition, Untermenü »Sachverhalte L+L« (Lieferungen und Leistungen)

Mapping absichern

Stimmen Sie sich mit Ihrem Steuer- oder DATEV®-Berater für dieses Mapping ab, um für den jeweiligen Steuerfall den korrekten Buchungsschlüssel der DATEV® zu hinterlegen. Ein falsches Mapping kann zu Fehlern in der Steuerberechnung und im Datenimport führen!

Dies gilt gleichermaßen für den nächsten Abschnitt.

Mapping der Aufteilungsregeln und Projekte

Die Aufteilungsregeln und Projekte sollten bei Nutzung der Funktionen in SAP Business One mit dem DATEV®-KENNZEICHEN ergänzt werden (Abbildung 7.5 und Abbildung 7.6).

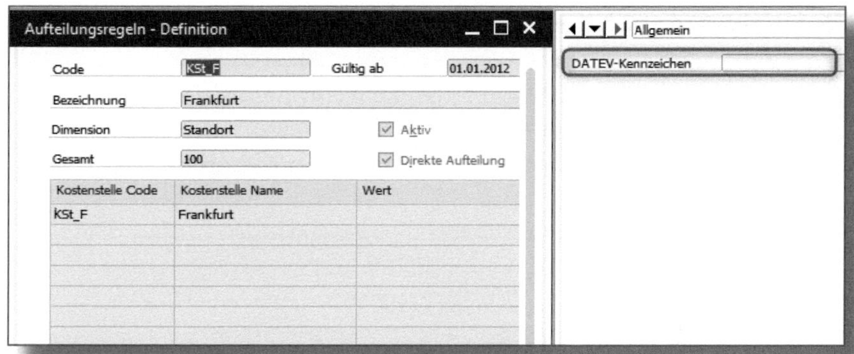

Abbildung 7.5: Aufteilungsregeln – Definition benutzerdefinierte Felder

Projekte - Definition

#	Projektcode	Projektname	Gültig ab	Gültig bis	Aktiv	DATEV-Kennzeichen
1					☑	
2					☑	
3					☑	
4					☑	
5					☑	
6	Brandschutz	Brandschutz	10.02.2017		☑	
7	Messe 09	Messe Herbst 2009		08.12.2099	☐	
8	Messe 2012	Messe Sommer 2012		31.12.2099	☑	
9					☑	
10	Weihn 09	Weihnachtsaktion 2009		31.12.2099	☐	
11	Weihn 2012	Weihnachtsaktion 2012		31.12.2099	☑	

Abbildung 7.6: Projekte – Definition

7.1.2 DATEV®-Export

Sie gelangen über ADMINISTRATION • DATENIMPORT/-EXPORT • DATENEXPORT • DATEV® FORMAT EXPORT zum Assistenten für den DATEV®-Export. Dieser geschieht in vier Schritten, die wir uns im Folgenden ansehen wollen.

DATEV®-Add-on ggf. starten

Sollte der Menüpunkt nicht vorhanden sein, prüfen Sie bitte unter Administration • Add-ons • Add-on Manager, ob das DATEV®-Add-on gestartet ist.

Schritt 1

Nach Aufruf des DATEV®-Assistenten klicken Sie zunächst auf Weiter (siehe Abbildung 7.7). Sollten Sie eine Systemmeldung erhalten, haben Sie in den allgemeinen Einstellungen die Dezimalstellen für Beträge auf mehr als zwei eingestellt. Wenn Sie die Systemmeldung bestätigen, werden die Beträge beim Export gerundet.

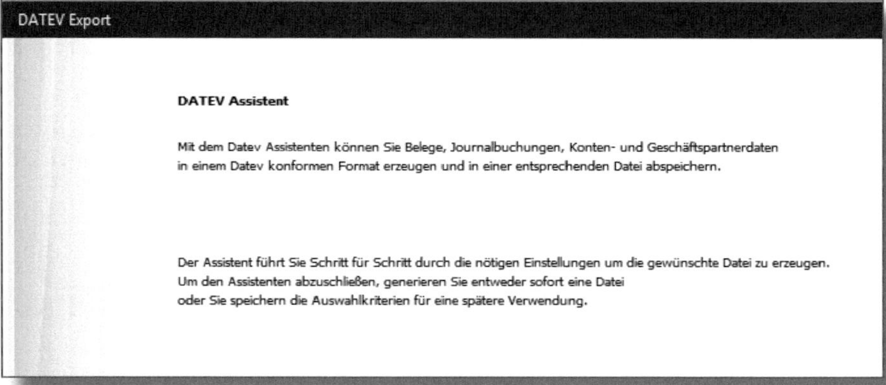

Abbildung 7.7: DATEV®-Export – Schritt 1

Schritt 2

Wählen Sie im zweiten Schritt (siehe Abbildung 7.8) das gewünschte Szenario aus. Es bestehen vier Möglichkeiten:

- Einen neuen Exportlauf erstellen
- Einen neuen Exportlauf erstellen mit den Parametern eines existierenden
- Einen existierenden Exportlauf starten und das Delta exportieren – Sollten Sie nach einem DATEV®-Export noch Buchungen in die entsprechende Buchungsperiode vorgenommen haben, so lässt sich mit diesem Lauf nur das DELTA zwischen dem ersten und diesem Lauf exportieren.
- Einen existierenden Exportlauf starten und alle Daten erneut exportieren

DATEV Export

Szenario Auswahl
Wählen Sie ein entsprechendes Szenario aus nach dem der Assistent ausgeführt werden soll.
Delta Export: Exportiert alle Journalbuchung, die sich noch nicht in einem abgeschlossenen Export-Lauf befinden und in dem entsprechenden Zeitraum verbucht wurden.

(•) Einen neuen Exportlauf erstellen
( ) Einen neuen Exportlauf erstellen mit den Parametern eines existierenden
( ) Einen existierenden Exportlauf starten und das Delta exportieren
( ) Einen existierenden Exportlauf starten und alle Daten erneut exportieren

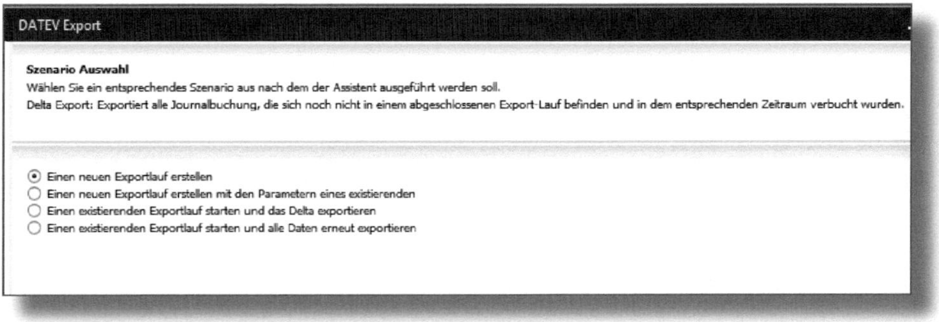

Abbildung 7.8: DATEV®-Export – Schritt 2

Nach der Auswahl klicken Sie auf Weiter.

Schritt 3

Geben Sie in dem sich öffnenden Fenster (siehe Abbildung 7.9) die gewünschten Exportparameter an. Bei den Exporttypen haken Sie die zu exportierenden Stamm- und Bewegungsdaten an (Konten, Kundenstammdaten, Lieferantenstammdaten, Journalbuchungen).

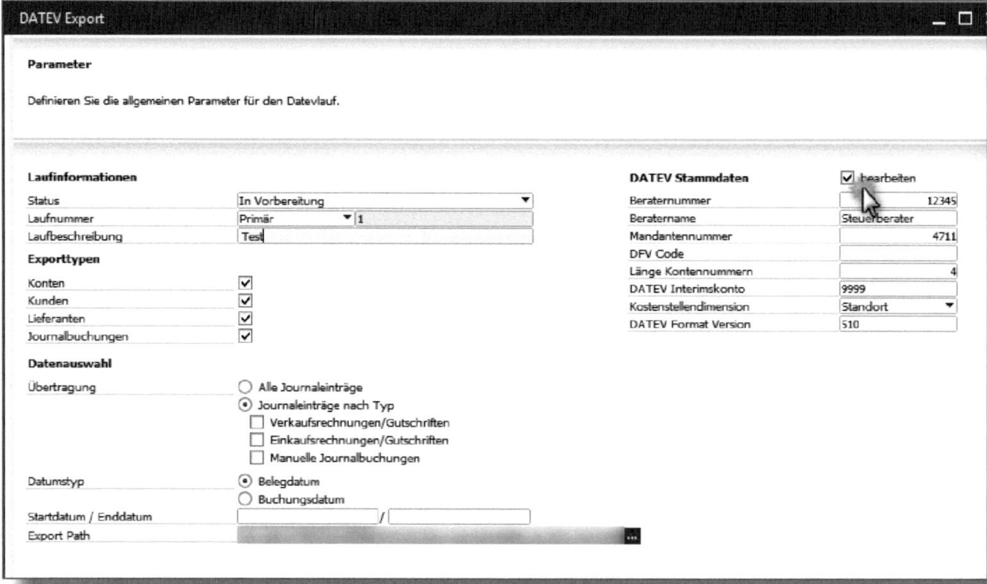

Abbildung 7.9: DATEV®-Export – Schritt 3

In der DATENAUSWAHL können Sie entweder ALLE JOURNALBUCHUNGEN (auch Lagerbewegungen) oder gezielt nach bestimmten Belegarten (AUSGANGSRECHNUNGEN/AUSGANGSGUTSCHRIFTEN, EINGANGSRECHNUNGEN/EINGANGSGUTSCHRIFTEN und/oder MANUELLE JOURNALBUCHUNGEN) exportieren.

Bei STARTDATUM/ENDDATUM geben Sie den gewünschten Zeitraum für den Export der Daten an.

Das Feld START GESCHÄFTSJAHR wird nach Angabe des Start- und Enddatums systemseitig gefüllt und sollte geprüft werden.

Laufbeschreibung

Das Feld LAUFBESCHREIBUNG ist ein Pflichtfeld, es muss also gefüllt werden. Bitte geben Sie hier eine Beschreibung ein, z. B. »Testlauf Januar 2021«.

Oben rechts sind die DATEV®-STAMMDATEN hinterlegt. Bitte prüfen Sie diese. Sollten Angaben nicht korrekt sein, so ändern Sie diese, indem Sie den Haken im Feld BEARBEITEN setzen.

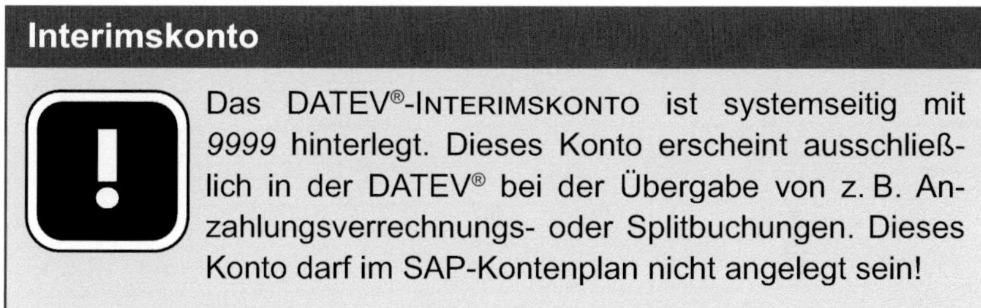

Interimskonto

Das DATEV®-INTERIMSKONTO ist systemseitig mit *9999* hinterlegt. Dieses Konto erscheint ausschließlich in der DATEV® bei der Übergabe von z. B. Anzahlungsverrechnungs- oder Splitbuchungen. Dieses Konto darf im SAP-Kontenplan nicht angelegt sein!

Und schließlich – nicht zu vergessen – ist oben unter LAUFINFORMATIONEN der STATUS auszuwählen, z. B. *In Vorbereitung.*

Mit Klick auf den Button [Weiter] erhalten Sie eine Systemmeldung, dass nun ein neuer Lauf angelegt wird. Diese Meldung muss mit JA oder NEIN bestätigt werden.

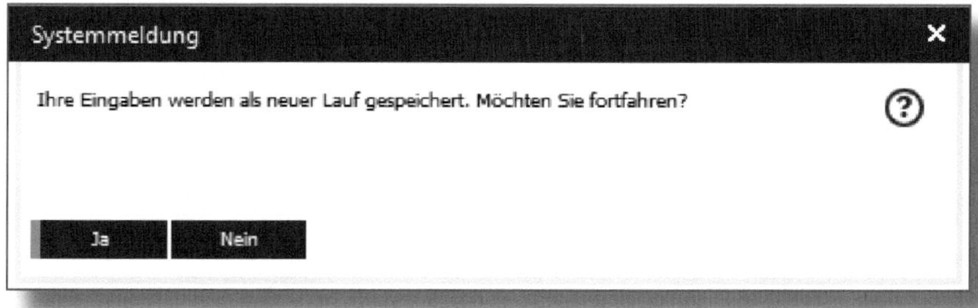

Abbildung 7.10: DATEV®-Export – Schritt 3, Systemmeldung

Schritt 4

In diesem letzten Schritt erhalten Sie nach dem Export eine Übersicht der exportierten Daten und die LAUFINFORMATIONEN (siehe Abbildung 7.11).

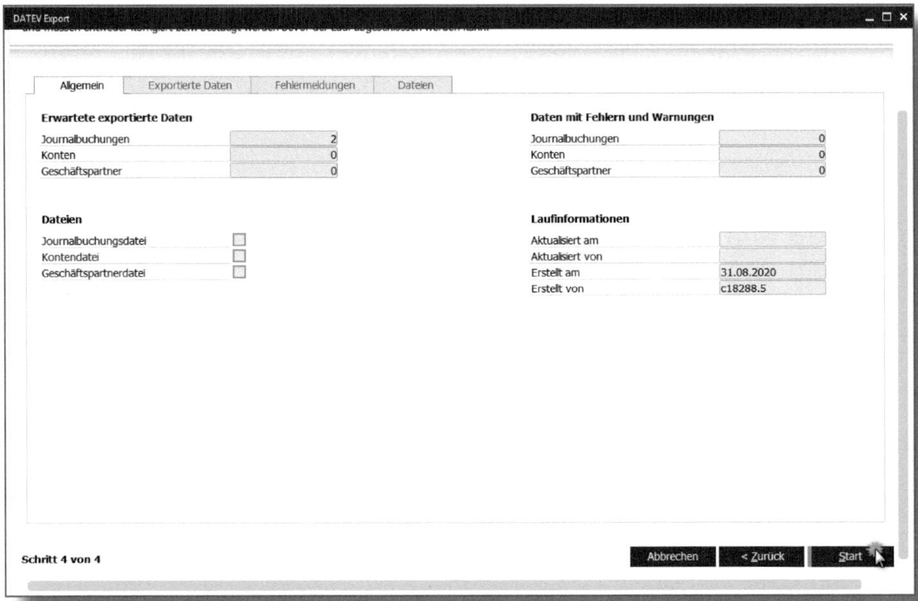

Abbildung 7.11: DATEV®-Export – Schritt 4, Übersicht der exportierten Daten im Reiter »Allgemein«

Wenn Sie den Reiter Exportierte Daten aufrufen, werden alle Buchungen mit ihrem jeweiligen Status angezeigt (Abbildung 7.12).

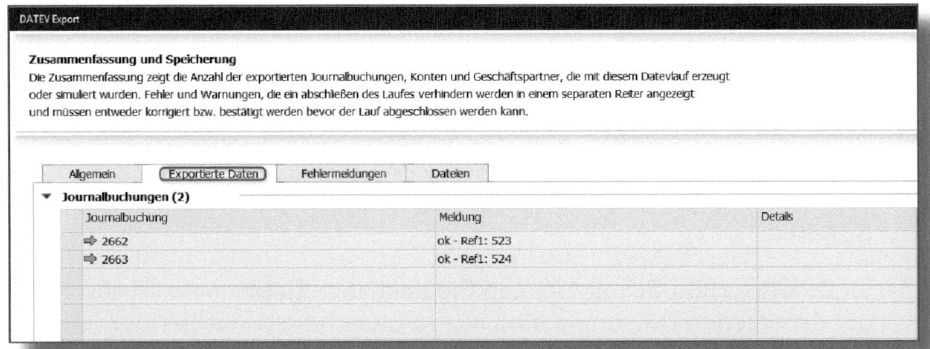

Abbildung 7.12: DATEV®-Export – Schritt 4, Reiter «Exportierte Daten«

Der Reiter FEHLERMELDUNGEN bietet Ihnen eine Übersicht zu allen nicht exportierten Buchungen (siehe Abbildung 7.13). Diese Liste ist ebenfalls als Logfile in der Exportdatei für den DATEV®-Import angelegt worden, sodass dort die fehlenden Buchungen entsprechend dokumentiert sind.

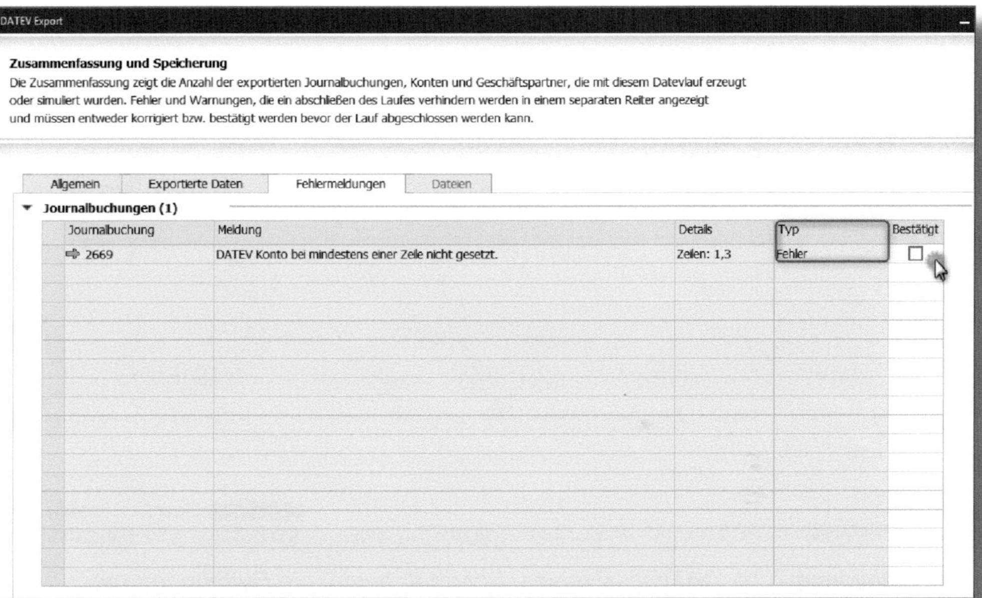

Abbildung 7.13: DATEV®-Export – Schritt 4, Reiter »Fehlermeldungen«

Behandlung von SAP-Null-Buchungen im Export

Sie haben eine Eingangsrechnung für ein größeres Projekt erhalten, zu dem Sie bereits drei Anzahlungen geleistet haben – nun liegt Ihnen die Schlussrechnung vor. Diese weist nach Abzug der Anzahlungen einen Endbetrag von 0,00 EUR aus. Null-Rechnungen können in der DATEV® nicht verarbeitet werden. Diese Buchungen werden daher beim Export nicht übergeben und erscheinen im Fehlerprotokoll.

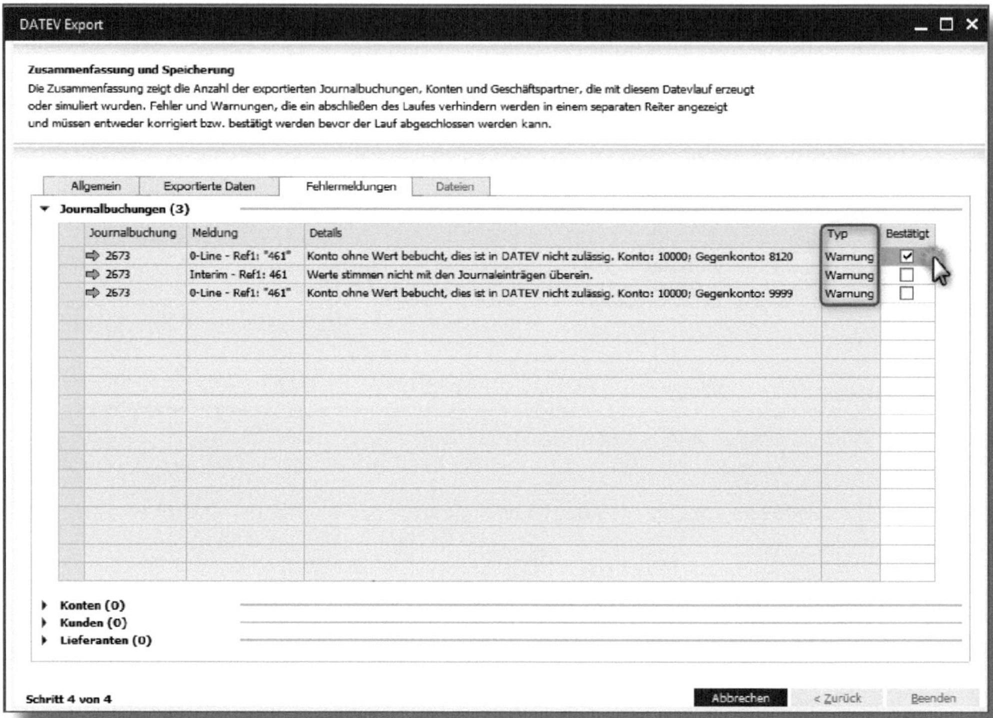

DATEV Export

Zusammenfassung und Speicherung

Die Zusammenfassung zeigt die Anzahl der exportierten Journalbuchungen, Konten und Geschäftspartner, die mit diesem Datevlauf erzeugt oder simuliert wurden. Fehler und Warnungen, die ein abschließen des Laufes verhindern werden in einem separaten Reiter angezeigt und müssen entweder korrigiert bzw. bestätigt werden bevor der Lauf abgeschlossen werden kann.

Allgemein | Exportierte Daten | Fehlermeldungen | Dateien

Journalbuchungen (3)

Journalbuchung	Meldung	Details	Typ	Bestätigt
2673	0-Line - Ref1: "461"	Konto ohne Wert bebucht, dies ist in DATEV nicht zulässig. Konto: 10000; Gegenkonto: 8120	Warnung	☑
2673	Interim - Ref1: 461	Werte stimmen nicht mit den Journaleinträgen überein.	Warnung	☐
2673	0-Line - Ref1: "461"	Konto ohne Wert bebucht, dies ist in DATEV nicht zulässig. Konto: 10000; Gegenkonto: 9999	Warnung	☐

Konten (0)
Kunden (0)
Lieferanten (0)

Schritt 4 von 4 | Abbrechen | < Zurück | Beenden

Abbildung 7.14: DATEV®-Export – Schritt 4, bestätigte Buchungen mit Fehlermeldungen

Bestätigung der Buchungen mit Warnmeldung

Die angezeigten Buchungen mit einer Warnmeldung im Reiter FEHLERMELDUNGEN müssen in der Spalte BESTÄTIGT alle mit Haken versehen werden (siehe Abbildung 7.14). Ohne Bestätigung dieser Buchungen gelangen Sie nicht auf den Reiter DATEIEN, um den Lauf zu speichern.

Buchungen mit Fehlermeldungen

Fehlermeldungen können nicht bestätigt werden. Hier muss der Fehler behoben und der Export erneut gestartet werden.

Im Reiter DATEIEN sehen Sie schließlich die erstellten Files (Abbildung 7.15). Diese legen Sie mit dem Button DATEIEN LOKAL SPEICHERN auf Ihrem lokalen Laufwerk ab.

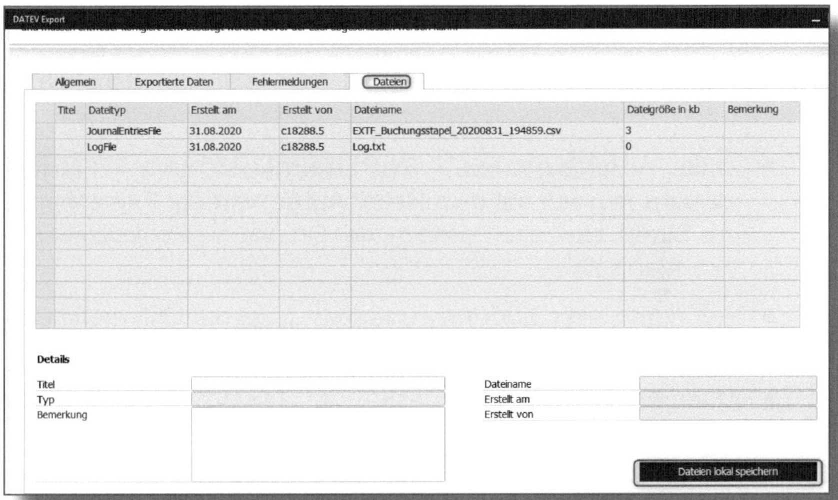

Abbildung 7.15: DATEV® Export Schritt 4 Reiter Dateien

Die Logfile-Datei sollte dem Steuerberater der Vollständigkeit halber ebenfalls zur Verfügung gestellt werden.

7.2 ELSTER

Mit der Elster-Integration können Sie die Umsatzsteuervoranmeldung aus SAP Business One elektronisch direkt an das Finanzamt übermitteln.

Voraussetzung für diese Funktionalität ist eine aktuelle, installierte Version des ELSTER-Add-ons sowie eine Internetverbindung.

Aktuelle Version

Aufgrund der jährlichen steuerrechtlichen Änderungen stellt die SAP für jedes neue Kalenderjahr eine aktualisierte Version des ELSTER-Add-ons zur Verfügung (Download nur als S-User).

7.2.1 Stammdaten

Für die Nutzung des ELSTER-Add-ons sind folgende Stammdaten relevant:

- Unter ADMINISTRATION • SYSTEMINITIALISIERUNG • FIRMENDETAILS müssen auf dem Reiter ALLGEMEIN der Firmenname, die Straße bzw. das Postfach, der Ort und die Postleitzahl eingetragen sein.
- Auf dem Reiter BUCHHALTUNGSDATEN ist die Unternehmenssteuernummer zu hinterlegen.
- Unter ADMINISTRATION • DEFINITION • FINANZWESEN • STEUER • STEUERKENNZEICHEN müssen die Steuerkennzeichen gepflegt sein.
- Unter ADMINISTRATION • DEFINITION • FINANZWESEN • STEUER • STEUERERKLÄRUNGSFELDER müssen die Steuerkennzeichen den entsprechenden Steuererklärungsfeldern zugewiesen sein.

Angaben auf Richtigkeit prüfen

Bitte prüfen Sie genau, ob alle Daten korrekt hinterlegt sind.

Steuererklärungsfelder

Sollten Sie ein neues Steuerkennzeichen anlegen, so müssen Sie diesem auch das entsprechende Steuererklärungsfeld zuordnen. Unterbleibt dies oder ist die Zuweisung falsch, kann es zu fehlerhaften Daten in der generierten Umsatzsteuervoranmeldung kommen. Für die richtige Definition der Steuerkennzeichen sowie für die Zuordnung in den Steuererklärungsfeldern wenden Sie sich bitte an Ihren Steuerberater!

7.2.2 Erster Gebrauch der ELSTER-Integration

Bei der erstmaligen Nutzung des ELSTER-Moduls müssen Sie eine Lizenzvereinbarung akzeptieren sowie die Teilnahmeerklärung einreichen. Hierzu wählen Sie im Menü Finanzwesen • Finanzberichte • Steuer • Steuerbericht.

Lizenzvereinbarung

Im Fenster »Steuerbericht Auswahlkriterien« klicken Sie auf OK. SAP Business One erstellt nun den Steuerbericht und zeigt Ihnen diesen in einem gesonderten Fenster. Hier klicken Sie auf den Button ELSTER, um das in Abbildung 7.16 gezeigte Fenster zu öffnen. Die Lizenzvereinbarung muss unter der gleichnamigen Registerkarte mit OK einmal akzeptiert werden. SAP Business One speichert daraufhin den angemeldeten Benutzer sowie das Datum der Bestätigung.

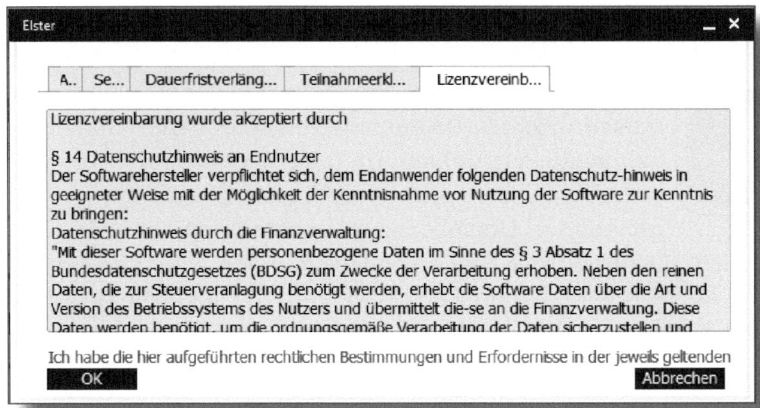

Abbildung 7.16: Elster – Reiter »Lizenzvereinbarung«

Erst nachdem die Vereinbarung akzeptiert wurde (Abbildung 7.17), werden die anderen Registerkarten aktiviert.

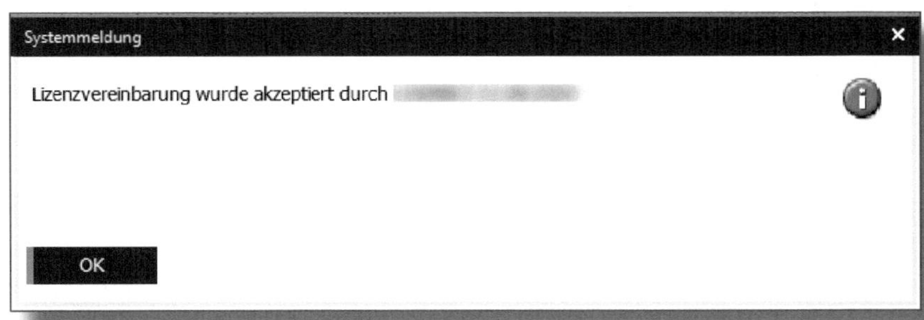

Abbildung 7.17: Elster – Systemmeldung zur akzeptierten Lizenzvereinbarung

Teilnahmeerklärung

Die Teilnahmeerklärung finden Sie links neben dem Reiter LIZENZVEREINBARUNG (Abbildung 7.18). Wenn Sie auf den Button TEILNAHMEERKLÄRUNG DRUCKEN klicken, öffnet SAP Business One eine PDF-Datei mit der ELSTER-Teilnahmeerklärung. In dieser muss geprüft werden, ob es sich um die aktuellste Version handelt. Im Anschluss drucken Sie das PDF-Dokument aus. Dieses muss entsprechend ausgefüllt und in Papierform an das Finanzamt gesandt werden.

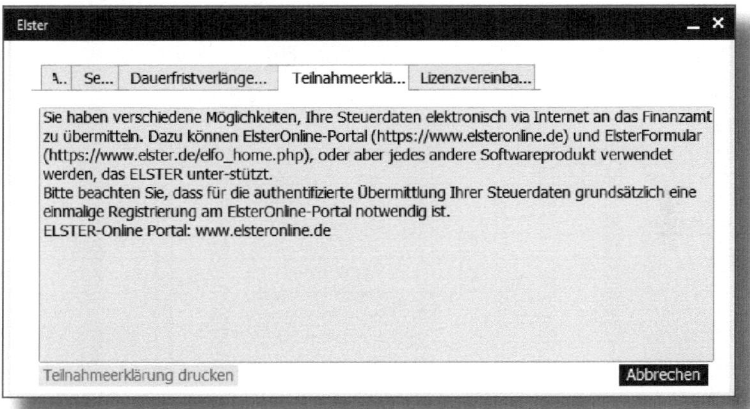

Abbildung 7.18: Elster – Reiter »Teilnahmeerklärung«

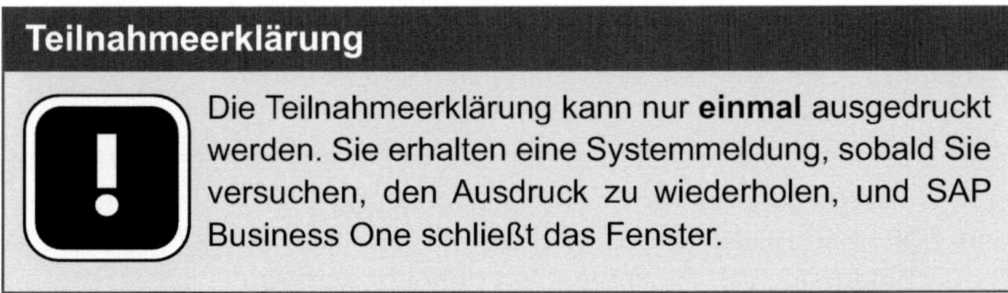

Teilnahmeerklärung

Die Teilnahmeerklärung kann nur **einmal** ausgedruckt werden. Sie erhalten eine Systemmeldung, sobald Sie versuchen, den Ausdruck zu wiederholen, und SAP Business One schließt das Fenster.

7.2.3 Erstellen des Steuerberichts und Versand der USt.-VA.

Im Fenster »Steuerbericht« wählen Sie den Zeitraum (DATUM VON ... BIS) aus. Für alle genutzten Steuerkennzeichen sollte sowohl unter VORSTEUER als auch unter AUSGANGSSTEUER das Feld ANZEIGE mit einem Haken versehen sein. Bei AUSGABEMODUS wählen Sie *Steuererklärung* und klicken auf OK.

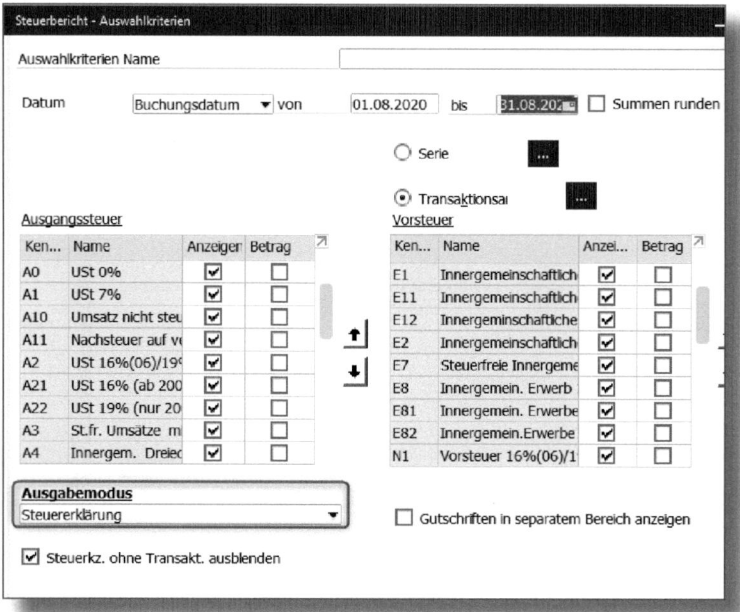

Abbildung 7.19: Auswahlkriterien für den Steuerbericht

SAP Business One erstellt nun den Steuerbericht und zeigt Ihnen diesen in einem gesonderten Fenster (Abbildung 7.20). Klicken Sie auf den Button FEHLERBERICHT und überprüfen Sie, ob ggf. fehlerhafte Steuerbelege in SAP Business One gebucht wurden.

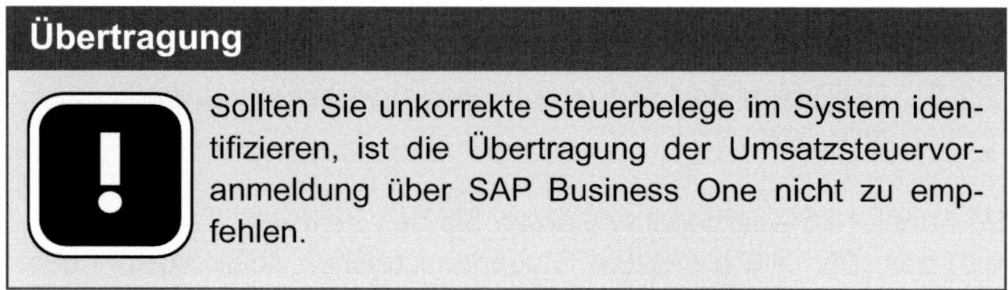

Übertragung

Sollten Sie unkorrekte Steuerbelege im System identifizieren, ist die Übertragung der Umsatzsteuervoranmeldung über SAP Business One nicht zu empfehlen.

Klicken Sie für den Versand auf den Button ELSTER.

Steuerbericht - Erklärung

#	Steue...	Name...	EU	USt. %	Bele...	Buch...	Belegdatum	Basisbetrag	Steuerbetrag	USt. gesamt	Ni...
1	▾ V0	VSt 0%		0,0000				-100,00 EUR	0,00 EUR	0,00 EUR	
2		VSt 0%		0,0000	⇨ JE 2	22.08.20	22.08.2020	-100,00 EUR	0,00 EUR	0,00 EUR	
3	▾ V1	VSt 7%		7,0000				0,00 EUR	0,00 EUR	0,00 EUR	
4		VSt 7%		7,0000	⇨ BE 5	22.08.20	22.08.2020	-236,00 EUR	-16,52 EUR	-16,52 EUR	
5		VSt 7%		7,0000	⇨ BE 5	22.08.20	22.08.2020	236,00 EUR	16,52 EUR	16,52 EUR	
6	▾ V2	VSt 16%		16,0000				-284,19 EUR	-54,00 EUR	-54,00 EUR	
7		VSt 16%		19,0000	⇨ BE 5	22.08.20	22.08.2020	-77,00 EUR	-14,63 EUR	-14,63 EUR	
8		VSt 16%		19,0000	⇨ BE 5	29.08.20	29.08.2020	-90,00 EUR	-17,10 EUR	-17,10 EUR	
9		VSt 16%		19,0000	⇨ BE 5	29.08.20	29.08.2020	-117,19 EUR	-22,27 EUR	-22,27 EUR	
10								-384,19 EUR	-54,00 EUR	-54,00 EUR	
								-384,19 EUR	-54,00 EUR	-54,00 EUR	EUR

OK | ELSTER | Fehlerbericht | Expandieren | Komprim.

Abbildung 7.20: Steuerbericht – Button Elster

Auf dem Reiter ABRUF (siehe Abbildung 7.21) wurden bereits der FIRMENNAME sowie die Adresse und STEUERNUMMER aus den Firmendetails (vgl. Abschnitt 3.1) übernommen. Wählen Sie noch das Bundesland und das FINANZAMT, an das Ihre Daten übermittelt werden sollen.

Elster

A... | Se... | Dauerfristverlänge... | Teilnahmeerklä... | Lizenzvereinba...

Firmenname A18288 SBODEMODE
Rosenthaler Straße 30
10178 Berlin
Berlin
Finanzamt Finanzamt Charlottenburg(
Steuernummer Finanzamt Be
Abrufdatum 01.08.2020 31.08.2020
Voranmeldungszeit August
Ergänzende Angaben
Einzugsermächtigung
Berichtigte Meldung
Verrechnung erwünsc
Belege
Testlauf
Echtlauf
Daten abrufen | Berichtsdruck | Abbrechen

Abbildung 7.21: Elster – Datenabruf

Bei BERICHTIGTE MELDUNG setzen Sie den Haken, wenn es sich um eine geänderte Voranmeldung handelt.

Berichtigte Meldung

Sie können den Steuerbericht in SAP Business One jederzeit wieder aufrufen, ändern und über die ELSTER-Integration erneut versenden. In diesem Fall muss der Haken im Feld BERICHTIGTE MELDUNG gesetzt sein.

Wenn Sie bei einem vorhandenen Steuerguthaben eine Verrechnung von Zahlbeträgen wünschen, setzen Sie den Haken im Feld VERRECHNUNG ERWÜNSCHT.

Wählen Sie zunächst TESTLAUF, wenn Sie prüfen wollen, ob alle Daten richtig definiert wurden und die Übertragung funktioniert. Das Finanzamt erhält daraufhin die Daten mit einem Vermerk, dass es sich um einen Test handelt und die Daten nicht verarbeitet werden sollen. Bei der Auswahl des ECHTLAUFS werden die Daten an das Finanzamt mit Verarbeitungskennung übermittelt. Klicken Sie auf DATEN ABRUFEN und anschließend auf OK. Die Umsatzsteuervoranmeldung kann nun optional ausgedruckt werden.

Buchungsperiode

Nachdem Sie die Umsatzsteuervoranmeldung gesendet haben, sollte die Buchungsperiode für den gemeldeten Zeitraum geschlossen werden. So vermeiden Sie, dass noch weitere Steuerbelege in diese Buchungsperiode gebucht werden.

8 Anlagenbuchhaltung

SAP Business One enthält im Standard eine Anlagenbuchhaltung, mit der Sie Ihr Anlagevermögen verwalten können.

Für die Nutzung der Anlagenbuchhaltung muss diese optionale Funktion in den Firmendetails (siehe Abschnitt 3.1, Abbildung 3.3) aktiviert werden.

8.1 Anlagenstammsatz

Über den Menüpfad FINANZWESEN • ANLAGENBUCHHALTUNG gelangen Sie zum Anlagenstammsatz (siehe Abbildung 8.1) als oberster Punkt.

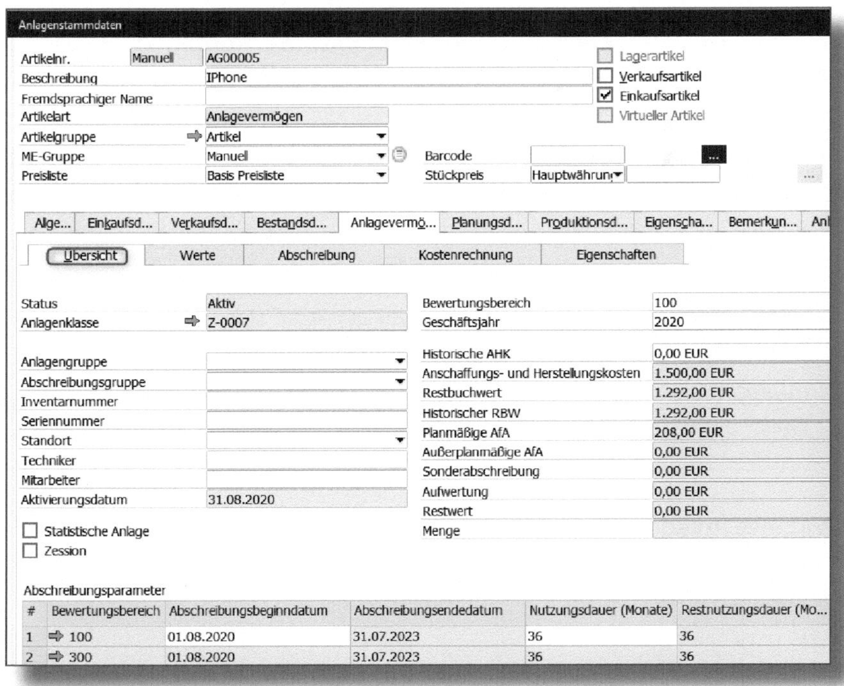

Abbildung 8.1: Anlagenstammsatz – Reiter »Anlagevermögen«, Unterreiter »Übersicht«

Grundlage für den Anlagenstammsatz ist der Artikelstammsatz in SAP Business One (vgl. Abschnitt 3.3). Zusätzlich bietet der Anlagenstammsatz einen Reiter ANLAGEVERMÖGEN sowie im Kopfbereich ein Feld für VIRTUELLE ARTIKEL.

8.1.1 Kopftabelle

Im Kopfbereich sind die Pflichtfelder für ein neues Anlagegut die ARTIKELNR. (ANLAGENUMMER) und die BESCHREIBUNG. Der FREMDSPRACHIGE NAME ist optional. Die Haken bei EINKAUFSARTIKEL bzw. VERKAUFSARTIKEL werden gesetzt, wenn diese über das Einkaufs- oder Verkaufsmodul zur Verfügung stehen sollen.

Die Funktion VIRTUELLER ARTIKEL bietet Ihnen die Möglichkeit, identische Anlagegüter zu verwalten, die Sie in großen Stückzahlen kaufen. Die zugehörigen Anlagenstammsätze werden systemseitig automatisch in der entsprechenden Menge angelegt und auch direkt aktiviert.

Virtuelle Anlage

Eine virtuelle Anlage kann nur genutzt werden, wenn Sie für die Belege Nummerierungsserien verwenden.

Optional besteht die Alternative, dass Sie die virtuellen Anlagen nach Seriennummern verwalten. Hierzu müssen Sie den Haken bei SERIENNUMMERN ERZWINGEN setzen. Das Feld wird dann unterhalb von VIRTUELLER ARTIKEL anzeigt.

Virtuelle Anlagen können nur über die Eingangsrechnung aktiviert werden. Sobald Sie deren Aktivierung einmal vorgenommen haben, lässt sich der Haken nicht mehr entfernen.

8.1.2 Reiter »Übersicht«

Von den in diesem Reiter anzulegenden Daten ist nur die ANLAGENKLASSE ein Mussfeld. Der STATUS ist bei der Erstanlage »neu«. Die weiteren Status wie »aktiv« etc. werden vom System, je nachdem, was im Zuge der Anlage im System passiert, ausgegeben.

- STATUS – *neu, aktiv, storniert* und *inaktiv*
- ANLAGENKLASSE – Anzeige der Anlagenklasse, in der das Anlagegut erstellt wurde. Vor der Anlagenklasse ist eine Sprungmarke, um direkt in die Definition der Anlagenklasse abzuspringen
- ANLAGENGRUPPE – Die Gruppen können individuell angelegt werden
- ABSCHREIBUNGSGRUPPE
- INVENTARNUMMER
- SERIENNUMMER (optional außer bei virtuellen Anlagen)
- STANDORT
- TECHNIKER
- MITARBEITER – Hier kann aus dem Mitarbeiterstammsatz ein Mitarbeiter der Anlage zugeordnet werden
- AKTIVIERUNGSDATUM

Außerdem haben Sie hier die Möglichkeit, die Anlage als STATISTISCHE ANLAGE zu kennzeichnen.

Auf der rechten Seite der Übersicht finden Sie eine Ansicht der aktuellen Daten des Anlagegutes für das *gesamte* ausgewählte Jahr und den gewählten BEWERTUNGSBEREICH.

Ganz unten sehen Sie noch ABSCHREIBUNGSPARAMETER wie BEWERTUNGSBEREICH, RESTNUTZUNGSDAUER und ABSCHREIBUNGSART.

Änderung Abschreibungsdauer

Änderungen an der Abschreibungsdauer haben automatisch Einfluss auf die Abschreibung für den aktuellen Monat.

8.1.3 Reiter »Werte«

Der Reiter WERTE (Abbildung 8.2) bietet eine Übersicht über den Anlagenverlauf des Jahres mit der Entwicklung der Werte.

Über die Drop-down-Funktion der Felder GESCHÄFTSJAHR und BEWERTUNGSBEREICH (Mitte rechts) wählen Sie aus, für welches Jahr und welchen Bewertungsbereich die Ergebnisse angezeigt werden.

Sie können der Liste folgende Informationen entnehmen:

- Wert der Anlage am JAHRESANFANG
- die verschiedenen Anlagentransaktionen des Jahres (wie ZUGANG, ABGANG etc.)
- Wert zum JAHRESENDE

Wenn Sie das Anlagegut mengenmäßig verwalten, sehen Sie auch eine Veränderung der MENGEN, die ABSCHREIBUNG (AfA), ggf. AUFWERTUNGEN und den RESTBUCHWERT des ausgewählten Jahres.

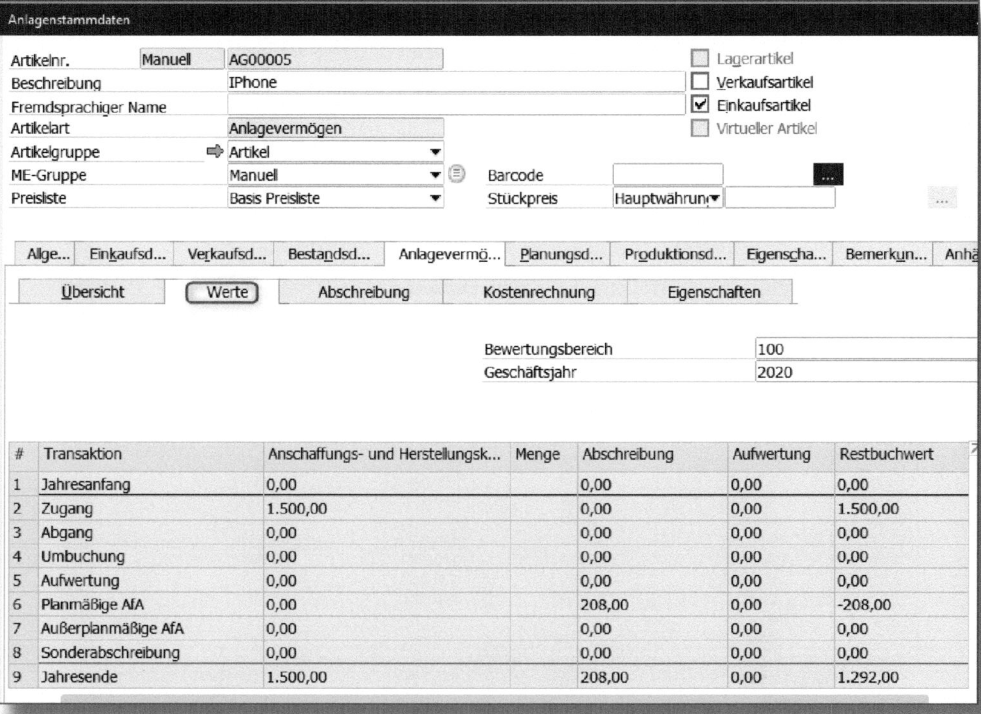

Abbildung 8.2: Anlagenstammsatz – Reiter »Anlagevermögen«, Unterreiter »Werte«

8.1.4 Reiter »Abschreibung«

Auch auf dem Reiter ABSCHREIBUNG (Abbildung 8.3) können Sie sich die Ergebnisse nach GESCHÄFTSJAHR und BEWERTUNGSBEREICH auflisten lassen.

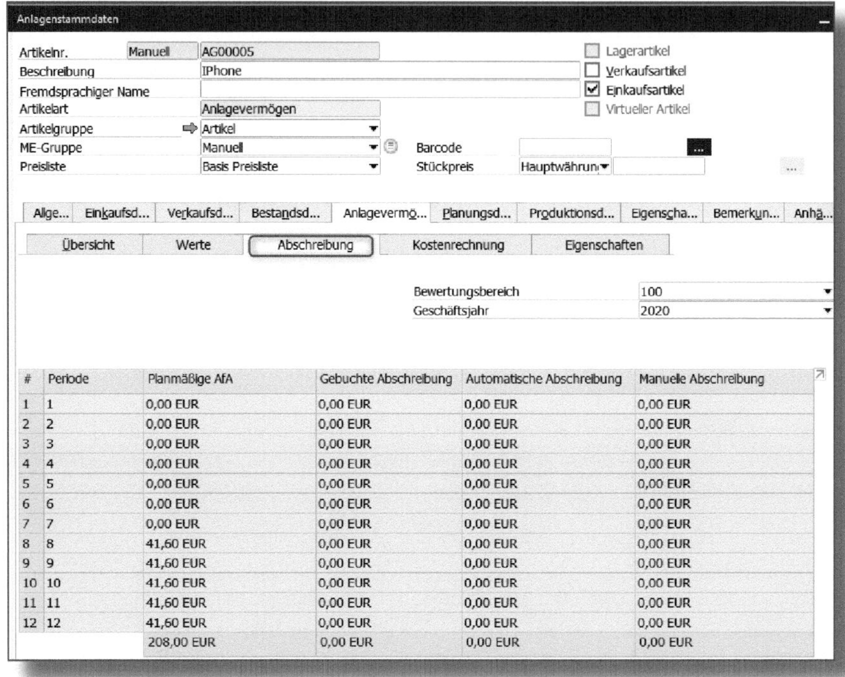

Anlagenstammdaten

Artikelnr. Manuell AG00005

Beschreibung IPhone

Fremdsprachiger Name

Artikelart Anlagevermögen

Artikelgruppe Artikel

ME-Gruppe Manuell

Preisliste Basis Preisliste

Lagerartikel

Verkaufsartikel

Einkaufsartikel

Virtueller Artikel

Barcode

Stückpreis Hauptwährun

Allge... | Einkaufsd... | Verkaufsd... | Bestandsd... | Anlageverm ö... | Planungsd... | Produktionsd... | Eigenscha... | Bemerkun... | Anhä...

Übersicht | Werte | Abschreibung | Kostenrechnung | Eigenschaften

Bewertungsbereich 100

Geschäftsjahr 2020

#	Periode	Planmäßige AfA	Gebuchte Abschreibung	Automatische Abschreibung	Manuelle Abschreibung
1	1	0,00 EUR	0,00 EUR	0,00 EUR	0,00 EUR
2	2	0,00 EUR	0,00 EUR	0,00 EUR	0,00 EUR
3	3	0,00 EUR	0,00 EUR	0,00 EUR	0,00 EUR
4	4	0,00 EUR	0,00 EUR	0,00 EUR	0,00 EUR
5	5	0,00 EUR	0,00 EUR	0,00 EUR	0,00 EUR
6	6	0,00 EUR	0,00 EUR	0,00 EUR	0,00 EUR
7	7	0,00 EUR	0,00 EUR	0,00 EUR	0,00 EUR
8	8	41,60 EUR	0,00 EUR	0,00 EUR	0,00 EUR
9	9	41,60 EUR	0,00 EUR	0,00 EUR	0,00 EUR
10	10	41,60 EUR	0,00 EUR	0,00 EUR	0,00 EUR
11	11	41,60 EUR	0,00 EUR	0,00 EUR	0,00 EUR
12	12	41,60 EUR	0,00 EUR	0,00 EUR	0,00 EUR
		208,00 EUR	0,00 EUR	0,00 EUR	0,00 EUR

Abbildung 8.3: Anlagenstammsatz – Reiter »Anlagevermögen«, Unterreiter »Abschreibung«

In den einzelnen Spalten erhalten Sie eine monatliche Übersicht der vom System ausgerechneten PLANMÄSSIGEN AFA, die bereits GEBUCHTE AFA sowie die AUTOMATISCH gebuchte oder MANUELLE ABSCHREIBUNG.

8.1.5 Reiter »Kostenrechnung«

Bei Bedarf werden hier in den Spalten PROJEKTZUORDNUNG bzw. AUFTEILUNGSREGELZUORDNUNG das Projektkennzeichen oder die Kostenstelle für das Anlagegut hinterlegt (Abbildung 8.4).

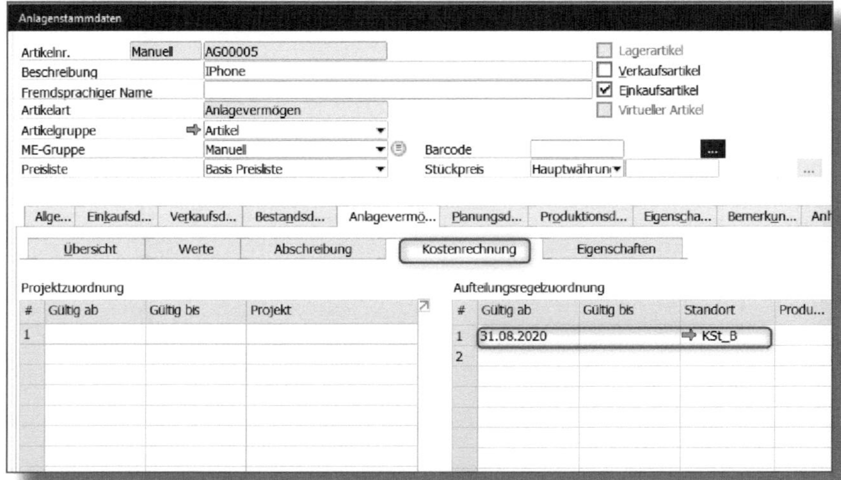

Abbildung 8.4: Anlagenstammsatz – Reiter »Anlagevermögen«, Unterreiter »Kostenrechnung«

Das Gültigkeitsdatum gibt Ihnen die Möglichkeit, bei Änderung der Nutzung im Unternehmen eine geänderte Kostenstelle mitzugeben. Bei Abschreibungen wird diese übernommen.

8.1.6 Reiter »Eigenschaften«

Für die einzelnen Anlagenklassen lassen sich auch *Attributgruppen* anlegen (Abbildung 8.5). Im nachfolgenden Beispiel ist dies an der Anlagenklasse PKW erklärt.

Attributgruppe

Sie haben einen größeren Fuhrpark im Unternehmen und möchten sich einen Überblick über den Fahrzeugbestand verschaffen. Dazu legen Sie individuelle Felder an, z. B. Fabrikat, Modell, KW, Anzahl, Erstzulassung, nach denen in SAP Business One über die Attributgruppe gezielt gesucht werden kann.

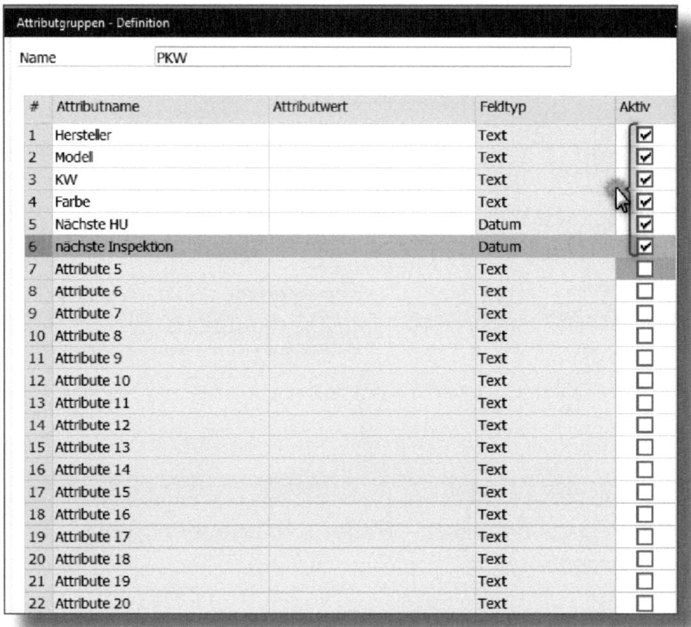
Attributgruppen - Definition

Name PKW

#	Attributname	Attributwert	Feldtyp	Aktiv
1	Hersteller		Text	☑
2	Modell		Text	☑
3	KW		Text	☑
4	Farbe		Text	☑
5	Nächste HU		Datum	☑
6	nächste Inspektion		Datum	☑
7	Attribute 5		Text	☐
8	Attribute 6		Text	☐
9	Attribute 7		Text	☐
10	Attribute 8		Text	☐
11	Attribute 9		Text	☐
12	Attribute 10		Text	☐
13	Attribute 11		Text	☐
14	Attribute 12		Text	☐
15	Attribute 13		Text	☐
16	Attribute 14		Text	☐
17	Attribute 15		Text	☐
18	Attribute 16		Text	☐
19	Attribute 17		Text	☐
20	Attribute 18		Text	☐
21	Attribute 19		Text	☐
22	Attribute 20		Text	☐

Abbildung 8.5: Definition der Attributgruppen

Nachdem die Attributgruppe der Anlagenklasse zugeordnet wurde, wird diese bei dem betreffenden Anlagegut im Reiter EIGENSCHAFTEN sichtbar (siehe Abbildung 8.6).

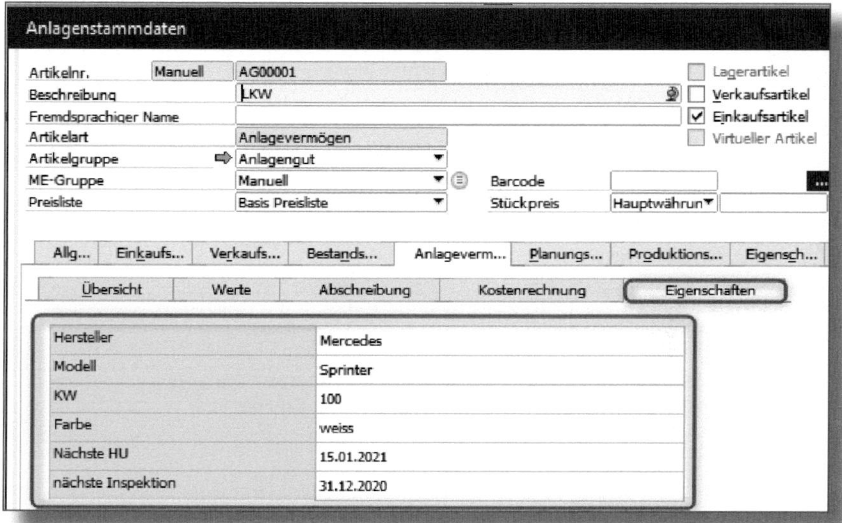

Abbildung 8.6: Reiter »Eigenschaften« mit Attributgruppe

8.2 Kontenfindung

Unter ADMINISTRATION • FINANZWESEN • ANLAGENBUCHHALTUNG • KONTENFINDUNG legen Sie die Konten pro Anlagenklasse fest.

Für jede Anlagenklasse existiert in SAP Business One eine gesonderte Kontenfindung (Abbildung 8.7). Diese ist zu Beginn gemäß Ihren Anforderungen zu hinterlegen. Je nach Geschäftsvorfall im Bereich der Anlagenbuchhaltung wird dann später auf die hinterlegte Sachkontenfindung zugegriffen.

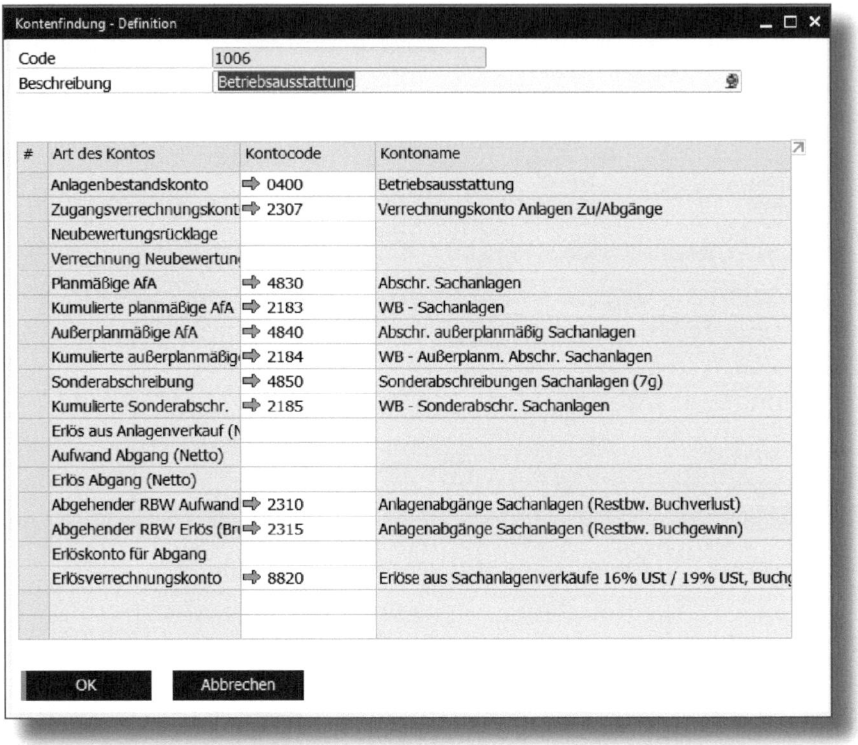

Kontenfindung - Definition

Code	1006
Beschreibung	Betriebsausstattung

#	Art des Kontos	Kontocode	Kontoname
	Anlagenbestandskonto	0400	Betriebsausstattung
	Zugangsverrechnungskont	2307	Verrechnungskonto Anlagen Zu/Abgänge
	Neubewertungsrücklage		
	Verrechnung Neubewertun		
	Planmäßige AfA	4830	Abschr. Sachanlagen
	Kumulierte planmäßige AfA	2183	WB - Sachanlagen
	Außerplanmäßige AfA	4840	Abschr. außerplanmäßig Sachanlagen
	Kumulierte außerplanmäßig	2184	WB - Außerplanm. Abschr. Sachanlagen
	Sonderabschreibung	4850	Sonderabschreibungen Sachanlagen (7g)
	Kumulierte Sonderabschr.	2185	WB - Sonderabschr. Sachanlagen
	Erlös aus Anlagenverkauf (N		
	Aufwand Abgang (Netto)		
	Erlös Abgang (Netto)		
	Abgehender RBW Aufwand	2310	Anlagenabgänge Sachanlagen (Restbw. Buchverlust)
	Abgehender RBW Erlös (Br	2315	Anlagenabgänge Sachanlagen (Restbw. Buchgewinn)
	Erlöskonto für Abgang		
	Erlösverrechnungskonto	8820	Erlöse aus Sachanlagenverkäufe 16% USt / 19% USt, Buch

OK Abbrechen

Abbildung 8.7: Kontenfindung – Definition der Anlagenbuchhaltung

In Abbildung 8.7 sehen Sie beispielhaft die Kontenfindung für die *Betriebsausstattung.*

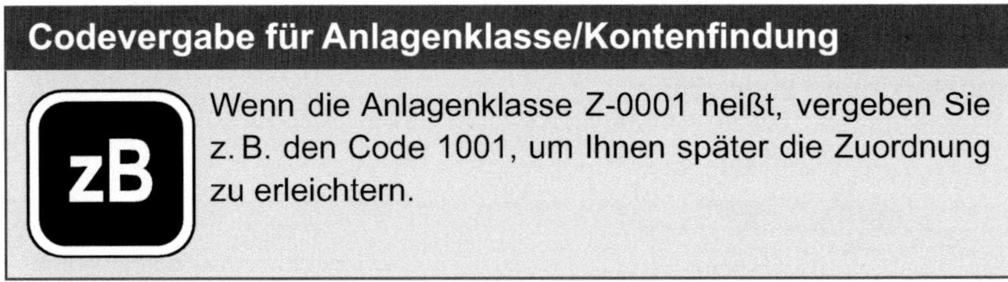

Codevergabe für Anlagenklasse/Kontenfindung

zB

Wenn die Anlagenklasse Z-0001 heißt, vergeben Sie z. B. den Code 1001, um Ihnen später die Zuordnung zu erleichtern.

Für die einzelnen Sachkontenfindungsbereiche steht die beschreibende Kontexthilfe (siehe Abbildung 2.25) zur Verfügung.

8.3 Abschreibungsarten

Unter ADMINISTRATION • FINANZWESEN • ANLAGENBUCHHALTUNG • ABSCHREIBUNGSARTEN erreichen Sie die Definition der *Abschreibungsarten* (siehe Abbildung 8.8). Sie ist aufgrund der gesetzlichen Bestimmungen und ihrer buchhalterischen Relevanz ein sehr komplexes Thema, auf das ich im Rahmen dieses Buches nur in Grundzügen eingehen kann.

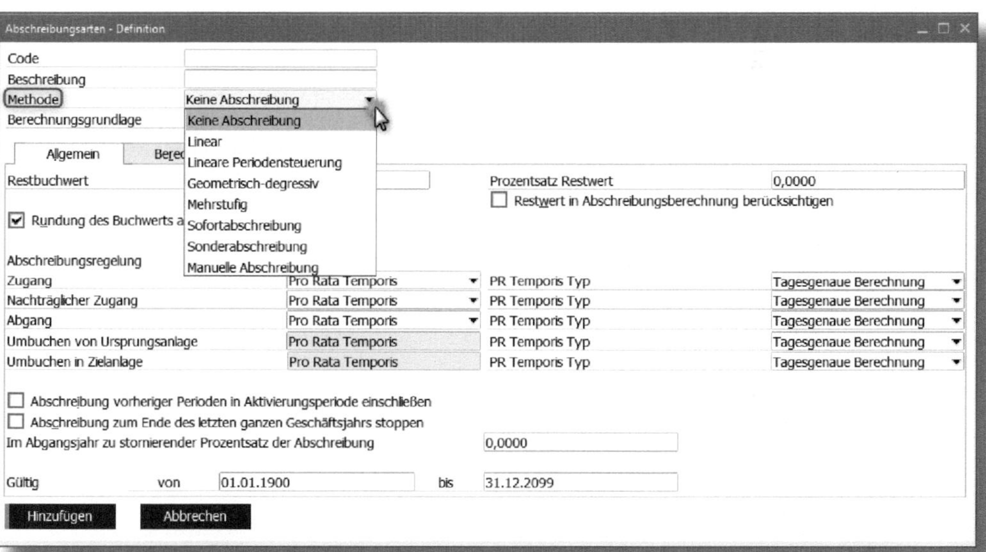

Abbildung 8.8: Definition der Abschreibungsarten – Reiter »Allgemein«

Kontexthilfe zu den Abschreibungsarten

Für eine detaillierte Beschreibung mit Beispielen nutzen Sie bitte die Kontexthilfe in SAP Business One (vgl. Abschnitt 2.2.7). Die SAP stellt dort eine sehr ausführliche Unterstützung bereit.

Zunächst geben Sie im Feld METHODE die gewünschte Abschreibungsmethode ein.

Die BERECHNUNGSGRUNDLAGE kann *jährlich* oder *monatlich* sein. Bei der jährlichen Variante wird systemseitig die Abschreibung des Jahres bestimmt und auf dieser Basis auf die Perioden berechnet. Entsprechendes gilt bei monatlicher Berechnungsgrundlage.

Zeilenebene »Allgemein«

- RESTBUCHWERT – Hier erfolgt die Eingabe des Restbuchwertes, umgangssprachlich auch »Erinnerungswert« genannt.
- RUNDUNG DES BUCHWERTES AM JAHRESENDE – Markieren Sie diese Box, wenn der Buchwert auf volle Beträge gerundet werden soll.
- PROZENTSATZ RESTWERT – Geben Sie einen Prozentsatz für den Restwert an, wenn dieser nicht als Betrag vorgegeben wird.

Priorität

Wenn Sie sowohl einen »Restbuchwert« als auch einen »Prozentsatz Restwert« hinterlegen, hat das Feld RESTBUCHWERT im System die höhere Priorität, und die Anlage wird bis zum Restbuchwert abgeschrieben.

- MAXIMAL ABSCHREIBBARER WERT – Dieses Feld ist nur bei den Abschreibungsmethoden *Linear* und *Geometrisch-degressiv* eingeblendet. Hier geben Sie den Maximalwert an, bis zu dem das Anlagegut abgeschrieben werden soll.
- Im Bereich ABSCHREIBUNGSREGELN definieren Sie Regeln für den Zugang des Anlagegutes, den nachträglichen Zugang und Abgang sowie das Umbuchen von Ursprungsanlagen oder das Umbuchen in Zielanlage. Bei der Anlage einer Abschreibungsart ist die Regel *Pro rata temporis* (zeitanteilig) voreingestellt und kann über das Pull-Down Menü auf eine andere geändert werden.

Reiter »Berechnung«

Der Reiter BERECHNUNG bietet mehrere Möglichkeiten zur Bewertung der Abschreibungsmethoden:

- Linear
- Lineare Periodensteuerung
- Geometrisch-degressiv
- Mehrstufig
- Sonderabschreibung

In Abbildung 8.9 sehen Sie als Beispiel die Anlage einer Abschreibungsart mit linearer Methode sowie die Auswahl der einzelnen BEWERTUNGSMETHODEN, welche im System zur Verfügung stehen.

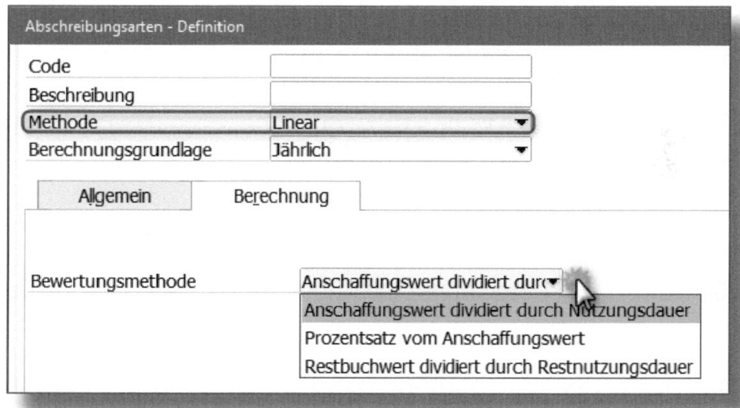

Abbildung 8.9: Definition der Abschreibungsarten – Reiter »Berechnung«

8.4 Bewertungsbereiche

Unter ADMINISTRATION • FINANZWESEN • ANLAGENBUCHHALTUNG • BEWERTUNGSBEREICHE lassen sich unterschiedliche Bewertungsbereiche definieren.

Für die Neuanlage eines Bewertungsbereichs geben Sie einen Code und eine Beschreibung an (siehe Abbildung 8.10).

Abbildung 8.10: Definition der Bewertungsbereiche

Wählen Sie außerdem die Art des Bewertungsbereichs. Hierzu bietet Ihnen SAP Business One drei Optionen an:

1. Buchung ins Hauptbuch

Dies ist der Bewertungsbereich, der die Abschreibungen auf die Sachkonten bucht.

Bewertungsbereich für das Hauptbuch

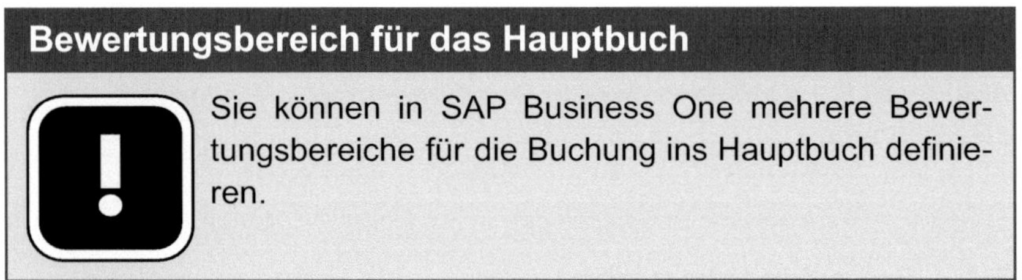

Sie können in SAP Business One mehrere Bewertungsbereiche für die Buchung ins Hauptbuch definieren.

2. Zusätzlicher Bereich

Ein zusätzlicher Bereich bucht nicht auf Sachkonten und wird nur zu Informationszwecken mitgeführt.

Mehrere Rechnungslegungsvorschriften

Sie verwenden in Ihrem Unternehmen unterschiedliche Rechnungslegungsvorschriften. Um auch Ihr Anlagevermögen danach auszuwerten, legen Sie einen zusätzlichen Bereich z. B. für IFRS oder US-GAAP an.

3. Abgeleiteter Bereich

Der abgeleitete Bereich kann dem Hauptbereich zugeordnet werden, z. B. um ihn für die Durchführung von Sonderabschreibungen zu nutzen.

Sonderabschreibung

Sie müssen eine Sonderabschreibung durchführen. Nachdem diese auf Kontenebene buchhalterisch mit dem Hauptbereich erfolgt ist, interessiert es Sie, wie die Entwicklung des Anlagegutes ohne diese Sonderabschreibung wäre. Dazu lassen Sie im abgeleiteten Bereich nur die normale Abschreibung und im Hauptbereich zusätzlich die Sonderabschreibung durchführen.

Nur ein abgeleiteter Bereich

Sie können in SAP Business One nur **einen** abgeleiteten Bereich anlegen und einem Hauptbereich zuordnen! Der abgeleitete Bereich dient lediglich zu Informationszwecken. Es erfolgt keine Buchung auf Kontenebene.

Das Feld ABGELEITETER BEREICH wird erst sichtbar, wenn Sie *Buchung ins Hauptbuch* und den HAUPTBEWERTUNGSBEREICH auswählen.

Unter BUCHUNG DER ABSCHREIBUNG bieten sich Ihnen die Optionen *Direkte Buchung* oder *Indirekte Buchung.* Die direkte Methode bucht die Abschreibungen sofort auf die Bestandskonten, während dies bei der indirekten Methode zunächst auf ein Wertberichtigungskonto erfolgt, und erst bei Abgang der Anlage wird die Abschreibung auf das Bestandskonto umgebucht.

Für die BUCHUNG VON ABGANG haben Sie die Wahl zwischen zwei Varianten:

- *Brutto* – beim Anlagenabgang wird der Gewinn oder Verlust nicht auf Sachkonten gebucht
- *Netto* – beim Anlagenabgang wird der Gewinn oder Verlust auf die in der Sachkontenfindung hinterlegten Konten gebucht

8.5 Anlagenklassen

Die Definition von Anlageklassen erfolgt unter ADMINISTRATION • FINANZWESEN • ANLAGENBUCHHALTUNG • ANLAGENKLASSEN.

Anlagenklassen gliedern das Anlagevermögen. Sie können im Rahmen der Definition jeder Anlagenklasse verschiedene Bewertungsbereiche und Abschreibungsarten zuordnen (Abbildung 8.11). Sobald Sie später einem Anlagegut die Anlagenklasse zuordnen, sind diese automatisch als Standartwerte hinterlegt.

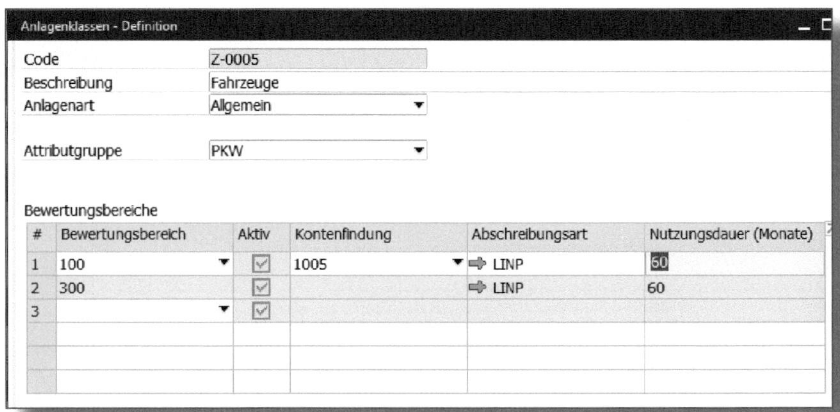

Abbildung 8.11: Definition von Anlagenklassen

8.6 Aktivierung einer Anlage

Es bestehen zwei Möglichkeiten für die Aktivierung einer Anlage in der Anlagenbuchhaltung: entweder manuell oder direkt über die Eingangsrechnung.

8.6.1 Manuelle Aktivierung

Über den Menüpfad FINANZWESEN • ANLAGENBUCHHALTUNG • AKTIVIERUNG öffnen Sie das Fenster für die Aktivierung einer Anlage (Abbildung 8.12).

Abbildung 8.12: Aktivierung (manuell)

Die manuelle Aktivierung einer Anlage setzt voraus, dass zuvor bereits ein Anlagenstammsatz angelegt wurde (vgl. Abschnitt 8.1).

Im Kopfbereich werden die Felder URSPRUNG und URSPR-NR. nach Hinzufügen eines Belegs automatisch gefüllt.

Anhand der Kürzel erkennen Sie den URSPRUNG der Aktivierung:

- *AA* steht für die manuelle Aktivierung.
- *BE* zeigt, dass die Aktivierung über eine Eingangsrechnung erfolgt ist.
- *KU* bedeutet, dass die Aktivierung über eine Eingangskorrekturrechnung erfasst wurde.

Die Ursprungsnummer kommt aus der entsprechenden Belegnummerierung.

Im Feld BEWERTUNGSBEREICH können Sie die Aktivierung auf einzelne Bewertungsbereiche einschränken. So erfolgt eine Journalbuchung z. B. nur bei Auswahl des Bewertungsbereichs »Buchung ins Hauptbuch«. Im gezeigten Beispiel ist der Vorschlagswert »*« gesetzt. Dieser steht für die Aktivierung aller Bereiche.

Das Feld REFERENZ ist kein Pflichtfeld. Sie geben hier auf Wunsch zusätzliche Informationen mit.

Über das Feld NR. (oben rechts) wählen Sie die Belegserie und somit die Belegnummerierung aus, sofern Sie diese für Ihre Anlagentransaktionen gesondert angelegt haben.

Der STATUS zeigt, ob die Aktivierung gebucht oder storniert ist.

Außerdem sind verschiedene Datumsangaben erforderlich:

- BUCHUNGSDATUM: Zeitpunkt, zu dem die Journalbuchung erzeugt wird
- BELEGDATUM
- BEZUGSDATUM: entspricht dem Aktivierungsdatum der Anlage – wenn Sie im Anlagenstammsatz kein Aktivierungsdatum eingetragen haben, wird das Bezugsdatum vom System gesetzt

Wählen Sie im Reiter INHALT die zu aktivierende Anlage entweder über die ANLAGENNUMMER oder über die ANLAGENBESCHREIBUNG aus.

Geben Sie in der Spalte GESAMT den Betrag für die Anlage ein. Wenn Sie mit Mengen arbeiten, beachten Sie bitte, in dieses Feld den Gesamtbetrag aller Mengen einzutragen.

In der Spalte MENGE ergänzen Sie die Anzahl der Anlagen.

Mit der manuellen Aktvierung lassen sich auch mehrere Anlagen gleichzeitig mit nur einer Transaktion aktivieren.

Aktivierung mehrerer Anlagen

Sollten Sie mehrere Anlagen in einer manuellen Aktivierung erfassen, so kann bei einer Stornierung nur die gesamte Transaktion storniert werden.

Nachdem Sie die Aktivierung mit Hinzufügen abgeschlossen haben, sehen Sie auf dem Reiter BUCHHALTUNG den zugehörigen Journaleintrag sowie den Bewertungsbereich, in dem die Aktivierung vorgenommen wurde.

Im Anlagenstammsatz ist die Anlage nun aktiv und hat die Daten aus der Aktivierung übernommen.

8.6.2 Aktivierung über eine Eingangsrechnung

Die Aktivierung über eine Eingangsrechnung setzt bei dem Anwender eine entsprechende Berechtigung voraus.

Über den Menüpfad EINKAUF • EINKAUFSRECHNUNG öffnen Sie das Fenster für die Eingangsrechnung (Abbildung 8.13).

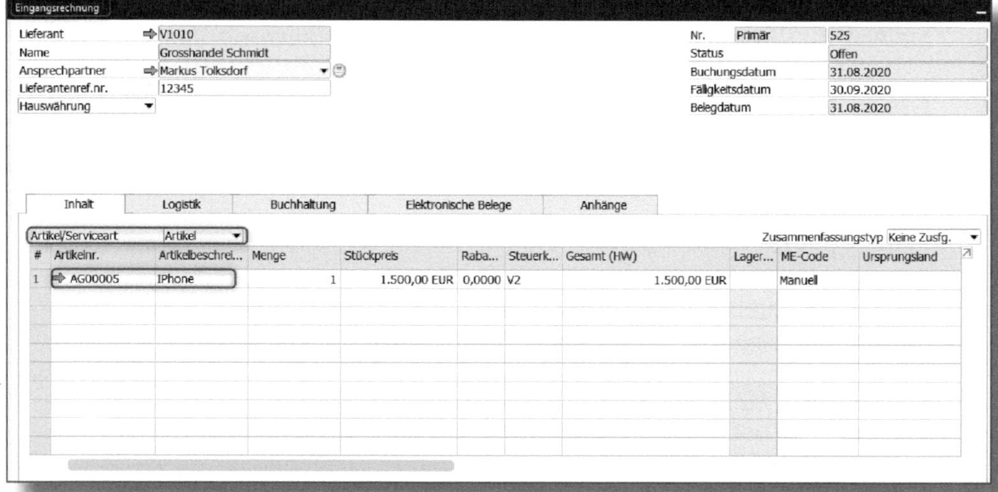

Abbildung 8.13: Eingangsrechnung

Wählen Sie im Kopfbereich den LIEFERANTEN aus, von dem Sie das Anlagengut bezogen haben. In der LIEFERANTENREFERENZNUMMER wird standardmäßig die Rechnungsnummer der Lieferantenrechnung eingetragen.

Das BUCHUNGSDATUM entspricht dem Tag, an dem die Journalbuchung erzeugt wurde. Das FÄLLIGKEITSDATUM wird auf Basis der hinterlegten Zahlungsbedingung des ausgewählten Geschäftspartners angezeigt (Zeitpunkt der Nettofälligkeit). Das Datum ist ein Vorschlagswert, der ggf. überschrieben werden kann. Als BELEGDATUM gilt das Belegdatum der Lieferantenrechnung.

Unter dem Reiter INHALT wählen Sie im Feld ARTIKEL/SERVICEART *Artikel* aus.

Um einen neuen Anlagenstammsatz zu erstellen, klicken Sie in Abbildung 8.13 in die Spalte ARTIKELNR. und öffnen über das Drop-down-

Menü das Auswahlfenster der Artikel. Dort klicken Sie auf den Button NEU. Es öffnet sich ein Pop-up mit der Frage, ob Sie einen Artikel oder eine Anlage anlegen möchten. Markieren Sie »Anlage« und bestätigen Sie mit OK.

Daraufhin werden Sie zum Fenster »Anlagenstammsatz« weitergeleitet siehe (Abbildung 8.14). Dort geben Sie alle benötigten Werte ein und fügen den Stammsatz hinzu.

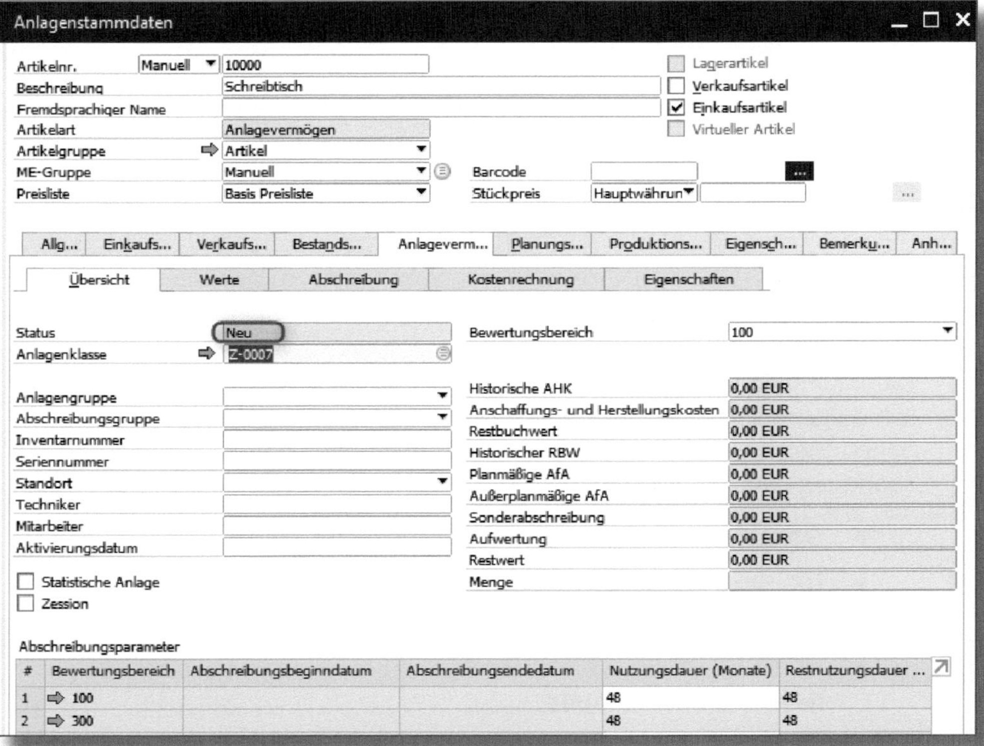

Abbildung 8.14: Anlagenstammsatz neu anlegen

Kehren Sie anschließend zum Fenster »Eingangsrechnung« zurück und geben Sie dort MENGE, STÜCKPREIS, STEUERKENNZEICHEN sowie ggf. eine Kostenstelle ein und ergänzen Sie die Rechnung mit dem Button HINZUFÜGEN.

SAP Business One hat den Anlagenstammsatz nun mit den Daten der Eingangsrechnung vervollständigt sowie die Eingangsrechnung und den Aktivierungsbeleg erzeugt.

8.7 Aktivierungsgutschrift und Skonto

Auch bei der Aktivierungsgutschrift unterscheiden wir zwischen dem manuellen Vorgehen und dem einer gesonderten Aktivierung.

8.7.1 Manuelle Aktivierungsgutschrift

Im Menüpfad unter FINANZWESEN • ANLAGENBUCHHALTUNG • AKTIVIERUNGSGUTSCHRIFT öffnen Sie diese Funktion.

Die Informationen in diesem Fenster (siehe Abbildung 8.15) sind ähnlich aufgebaut wie bei der manuellen Aktivierung. Die Belegkürzel, an denen Sie den Ursprung der Aktivierung erkennen, sind hier entsprechend der Gutschrift andere:

- *GA* steht für die manuelle Aktivierungsgutschrift.
- *BK* zeigt, dass die Transaktion über eine Eingangsgutschrift erfolgt ist.
- *KU* besagt, dass die Aktivierung über eine Eingangskorrekturrechnung erfasst wurde.

Nachdem Sie die Gutschrift mit Hinzufügen abgeschlossen haben, sehen Sie auf dem Reiter BUCHHALTUNG den Journaleintrag sowie den Bewertungsbereich, in dem die Gutschrift vorgenommen wurde.

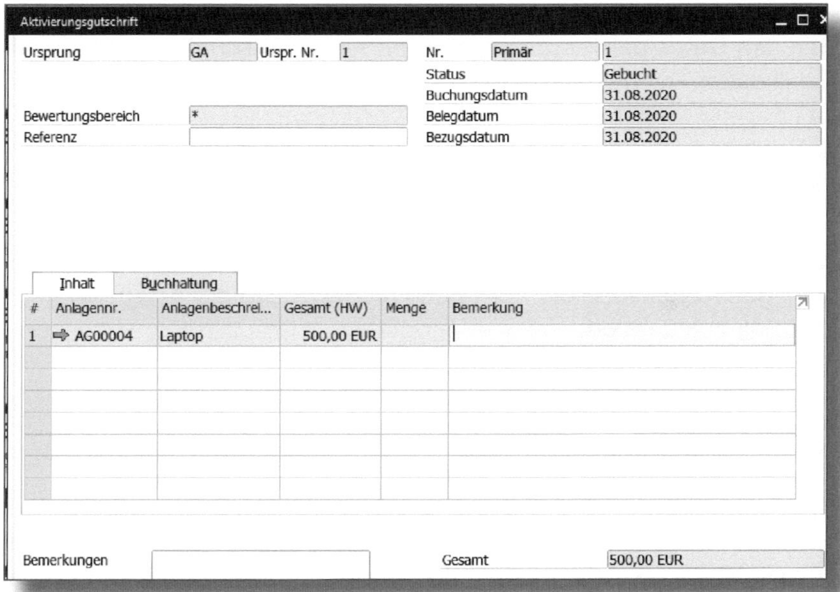

Abbildung 8.15: Aktivierungsgutschrift

Im Anlagenstammsatz wurden die Anschaffungs- und Herstellkosten um den Gutschriftsbetrag gemindert.

8.7.2 Aktvierungsgutschrift über Eingangsgutschrift

Auch das Erzeugen einer Eingangsgutschrift für eine Anlage setzt eine entsprechende Berechtigung voraus.

Über den Menüpfad • EINKAUF • EINKAUFSGUTSCHRIFT öffnen Sie das Fenster für die Eingangsgutschrift. Alle Feldeingaben entsprechen der Beschreibung der Aktivierung einer Anlage in Abschnitt 8.6.2.

Anschließend aktualisiert SAP Business One den Anlagenstammsatz mit den Daten der Eingangsgutschrift für die Anschaffungs- und Herstellkosten.

8.7.3 Rechnungskorrektur

Mit Stornierung einer Eingangsrechnung für ein Anlagengut wird in der Anlagenbuchhaltung die Aktvierung storniert, und der Anlagenstammsatz wird aktualisiert.

8.7.4 Skontoverrechnung

In den Belegeinstellungen kann für die Ausgangszahlung vorgegeben werden, ob für Skontobuchungen in Verbindung mit einer Anlage eine Aktivierungsgutschrift erfolgen soll. Wenn Sie über die Eingangsrechnung die Anlage und Aktivierung eines Anlagegutes vorgenommen haben und die Rechnung unter Berücksichtigung von Skonto gezahlt wird, wird der Wert der Anlage um den Skontobetrag korrigiert.

8.8 Abgang einer Anlage

Ein Abgang lässt sich im System wiederum manuell oder über eine Verkaufsrechnung vornehmen.

8.8.1 Manueller Abgang

Den manuellen Abgang finden Sie unter dem Menüpfad FINANZWESEN • ANLAGENBUCHHALTUNG • ABGANG (siehe Abbildung 8.16).

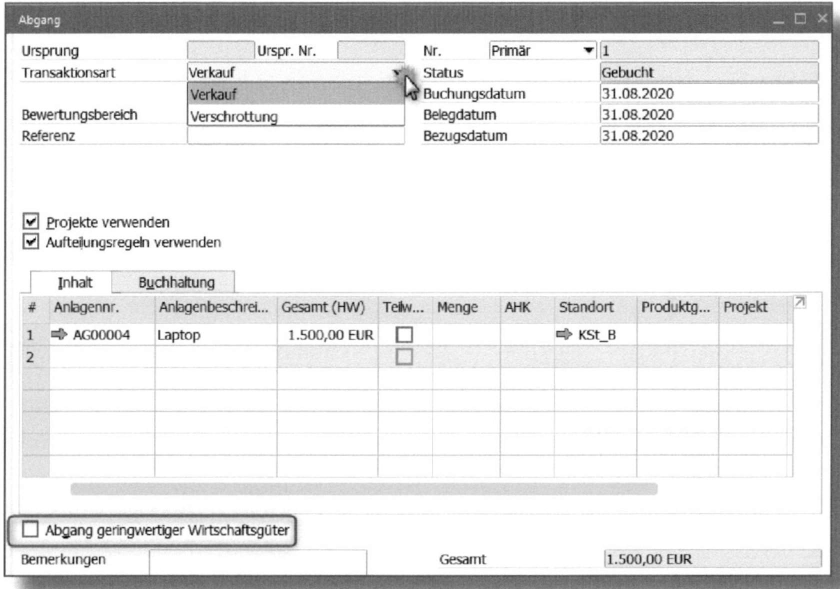

Abbildung 8.16: Abgang (manuell)

Die Kürzel für den Ursprung des Abgangs sind:

- *AB* für den manuellen Abgang
- *RE* für einen Abgang über eine Verkaufsrechnung (siehe Abschnitt 8.8.2)

Für den Abgang einer Anlage existieren zwei Transaktionsarten:

- Verkauf
- Verschrottung

Über das Feld BEWERTUNGSBEREICH nehmen Sie den Abgang für einzelne Bewertungsbereiche vor. Eine Journalbuchung erfolgt nur bei Auswahl des Bewertungsbereichs »Buchung ins Hauptbuch«. Ist der Vorschlagswert »*« gesetzt, so gilt der Abgang für alle Bereiche.

Wählen Sie im Reiter INHALT die gewünschte Anlage aus.

Wenn Sie den Abgang durch Verkauf ausgewählt haben, können Sie unter GESAMT (HW) den Erlösbetrag eingeben. Bei der Transaktionsart Verschrottung ist dagegen die Spalte GESAMT ausgeblendet.

Ergänzen Sie die Daten für MENGE, Anschaffungskosten (AHK), ggf. PROJEKT oder AUFTEILUNGSREGEL. Für einen Teilabgang setzen Sie den Haken bei TEILW....

Anlage mit mehreren Stückzahlen

Wenn Sie eine Menge eintragen, wird der Wert im Feld AHK nicht berücksichtigt. Das Mengenfeld sowie das Feld AHK können nur bearbeitet werden, sofern der Haken bei TEILW... für den Teilabgang gesetzt ist.

Wenn Sie ein geringwertiges Wirtschaftsgut (GwG) aus dem Unternehmensbestand entfernen wollen, setzen Sie den Haken bei ABGANG GERINGWERTIGER WIRTSCHAFTSGÜTER.

Nachdem Sie die Transaktion mit Hinzufügen vollzogen haben, sehen Sie auf dem Reiter BUCHHALTUNG den Journaleintrag sowie den Bewertungsbereich, in dem der Abgang vorgenommen wurde.

SAP Business One hat den Anlagenstammsatz nun mit den Daten des Abgangs aktualisiert und eine Journalbuchung für den Abgang erzeugt.

8.8.2 Verkauf einer Anlage und automatischer Abgang über eine Verkaufsrechnung

Das Erzeugen einer Ausgangsrechnung für eine Anlage setzt eine entsprechende Berechtigung voraus.

Über den Menüpfad VERKAUF • VERKAUFSRECHNUNG öffnen Sie das Fenster für die Verkaufsrechnung (siehe Abbildung 8.17). Geben Sie die gewünschten Daten ein (Geschäftspartner, Belegdatum etc.).

Nehmen Sie folgende Auswahl vor: Artikel/Serviceart Artikel.

Wählen Sie das Anlagegut im Reiter INHALT über die ARTIKELNUMMER oder ARTIKELBESCHREIBUNG.

Ergänzen Sie MENGE, STÜCKPREIS, STEUERKENNZEICHEN sowie ggf. ein PROFITCENTER und ergänzen Sie die Rechnung mit Hinzufügen.

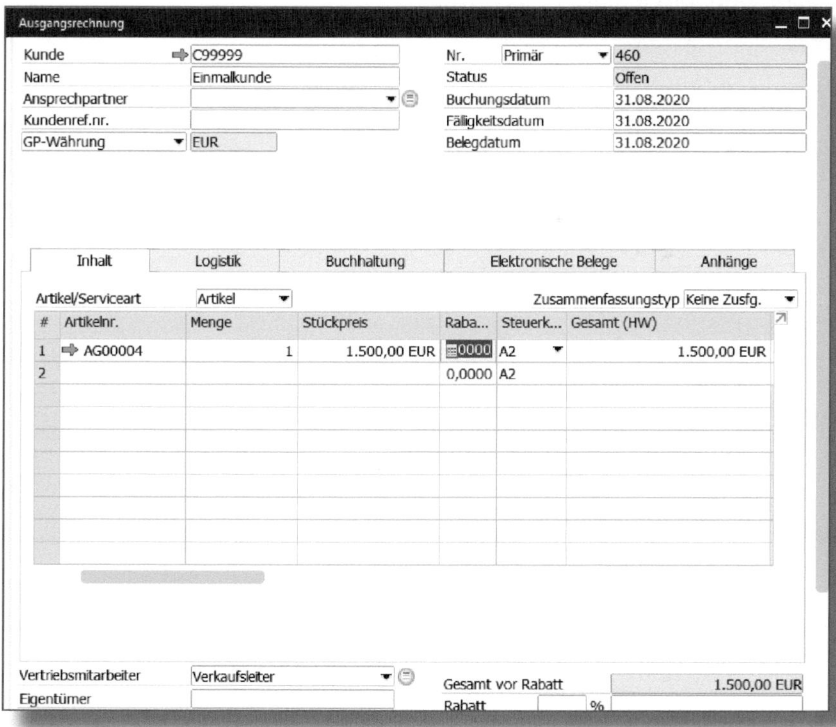

Abbildung 8.17: Ausgangsrechnung

SAP Business One aktualisiert nun den Anlagenstammsatz mit den Daten des Verkaufs und erzeugt eine Verkaufsrechnung sowie die Transaktion für den Abgang durch Verkauf.

Sobald für das Anlagegut ein vollständiger Abgang gebucht ist, wird der Anlagenstammsatz auf inaktiv gesetzt. Dann sind mit diesem Stammsatz keine Transaktionen mehr möglich.

8.9 Umbuchung einer Anlage

Über den Menüpfad FINANZWESEN • ANLAGENBUCHHALTUNG • UMBUCHUNG finden Sie die Funktionalität der Umbuchung von Anlagen.

Dafür gibt Ihnen SAP Business One zwei Optionen:

1. *Umbuchung von einer Anlagenklasse auf eine andere Anlagenklasse*
2. *Umbuchung einer Anlage auf eine neue Anlage*

Anlagenklassenumbuchung

Ihre Anlagen im Bau sind fertiggestellt und müssen aktiviert werden. Sie buchen von der Anlagenklasse »Anlage im Bau« auf die Klasse »Maschinen« um.

Für eine Umlage der Anlagenklasse wählen Sie die TRANSAKTIONSART *Anlagenklassenumbuchung* (siehe Abbildung 8.18).

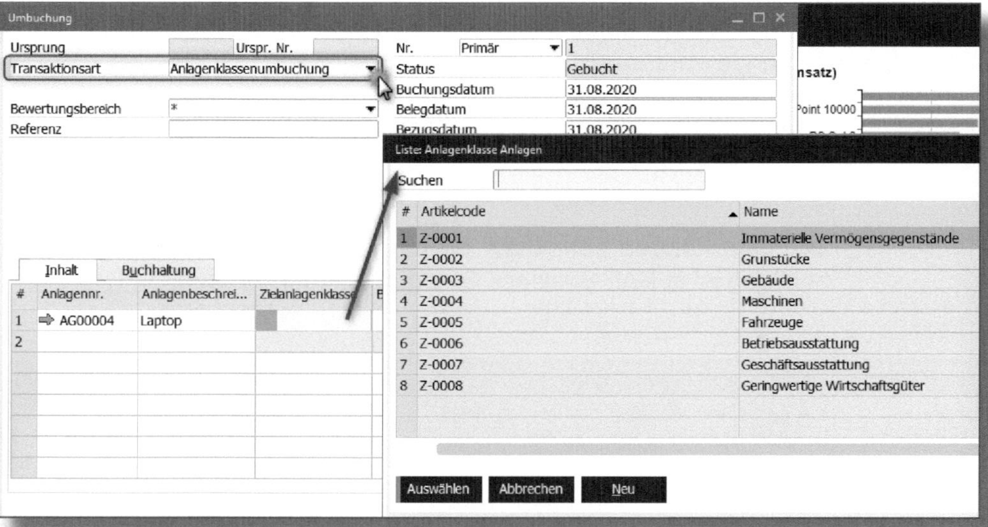

Abbildung 8.18: Umbuchung Anlagenklasse

Im Reiter INHALT wählen Sie die umzubuchende Anlage über deren Nummer oder Beschreibung. Die neue Anlagenklasse ergänzen Sie in der Spalte ZIELANLAGE NR.

Mit Hinzufügen buchen Sie die Anlage um.

Voraussetzung für eine Anlagenklassenumbuchung

Eine Anlagenklassenumbuchung ist nur möglich, wenn in der Umbuchungsperiode in allen Bewertungsbereichen die Abschreibungsmethode »Keine Abschreibung« verwendet wird.

Wenn Sie die *Anlagenumbuchung* wählen (siehe Abbildung 8.19), müssen folgende Voraussetzungen erfüllt sein:

- Es gibt keine Sonderabschreibungen in der umzubuchenden Anlage.
- Das Umbuchungsdatum ist der erste Tag des Geschäftsjahres.
- Der Geschäftsjahreswechsel für das Geschäftsjahr der Umbuchung ist in SAP Business One durchgeführt worden.

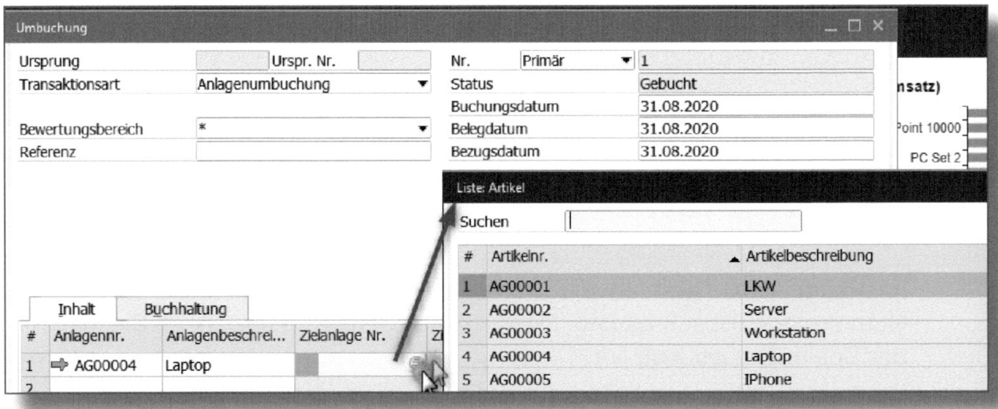

Abbildung 8.19: Anlagenumbuchung

8.10 Anlagenneubewertung

Aus verschiedenen buchhalterischen Gründen kann es vorkommen, dass eine Anlagenneubewertung (siehe Abbildung 8.20) durchgeführt werden muss. Diese nehmen Sie unter FINANZWESEN • ANLAGENBUCHHALTUNG • ANLAGENNEUWERTUNG vor.

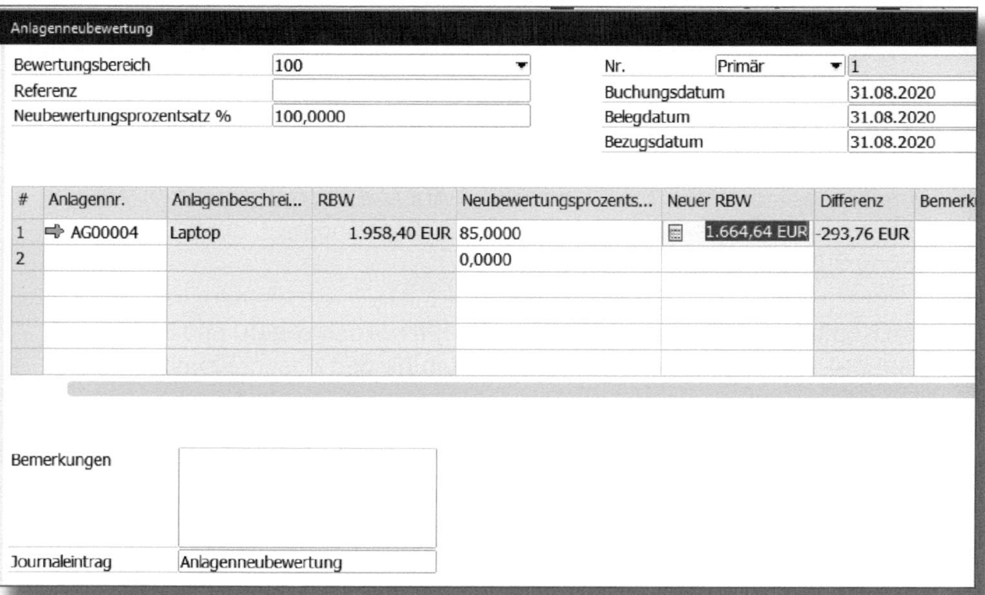

Abbildung 8.20: Anlagenneubewertung

Der Screenshot zeigt als Beispiel die Anlage eines *Laptops* mit einem Restbuchwert (RBW) von *1.958,40 EUR*. Dieses wird nun mit 85 Prozent neu auf einen Wert von *1.664,64 EUR* bewertet.

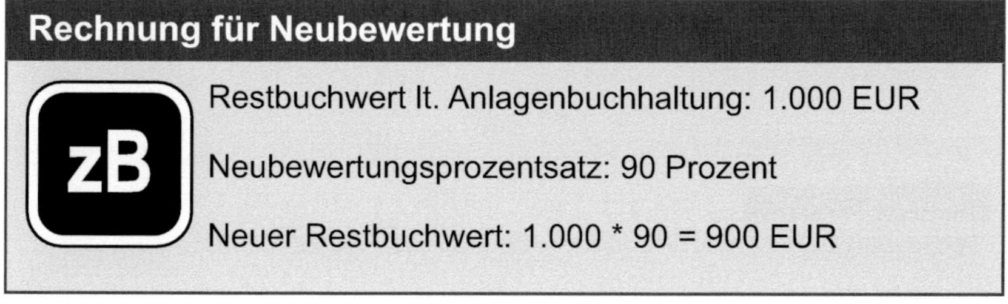

Rechnung für Neubewertung

zB

Restbuchwert lt. Anlagenbuchhaltung: 1.000 EUR

Neubewertungsprozentsatz: 90 Prozent

Neuer Restbuchwert: 1.000 * 90 = 900 EUR

8.11 Abschreibung

8.11.1 Abschreibungslauf

Im Menüpfad unter FINANZWESEN • ANLAGENBUCHHALTUNG • ABSCHREIBUNGSLAUF führen Sie den Abschreibungslauf durch (Abbildung 8.21).

Im Kopfbereich bestimmen Sie den BEWERTUNGSBEREICH und im Feld ABSCHREIBEN BIS das gewünschte Datum für den Abschreibungslauf.

Auf Zeilenebene finden Sie die einzelnen bereits durchgeführten oder stornierten Abschreibungsläufe.

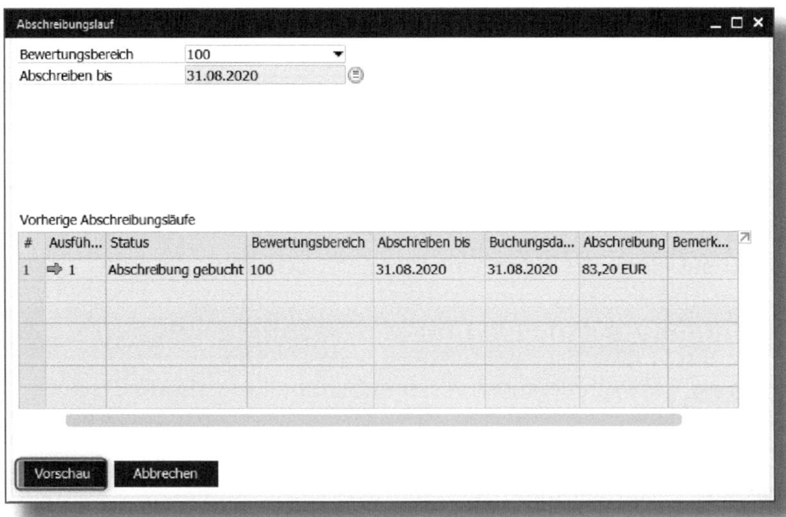

Abbildung 8.21: Abschreibungslauf

Klicken Sie auf Vorschau, um sich die Laufdaten gemäß den oben gewählten Kriterien anzeigen zu lassen (Abbildung 8.22).

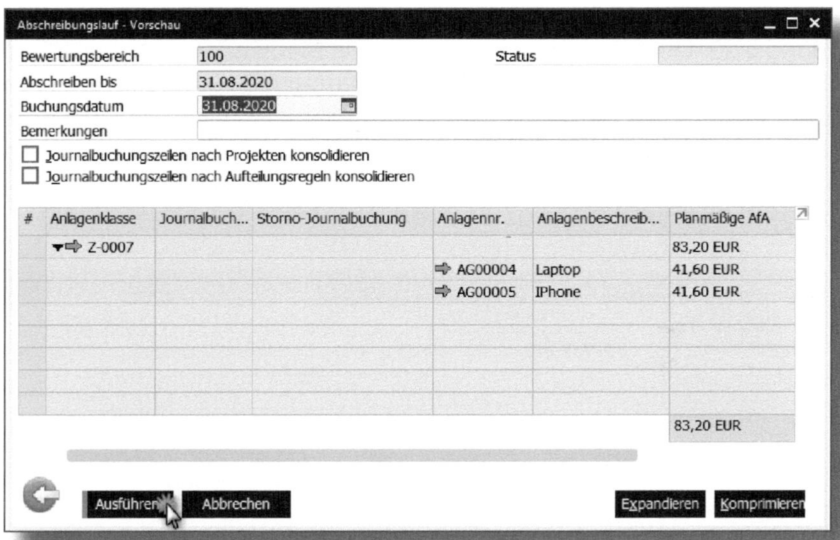

Abbildung 8.22: Abschreibungslauf – Vorschau

Im Bemerkungsfeld lassen sich zusätzliche Informationen hinterlegen.

Wenn eine Konsolidierung erfolgen soll, markieren Sie die Checkboxen JOURNALBUCHUNGSZEILEN NACH PROJEKTEN KONSOLIDIEREN und/oder JOURNALBUCHUNGSZEILEN NACH AUFTEILUNGSREGELN KONSOLIDIEREN.

Mit Ausführen vollziehen Sie den Abschreibungslauf. Anschließend sehen Sie in der Spalte JOURNALBUCHUNG die Journaleinträge mit Sprungmarke, von der Sie direkt in die Journalbuchung abspringen können.

8.11.2 Stornierung eines Abschreibungslaufs

Sie können einen bereits gebuchten Abschreibungslauf auch zurücknehmen. Bitte beachten Sie dabei, dass Sie immer den letzten Lauf stornieren müssen.

Markieren Sie den zu stornierenden Abschreibungslauf wie in Abbildung 8.23. Über das Kontextmenü (rechte Maustaste) gelangen Sie in die erweiterten Funktionen. Mittels ABBRECHEN/STORNIEREN wird der Abschreibungslauf storniert. Das System generiert eine Meldung, dass die Stornierung nicht mehr rückgängig gemacht werden kann. Diese muss bestätigt werden. Nach erfolgreicher Stornierung erhält der Abschreibungslauf den Status *Storniert*.

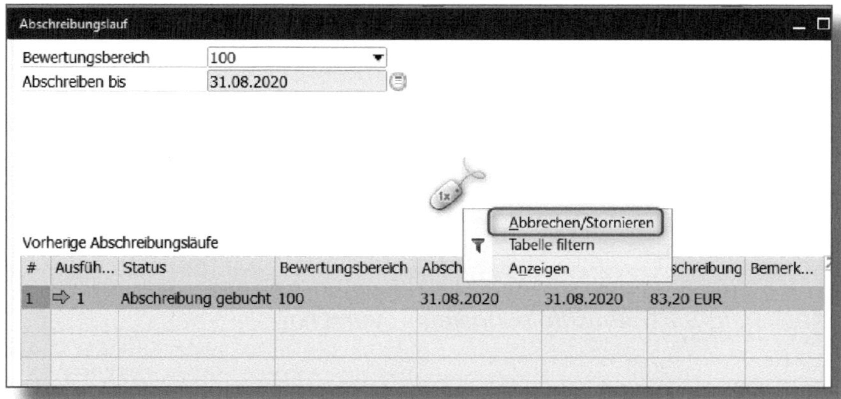

Abbildung 8.23: Abschreibungslauf – erweiterte Funktionen

8.11.3 Manuelle Abschreibung

Unter dem Menüpfad FINANZWESEN • ANLAGENBUCHHALTUNG MANUELLE ABSCHREIBUNG führen Sie die in Abbildung 8.24 gezeigten TRANSAKTIONSARTEN aus.

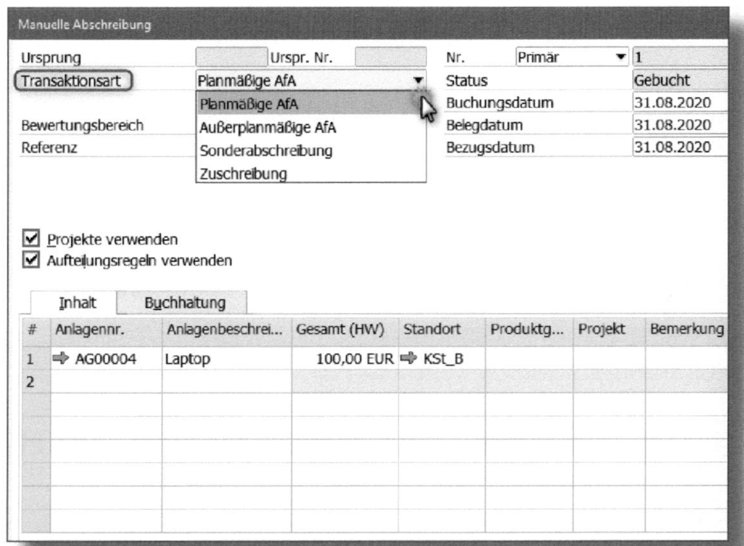

Abbildung 8.24: Manuelle Abschreibung

8.12 Anlagenberichte

Im Menüpfad unter FINANZWESEN • ANLAGENBUCHHALTUNG • ANLAGENBERICHTE stehen Ihnen die in Abbildung 8.25 gezeigten Berichte zur Auswahl:

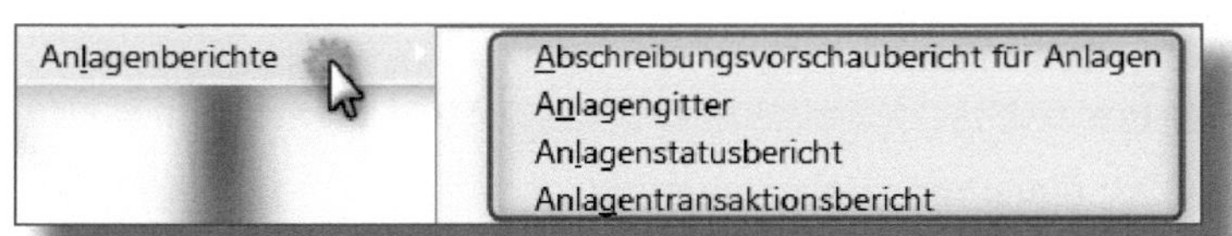

Abbildung 8.25: Menüpunkt Anlagenberichte

8.13 Geschäftsjahreswechsel

Wenn ein Geschäftsjahr endet, müssen Sie für die Anlagenbuchhaltung einen Geschäftsjahreswechsel durchführen, und zwar unter FINANZWESEN • ANLAGENBUCHHALTUNG • GESCHÄFTSJAHRESWECHSEL.

Mit dieser Funktion werden die planmäßigen Abschreibungen des neuen Geschäftsjahres sowie alle Anlagentransaktionen für die Jahresendwerte und dementsprechende Anfangswerte berechnet.

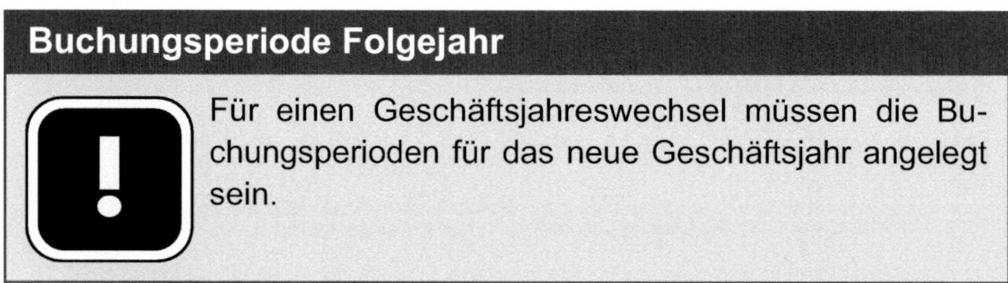

Buchungsperiode Folgejahr

Für einen Geschäftsjahreswechsel müssen die Buchungsperioden für das neue Geschäftsjahr angelegt sein.

Im Fenster GESCHÄFTSJAHRESWECHSEL wählen Sie im Feld VON GESCHÄFTSJAHR das Jahr aus, von dem die Werte übertragen werden sollen (siehe Abbildung 8.26).

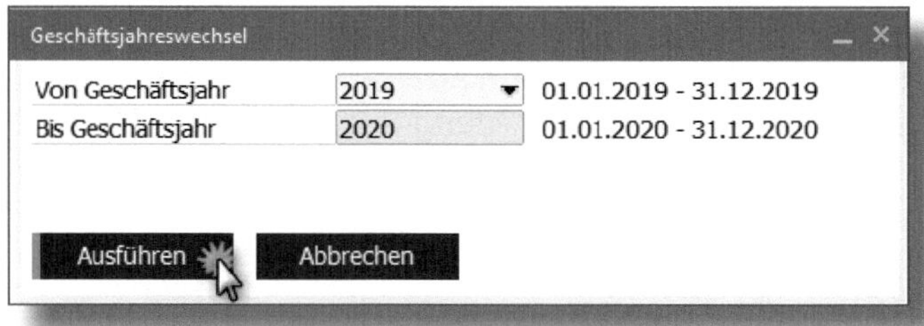

Abbildung 8.26: Geschäftsjahreswechsel

Daraufhin wird das Feld AUF GESCHÄFTSJAHR systemseitig automatisch mit dem darauffolgenden Geschäftsjahr gefüllt. Mit Ausführen und Bestätigung der Systemmeldung wird der Geschäftsjahreswechsel vollzogen.

9 Tastaturkürzel

Zum Abschluss möchten ich Ihnen noch einige der gängigen Tastaturkürzel mit auf den Weg geben, mit denen Sie Aktionen in SAP Business One erleichtert ausführen können.

9.1 Kürzel

Tastaturkürzel	Aktion in SAP Business One
Strg + B	Übertragung des fälligen Betrags in das Feld BEZAHLT
Strg + C	Kopieren
Strg + V	Einfügen
Strg + O	Hauptmenü anzeigen
Strg + P	aktuelles Dokument drucken
Strg + J	Transaktionsjournal anzeigen
Strg + Q	SAP Business One schließen
Strg + Z	rückgängig machen
Strg + ⇧ + Z	Wiederholen
Strg + ⇧ + U	Benutzerdefinierte Felder anzeigen
Strg + A	Wechsel in den Hinzufügemodus
Strg + F	Wechsel in den Suchmodus
Strg + →	nächsten Beleg anzeigen
Strg + ←	vorherigen Beleg anzeigen
Strg + K	Zeile löschen
Strg + I	Zeile hinzufügen
Strg + M	Zeile duplizieren
Strg + H	Zur ersten Reihe springen
Strg + L	detaillierte Informationen einer Reihe anzeigen
Strg + E	Zur letzten Reihe springen

Tastaturkürzel	Aktion in SAP Business One
Strg + G	Bruttogewinn kalkulieren
Strg + Y	Zahlungsmethode auswählen
Strg + W	Volumen und Gewicht berechnen
Strg + N	Basisdokument öffnen
Strg + T	Zieldokument öffnen
Strg + U	Zum Feld GP-Code springen
Strg + R	Zum Bemerkungsfeld springen
Strg + ↑	von darüber liegender Zeile kopieren
Strg + ↓	Umstellung auf GP in einer Journalbuchung
Beliebiger Buchstabe + ⇆	Tagesdatum eingeben
Enter	Beleg hinzufügen (je nach Einstellung)
⇆	Von Feld zu Feld wechseln
↑ + ⇆	In das vorherige Feld springen
Tag + ⇆	Eingabe eines Datums im aktuellen Monat
Tag und Monat + ⇆	Eingabe eines Datums im aktuellen Jahr
Tag, Monat und Jahr (z.B. 121220) + ⇆	Eingabe eines Datums

9.2 Benutzertastaturkürzel (F-Tasten-Belegung)

Bereits bestehende Zuordnungen der F-Tasten finden Sie unter MENÜ • EXTRAS • BENUTZERTASTATURKÜRZEL • TASTATURKÜRZEL.

Sie können aber auch eigene Tastaturkürzel definieren. Gehen Sie dazu unter MENÜ • EXTRAS • BENUTZERTASTATURKÜRZEL KONFIGURIEREN.

In diesem Fenster belegen Sie die F-Tasten Ihrer Tatstatur ganz individuell. In Abbildung 9.1 nehmen wir beispielhaft die Zuweisung des FENSTERS *Kontenplan* zum MODUL *Finanzwesen* über die Taste F2 vor.

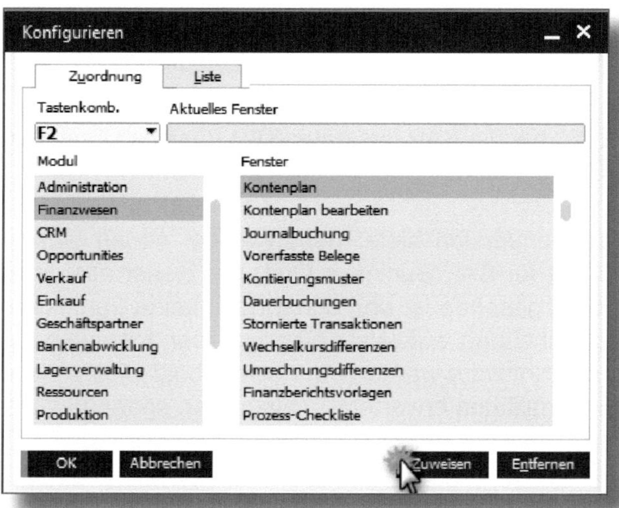

Abbildung 9.1: Benutzertastaturkürzel – Definition

Der Reiter LISTE zeigt die zu den Tastenkombinationen zugeordneten Funktionen (siehe Abbildung 9.2).

Abbildung 9.2: Liste der zugewiesenen Tastaturkürzel

10 Ausblick

Mit Jahresbeginn 2020 hat die SAP das neue SAP Business One 10.0 vorgestellt, das auch als Grundlage für dieses Buch diente.

Diese derzeit aktuellste Version bietet neben einem neuen Design auch einen Web Client für SAP Business One, der bisher allerdings nur für den Vertrieb vorgesehen ist und somit noch keine Funktionalitäten der Finanzbuchhaltung aufweist. Aufgrund der fortlaufenden Weiterentwicklung der Software werden aber schon bald wieder neue und innovative Funktionalitäten erwartet. Es bleibt also spannend!

Sie haben das Buch gelesen und sind mit unserem Werk zufrieden? Bitte schreiben Sie uns eine Rezension!

Unser Newsletter

Bleiben Sie stets informiert!

Aktuelle Neuerscheinungen und exklusive Rabattaktionen einmal im Monat per Mail direkt an Sie:

Melden Sie sich noch heute an unter *http://newsletter.espresso-tutorials.de*.

A Die Autorin

Carmen Serpe arbeitet seit acht Jahren als zertifizierte SAP-Business-One-Beraterin, Fachbereich Finanzbuchhaltung. Ihre Tätigkeiten umfassen die branchenübergreifende Einführung von SAP Business One in diesem Fachbereich sowie die Beratung von Bestandskunden. Zuvor war sie als geprüfte Bilanzbuchhalterin (IHK) in der Funktion Senior Accountant in einer Tochterunternehmung eines dänischen Konzerns tätig. Dort begleitete Sie als Key-Userin 2007 die Einführung von SAP Business One im Bereich Finanzbuchhaltung.

B Index

A

Abstimmung 128, 133, 140
Anlagenbuchhaltung 233
- Abgang 256
- Abschreibungsarten 243
- Abschreibungslauf 264
- Aktivierung 249
- Aktivierungsgutschrift 254
- Anlagenberichte 267
- Anlagenklasse 248
- Anlagenklassenumbuchung 260
- Anlagenneubewertung 262
- Anlagenstammsatz 233
- Attributgruppen 239
- Bewertungsbereich 246
- Geschäftsjahreswechsel 268
- manuelle Abschreibung 266
- Skonto 256
- Umbuchung 260
- Verkauf 259

Anpassungsbuchung 129
Artikelbeleg 34
Artikelstammsatz 50
Aufteilungsregel 162
Ausgangszahlung 179, 190

B

Bankberichte 210
Bankenabwicklung 171, 172
Bankendefinition 95
Banknebenkosten 189
Beleg
- geparkter Beleg 185
- Hinzufügeoptionen 35
- vorerfasster Beleg 103, 166

Belegkette 22, 26
Benutzertasturkürzel 270
Bestätigungsliste 111
Bewertungsmethode 43
Buchungsperioden 64, 66, 68, 77

C

Cockpit 19

D

Datenaustausch
- Excel 122, 123

Datenübernahme
- kopieren nach 24
- kopieren von 23

DATEV® 58, 149, 211
- Aufteilungsregeln 216
- Automatikkonten 212
- Export 217
- Geschäftspartner 214
- Interimskonto 221
- Projekte 216
- Sachkontenmapping 212
- Stammdaten 211
- Steuerkennzeichen 215

Dauerbuchung 109, 113
Dimensionen 159

Drag&Relate 17
Duplizieren von Belegen/Stammdaten 32

E

Eingangszahlung 172
Elster 225
  Stammdaten 226
Enterprise Search 18
Export
  Excel 118

F

Finanzberichte 141, 149
Firmendetails 37
Fremdwährung 113, 116

G

Geschäftspartner 172
  Abstimmung 134
Geschäftspartnerstammsatz 43
grundlegende Funktionen 22

H

HANA Analytics 50, 52
Hauptmenü 17
Hausbank 94, 96
Hinzufügemodus 28

I

Interimskonto 97

J

Journalbuchung 99, 100, 101, 103, 108, 116, 126

K

Kontenfindung 241
Kontenplan 52, 54, 60, 133
  bearbeiten 62
Kontexthilfe 35
Kontierungsmuster 107
kontinuierliche Bestandsführung 42, 56
Kontoauszugsverarbeitung 181
Kontodetails 56
Kostenrechnung 159
  Anpassung 60, 163, 167
Kostenstelle 159, 160

L

Lieferungskonsolidierung 49

M

Mahnbedingungen 81
Menüleiste 16
Module 17

N

Navigation 15

S

Sachkontenfindung 69, 77
  erweitert 72
  nach Artikel 71
  nach Artikelgruppe 70
  nach Lager 70
Sachkonto 60, 131
Servicebeleg 34
Skonto 79
Steuerkennzeichen 90, 92

Stornobelege 29
Suchmodus 28
Summen- und Saldenliste 152
Symbolleiste 17

T

Tastaturkürzel 269

V

Verknüpfungsplan 22, 26

W

Währung 86, 113
Wechselkurs 87, 89

Z

Zahlungsassistent 191
  Empfehlungsbericht 202
  Zahlungsdatei 206
Zahlungsbedingungen 78, 79
Zahlungskonsolidierung 49
Zahlungsmethode 173
Zahlungssperren 93
Zahlwege 94
zusammenfassende Meldung 102, 141, 146

C Disclaimer

Die in diesem Werk wiedergegebenen Gebrauchsnamen, Handelsnamen, Warenbezeichnungen usw. können auch ohne besondere Kennzeichnung Marken sein und als solche den gesetzlichen Bestimmungen unterliegen. Sämtliche in diesem Werk abgedruckten Bildschirmabzüge unterliegen dem Urheberrecht der SAP SE, Dietmar-Hopp-Allee 16, 69190 Walldorf.

In dieser Publikation wird auf Produkte der SAP SE Bezug genommen. SAP, R/3, SAP NetWeaver, Duet, PartnerEdge, ByDesign, SAP BusinessObjects Explorer, StreamWork und weitere im Text erwähnte SAP-Produkte und -Dienstleistungen sowie die entsprechenden Logos sind Marken oder eingetragene Marken der SAP SE in Deutschland und anderen Ländern. Business Objects und das Business-Objects-Logo, BusinessObjects, Crystal Reports, Crystal Decisions, Web Intelligence, Xcelsius und andere im Text erwähnte Business-Objects-Produkte und -Dienstleistungen sowie die entsprechenden Logos sind Marken oder eingetragene Marken der Business Objects Software Ltd. Business Objects ist ein Unternehmen der SAP SE. Sybase und Adaptive Server, iAnywhere, Sybase 365, SQL Anywhere und weitere im Text erwähnte Sybase-Produkte und -Dienstleistungen sowie die entsprechenden Logos sind Marken oder eingetragene Marken der Sybase Inc. Sybase ist ein Unternehmen der SAP SE. Alle anderen Namen von Produkten und Dienstleistungen sind Marken der jeweiligen Firmen. Die Angaben im Text sind unverbindlich und dienen lediglich zu Informationszwecken. Produkte können länderspezifische Unterschiede aufweisen.

Der SAP-Konzern übernimmt keinerlei Haftung oder Garantie für Fehler oder Unvollständigkeiten in dieser Publikation. Der SAP-Konzern steht lediglich für SAP-Produkte und -Dienstleistungen nach der Maßgabe ein, die in der Vereinbarung über die jeweiligen Produkte und Dienstleistungen ausdrücklich geregelt ist. Aus den in dieser Publikation enthaltenen Informationen ergibt sich keine weiterführende Haftung.

Weitere Bücher von Espresso Tutorials

Claus Wild:

Praxishandbuch Cash Management in SAP S/4HANA® Finance

- Grundlagen der neuen Bankkontenverwaltung (BAM)
- Funktionsmerkmale von Cash Operations, ELKO und Liquiditätssteuerung
- One Exposure from Operations als zentraler Datenspeicherort
- inkl. grundlegender Einstellungen im SAP S/4HANA-Customizing

http://5250.espresso-tutorials.de

Karlheinz Weber:

Schnelleinstieg ins Finanzwesen (FI) mit SAP S/4HANA®

- Zusammenwachsen des externen und internen Rechnungswesens
- Prozesse in der Hauptbuchhaltung und den Nebenbüchern (Kreditoren, Debitoren, Anlagen)
- Universal Journal als zentrale Datenquelle für Embedded Analytics
- Vermittlung an einem durchgängigen Fallbeispiel

http://5339.espresso-tutorials.de

Michael Eckel, Nergiz Köksal:

Die neue Anlagenbuchhaltung in SAP S/4HANA®

- das neue, vereinfachte Datenmodell im Universal Journal
- umfangreiche und flexible Auswertungen
- Migrationspfade im Greenfield- oder Brownfieldansatz
- die neue Benutzeroberfläche SAP Fiori

http://5390.espresso-tutorials.de

Silke Breest:

Kreditmanagement mit SAP® S/4HANA

- Stammdaten für das Kreditmanagement und den Geschäftspartner
- Kreditrisikomanagement mit den neuen Fiori-Apps
- Workflows im Kreditmanagement
- umfassendes Customizing u. a. für SAP FIN-FSCM-CR

http://5414.espresso-tutorials.de

Robin Schneider:

Praxishandbuch SAP®-Geschäftspartner (Business Partner) – Funktionen und Integration in SAP S/4HANA® (2., erweiterte Auflage)

- Das Geschäftspartnerkonzept der SAP
- Integration des SAP-Geschäftspartners in SAP ERP und SAP S/4HANA
- Synchronisation von Geschäftspartnern und Customer Vendor Integration (CVI)
- Customizing und Stammdatenpflege

http://5468.espresso-tutorials.de

Prof. Dr. Peter Preuss, Martin Schmidt:

Konzernreporting mit SAP S/4HANA® Finance for Group Reporting

- Grundlagen des Group Reportings
- Systemeinstellungen zu den Konsolidierungsfunktionen
- Konzerndatenanalyse mit Fiori Analytical Apps
- zahlreiche Anwendungsbeispiele

http://5491.espresso-tutorials.de